U0199930

江西财经大学信毅学术文库

生态文明视角下中国省级地方政府环境治理绩效的统计测度研究

平卫英 罗 鉴 著

中国财经出版传媒集团

中国财政经济出版社

北京

图书在版编目（CIP）数据

生态文明视角下中国省级地方政府环境治理绩效的统
计测度研究／平卫英，罗鉴著．--北京：中国财政经
济出版社，2024.1
（江西财经大学信毅学术文库）
ISBN 978 - 7 - 5223 - 2738 - 9

Ⅰ.①生…　Ⅱ.①平…②罗…　Ⅲ.①省－地方政府
－环境综合整治－研究－中国　Ⅳ.①X321.2

中国国家版本馆 CIP 数据核字（2024）第 034117 号

责任编辑：彭　波　　　　　　　责任印制：史大鹏
封面设计：王　颖　　　　　　　责任校对：张　凡

生态文明视角下中国省级地方政府环境治理绩效的统计测度研究
SHENGTAI WENMING SHIJIAOXIA ZHONGGUO SHENGJI DIFANG ZHENGFU
HUANJING ZHILI JIXIAO DE TONGJI CEDUO YANJIU

中国财政经济出版社 出版

URL：http：//www.cfeph.cn
E - mail：cfeph@ cfeph.cn

社址：北京市海淀区阜成路甲 28 号　邮政编码：100142
营销中心电话：010 - 88191522
天猫网店：中国财政经济出版社旗舰店
网址：https：//zgczjjcbs.tmall.com
中煤（北京）印务有限公司印刷　各地新华书店经销
成品尺寸：170mm×230mm　16 开　18.25 印张　248 000 字
2024 年 1 月第 1 版　2024 年 1 月北京第 1 次印刷
定价：78.00 元
ISBN 978 - 7 - 5223 - 2738 - 9
（图书出现印装问题，本社负责调换，电话：010 - 88190548）
本社图书质量投诉电话：010 - 88190744
打击盗版举报热线：010 - 88191661　QQ:2242791300

总　序

　　书籍是人类进步的阶梯。通过书籍出版，由语言文字所承载的人类智慧得到较为完好的保存，作者思想得到快速传播，这大大地方便了知识传承与人类学习交流活动。当前，国家和社会对知识创新的高度重视和巨大需求促成了中国学术出版事业的新一轮繁荣。学术能力已成为高校综合服务水平的重要体现，是高校价值追求和价值创造的关键衡量指标。

　　科学合理的学科专业、引领学术前沿的师资队伍、作为知识载体和传播媒介的优秀作品，是高校作为学术创新主体必备的三大要素。江西财经大学较为合理的学科结构和相对优秀的师资队伍，为学校学术发展与繁荣奠定了坚实的基础。近年来，学校教师教材、学术专著编撰和出版活动相当活跃。

　　为加强我校学术专著出版管理，锤炼教师学术科研能力，提高学术科研质量和教师整体科研水平，将师资、学科、学术等优势转化为人才培养优势，我校决定分批次出版高质量专著系列；并选取学校"信敏廉毅"校训精神的前尾两字，将该专著系列命名为"信毅学术文库"。在此之前，我校已分批出版"江西财经大学学术文库"和"江西财经大学博士论文文库"。为打造学术品牌，突出江财特色，学校在上述两个文库出版经验的基础上，推出"信毅学术文库"。在复旦大学出版社的大力支持下，"信毅学术文库"已成功出版两期，获得了业界的广泛好评。

"信毅学术文库"每年选取 10 部学术专著予以资助出版。这些学术专著囊括经济、管理、法律、社会等方面内容，均为关注社会热点论题或有重要研究参考价值的选题。这些专著不仅对专业研究人员开展研究工作具有参考价值，也贴近人们的实际生活，有一定的学术价值和现实指导意义。专著的作者既有学术领域的资深学者，也有初出茅庐的优秀博士。资深学者因其学术涵养深厚，他们的学术观点代表着专业研究领域的理论前沿，对他们专著的出版能够带来较好的学术影响和社会效益。优秀博士作为青年学者，他们学术思维活跃，容易提出新的甚至是有突破性的学术观点，从而成为学术研究或学术争论的焦点，出版他们学术成果的社会效益也不言自明。一般而言，国家级科研基金资助项目具有较强的创新性，该类研究成果常常在国内甚至国际专业研究领域处于领先水平，基于以上考虑，我们在本次出版的专著中也吸纳了国家级科研课题项目研究成果。

"信毅学术文库"将分期分批出版问世，我们将严格质量管理，努力提升学术专著水平，力争将"信毅学术文库"打造成为业内有影响力的高端品牌。

王 乔

2016 年 11 月

前　　言

近年来，我国的经济虽然取得了持续的高速增长，国内生产总值跃居世界第二位，工业化、城镇化进程不断推进，人民生活水平不断提高。然而伴随着经济快速增长而来的是资源的严重耗竭和对环境的严重破坏，目前我国的经济社会发展正在遭受前所未有的资源紧缺和环境污染制约，我国政府对资源环境保护的重视程度空前强烈。环境治理绩效评价作为政府环境治理政策实施效果的重要检验方法，建立科学的政府环境治理绩效评价体系，并对中国省级地方政府环境治理绩效进行统计测度分析，有助于准确客观地对政府环境治理绩效做出定量描述，为提出有针对性的环境治理政策提供依据。

本书从生态文明视角下，在深入分析环境治理相关理论的基础上对环保支出（环境投入）和环境规制两个维度的指标进行测度，结合源头治理、过程治理和终端治理三个层面构建评价指标体系，对 2010～2019 年中国 30 个省级地方政府的环境治理绩效进行统计测度分析，在拓展研究部分分析中国省级环境污染的跨区域特征、环境治理绩效的门槛效应、环境治理绩效的影响因素和绿色金融对治理效率的影响效应，最后根据研究结果提出提高环境治理绩效的政策建议。

本书的主要内容概括如下：

第一部分引言，主要介绍了本书的研究背景和研究意义、国内外研究现状、研究框架和内容安排，提炼研究的创新点。

第二部分相关理论基础，主要介绍了生态文明理论、环境治理理论、环保支出理论和环境规制理论。

第三部分指标测度，主要对环保支出和环境规制两个维度的指标进行测算，其中环保支出维度通过编制环保支出核算账户，测算出经常性环保支出和资本性环保支出两个指标。环境规制维度运用综合指数法测算出环境规制强度指标，另外，运用文本分析法测算出环境规制可持续指标。

第四部分实证分析，从环保支出、环境规制两个维度和源头治理、过程治理和终端治理三个层面构建环境治理绩效指标体系，构建包括水平指数、进步指数和差距指数在内的三维指数体系，在此基础上构建综合指数，得出环境治理绩效评价结果。

第五部分拓展研究，进一步构建空间杜宾模型分析环境污染的跨区域特征；构建面板门槛模型分析环保支出和环境规制分别对环境治理绩效的门槛效应；构建动态面板回归模型分析环境分权、城镇化、政府环境补贴和公共参与对环境治理绩效的影响效应；构建计量经济模型，分析绿色金融发展水平对政府环境治理绩效的影响效应。

第六部分结论与建议，总结前面研究得出的主要结论，在此基础上提出能够提高中国省级地方政府环境治理绩效的政策建议。

总体来看，本书的主要研究进展如下：

一是编制环保支出账户对环保支出维度的指标进行核算，丰富了环境领域的核算理论，对国民经济核算体系予以补充和完善。

二是通过对省级地方政府工作报告的数据搜索，通过文本分析方法量化环境规制的可持续性，考察各地方政府对于环境治理方面关注的持续性。

三是从环保支出和环境规制两个维度和源头治理、过程治理和终端治理三个层面构建环境治理绩效评价指标体系，在此基础上构建包括水平指数、进步指数和差距指数在内的三维指数体系进行环境治理绩效评价，丰富了环境治理统计评价理论。

四是考察了中国省级环境污染的跨地区特征，分析环境治理的空间关联模式和溢出效应。另外，进一步分析了中国省级地方政府环境治理绩效的门槛效应和影响因素，以及绿色金融发展水平对政府环境治理绩效的影响效应。为后续提出政府环境治理绩效的政策建议提供依据。

五是基于主要研究结论从完善环保财政收支体系、健全环境规制政策体系、构建环境治理横向帮扶机制、加强环境跨区域协同治理、完善环境分权制度、推进城镇化绿色发展、呼吁公众参与环境治理和积极推动绿色金融发展八个方面提出政策建议。

目　　录

第1章 引　言

本章介绍本书的研究背景和研究意义，并对国内外研究现状进行梳理，帮助读者掌握当前关于环境治理绩效评价的研究动态，阐述主要研究框架、研究内容，提炼出研究的创新点。

1.1　研究背景和意义

1.1.1　研究背景

改革开放以来，我国经济取得了持续性的高速增长，国内生产总值（GDP）始终保持在10%左右的快速增长水平，并于2010年经济总量超越日本跃居世界第二位，工业化和城镇化进程快速推进，人民生活水平不断提升。然而，长期"高污染、高能耗"的粗放型经济增长模式带来了日益严重的资源短缺和环境污染问题。环保部环境规划院公布的《中国环境经济核算报告》显示，当前我国的生态破坏损失成本和环境污染退化成本价值已经超过国内生产总值[1]，意味着我国人民的福利正在呈现逐渐递减的趋势。2012年，中国的GDP增速仅为7.7%[2]，告别了改革开放30多年来平均10%左右高速增长时代，经济社会发展正在较大程度上遭受前所未有的资源紧缺和环境污染制约，迫使我国经济增速由高速增长向中高速增长转变，经济开始进入"新常态"阶段，并面临着巨大的经济下行压力。另外，人类从大自然享受到的红利断崖式锐减，天不再蔚蓝、水不再清澈、空气不再清新、气候不再适宜等环境问题导致人类的生活质量下降，甚至危害人类的身体健康。可以说大自然已经向人类敲响了警钟，环境污染的危害是巨大的，涉及面广，危害程度大，侵袭性强，且难以治理，为了保护生态环境，为了维护人类自身和子孙后代的健康，必须积极防治环境污染。

为了减轻环境污染给我国经济社会带来的危害，我国在中国共产党的领导下积极推进生态环境保护和治理。1983 年全国第二次环境保护会议将环境保护确定为基本国策，这一举措揭开了我国环境保护的新序幕。1995 年"可持续发展"这一概念被首次提出，被中共中央作为国家发展的重大战略并付诸实施。2007 年，党的十七大提出我国要充分发挥后发优势，在推进工业文明进程中建设生态文明，坚持以信息化带动工业化，以工业化促进信息化，走新型工业化道路，形成了中国特色生态文明建设，为人类社会推进文明进程进行了有益尝试。2012 年，党的十八大站在全局和战略的高度，把生态文明建设与经济建设、政治建设、文化建设、社会建设一道纳入中国特色社会主义事业总体布局，对推进生态文明建设进行全面部署，要求全党全国人民更加自觉地珍爱自然、更加积极地保护生态环境。2013 年，党的十八届三中全会通过了《中共中央关于全面深化改革若干重大问题的决定》，将生态文明建设作为重要的改革议题之一。2015 年，党的十八届五中全会把生态文明建设纳入"十三五"规划纲要中，并提出绿色的新发展理念。2017 年，习近平总书记在党的十九大报告中指出，人与自然是生命共同体，人类必须尊重自然、顺应自然、保护自然，加快生态文明体制改革，建设美丽中国。2021 年，国务院发布的《中华人民共和国国民经济和社会发展第十四个五年规划和 2035 年远景目标纲要》中提出，坚持绿水青山就是金山银山理念，坚持尊重自然、顺应自然、保护自然，坚持节约优先、保护优先、自然恢复为主，实施可持续发展战略，完善生态文明领域统筹协调机制，构建生态文明体系，推动经济社会发展全面绿色转型，建设美丽中国。由此可知，生态文明建设和环境治理问题在我国发展中受到党和国家的高度重视。

从近年来环境污染对我国经济社会发展产生的制约和危害，以及我国政府对环境保护和生态文明建设的重视程度可知，当前加强环境污染治理极为重要，需将环境治理绩效评价作为政府环境治理政策实施效果的重要检验方法，因此我国亟待建立科学的政府环境治理绩效评价体系。

1.1.2　研究意义

从生态文明视角对我国省级地方政府环境治理绩效进行统计测度研究，具有以下理论意义和实践意义。

（1）理论意义：基于生态文明的视角，克服以往研究中只关注终端治理的局限，将产出端测度扩展至源头治理、过程治理和终端治理三个层面。在投入端，不仅要关注环境恢复和保护的直接投入，也衡量不同环境规制的影响，这样才是一个完整的分析框架。针对目前研究中在构建绩效评价指标体系及选用投入、产出指标方面主观性较强、未能深入探寻切实可靠的基础性指标方面的缺陷，尝试从统计的角度完成投入端和产出端的指标测度。利用环保支出统计体系界定并整合现有数据，并充分考虑承担主体责任的地方政府的认知、意愿、激励、能力等因素的作用，将统一的环境规制量化指标引入分析当中。构建的环境治理绩效评价框架将进一步完善现有的绩效评价理论体系，为环境决策提供有效可靠的定量工具，增强环境决策的科学性和可量化的严谨性。

（2）实践意义：地方政府是生态文明建设的主体，绩效评价是地方政府环境治理的重要工具，通过绩效评价能够促进地方政府强化生态责任意识，引导科学发展，然而遗憾的是当前我国地方政府环境治理绩效评价制度并不完善，导致各地政府环境治理的热情有高有低、投入有所不同、效果有好有坏。相当多的绩效评价在内容选取方面，单纯地选取类似工业"三废"指标作为绩效评价的对象显然不具有科学性。因此，在研究中应努力避免上述缺陷，从实践上看有助于全面准确地对省级地方政府的环境治理绩效做出定量描述，客观地评价环境治理效果，为制定符合实际的环境治理发展目标和政策体系、为建设美丽中国贡献力量。

1.2　国内外研究现状

随着环境问题的日益严峻以及公众环保意识的逐步提高，国内外学者对于自然环境的研究也从未中断。环境绩效评价作为环境保护研究的关键一环，是环境绩效管理过程中不可或缺的部分，也是开展环境绩效管理工作的前提和基础。环境治理绩效评价不仅是我国环境管理改革的重要着手点，也是我国政府改革走向现代化、精准化，满足开放发展需求的必由之路。本书从环境治理绩效评价对象、环境治理绩效评价指标体系、环境治理绩效评价方法、环境跨区域协同治理、环境治理绩效影响因素和环境治理路径六个方面的文献进行梳理，帮助读者掌握目前环境治理的研究动态。

1.2.1　环境治理绩效评价对象研究

从国内研究现状来看，生态环境视域下环境治理绩效评价的研究对象从企业扩展延伸到政府，从微观演变至宏观，主要包含区域环境治理绩效、企业环境治理绩效、大气环境治理绩效以及水环境治理绩效等。

区域环境治理绩效近年来在国内外得到越来越多的重视和应用。美国环境保护署在2000年实施了国家环境绩效追踪项目，欧洲环境局建立了区域环境绩效评估指标体系以监测欧盟各个成员国环境绩效的变化，经济合作与发展组织开展了国家环境绩效评估项目，亚洲开发银行开启了湄公河区域环境绩效评估的尝试。区域环境绩效评估在我国的研究和运用虽然仍处于初级阶段，但其重要性正引起学者们的广泛关注，我国区域环境绩效评估的研究主要针对资源环境综合绩效评估方面，运用资源环境综合绩效指数对一段时间内全国及各省、自治区、直辖市的资源环境绩效进行评估。黄寰等（2019）[3]以长江经济带 11 个省区市为研究对象，测算 2015～2017 年综合环境治理绩效。董战峰等（2018）[4]以全国各省级行政区（不含西藏）为评价对象，分析 2004～2013 年各地区经济发展下环境治理绩效的变化。汪升（2013）[5]也以中国各省级行政区为研究对象，测算了各地区 2000～2010 年资源环境综合绩效水平。卢小兰（2013）[6]对 2003～2009 年中国 30 个省级行政区的资源环境绩效进行静态和动态分析，其他以省级行政区为研究对象的环境治理绩效评价研究也在山东、云南、天津、安徽、江西等地广泛开展。

　　在企业环境治理绩效方面，国内研究主要针对工业企业展开，而国外研究的对象相对来说更加多元化。马刚等（2019）[7]基于 2011～2017 年数据对 12 家煤炭企业的环境治理绩效进行了评价。孙艳丽（2014）[8]以我国石油企业为研究对象，测算了五年间我国石油企业的环境治理绩效变化情况。张敏（2013）[9]则对宿州市铅酸蓄电池行业的企业环境绩效进行了评估。段君峰（2006）[10]对天津市大沽河流域存在的大量直接排放和间接排放的工业企业进行绩效评估。Aghajani 等（2011）[11]以企业为研究对象，构建了一个简单易行的模糊逻辑模型对企业环境绩效进行评价。Patrick Mande Buafiia（2015）[12]对部分非洲国家城市水务企业的环境治理绩效进行了评价。

　　在大气环境治理绩效评价对象方面，国外学者开展的研究较早，理论体系较为成熟和完善，Daniel Tyteca（1996）[13]提出从产品输入、产品输出和大气污染物三个维度构建环境绩效评价指标体系。国内研究主要集中在大气环境质量评价和大气环境承载力分析两个方面：一方面，梁静等（2014）[14]和冯思静等（2015）[15]等主要选择影响大气环境质量的 SO_2、NO_2、PM10、PM2.5 等作为主要指标参数，采用不同的评价方法计算大气环境质量综合得分，此类研究将关注点放在大气环境质量是否需要改善以及改善程度，而对于大气环境污染治理的前期投入以及大气环境污染的主要因素的研究明显不足。另一方面，刘艳菊等（2009）[16]、宋宇（2011）[17]、张静等（2013）[18]和周云等（2015）[19]将研究重点放在大气环境承载力现状评价、大气环境承载力潜力评价以及大气环境与经济布局优化等方面。此类研究多从过程角度评价大气环境治理绩效，而对于静态的大气环境治理结果有所忽视。

在水环境治理绩效的评价对象方面，大多数学者选择以各城市水环境为研究对象，建立城市水环境治理绩效评估指标体系。其中，马涛等（2011）[20]以北京、上海和杭州为研究对象，对城市水环境治理绩效进行评估。崔海龙（2008）[21]对济南地下水进行了环境治理绩效评估。丰景春等（2015）[22]主要针对农村水环境治理绩效开展评估研究。还有部分学者选择从流域区域尺度研究水环境治理绩效。例如，杨尊伟（2006）[23]对山东卧虎山水库进行了环境治理绩效评估研究；张泽玉（2006）[24]运用层次分析法对黄河流域济南段的水环境进行环境治理绩效评估。

针对以上研究不难发现，目前关于环境治理绩效评价的对象较为单一，多以我国各省级行政区、企业、大气和水环境为评价对象。

1.2.2　环境治理绩效评价指标体系研究

国际比较、国内和微观企业构建的环境治理评价指标体系各有其特点，国际比较的指标体系需要满足选取的指标与参比国家相关、以绩效为导向、指标透明、数据来源可靠等要求。美国环境保护署早在1969年就开展了系统化的环境绩效评价，并要求企业定期公布环境信息。英国于1988年推出了综合各方面环境影响的环境指数体系，首次将加权综合环境指数应用于实践，后续广泛开展的环境风险评价中，也包括环境绩效评价的部分内容。OECD、耶鲁大学和哥伦比亚大学、世界银行、欧洲环境署、亚洲开发银行等都展开了区域环境绩效评价工作。相关研究主要集中于环境绩效指标体系的构建以及指标选取方面。其中耶鲁大学和哥伦比亚大学提出的 EPI（Environmental Performance Index）指数在世界范围内产生了重要影响，应用也最为广泛。Emilsson 和 Hjelm（2002）[25]、Ken'ichi Matsumoto 等（2020）[26]采用数据包络分析（DEA）方法和 Malmquist – Luenberge 指数，通过劳动力、资本和能源这三个方面的指标构建评价体系对欧盟（EU）国家的环境绩效进行了评价。

　　以上实践虽然可以为我国的环境治理绩效评价提供相关经验，但照搬这些指数应用于我国地方政府环境治理绩效评价并不合适，一方面这些指标主要针对国家层面设计，另一方面也不完全适应中国环境治理的实际情况。因此，用于国内地方政府进行比较的指标体系需要满足选取的指标与环境相关、能够反映各级政府治理或管理水平、能够体现绩效变动、指标覆盖广泛且不冲突不冗余等原则。

　　在众多关于环境治理绩效评价相关研究中，大部分学者都选择基于"压力—状态—响应（P – S – R）"模型构建评价指标体系，依据自身偏好以及适用条件选择相应指标构建评价体系对环境污染的治理绩效进行分析评价。例如，王金凤等（2011）[27]依据土地退化、生物多样性、森林资源、内陆水污染、废弃物管理五个指标构建指标体系，对扬州市环境质量状况进行分析评价。其中，压力指标包含人均耕地面积、森林覆盖率、工业废水排放量等；状态指标包含蓄积量、濒危物种数量、人均水资源拥有量等；响应指标具体包含生态保护投资、退耕还林面积、城市污水处理率等。彭靓宇等（2013）[28]构建了由城市生态系统活力、环境质量、资源利用效率等七大类别指标组成环境绩效评估指标体系。佟林杰等（2017）[29]以资源环境管理的"压力—状态—响应"模型为基础构建指标体系，对京津冀地区十三个城市的大气污染治理绩效进行了实证分析，其中资源的利用效率被设定为压力型指标，具体包含二氧化硫的排放量、二氧化氮的排放量、烟尘和粉尘的排放量以及工业废气的排放量等；非产品的污染物的输出和排放被设定为状态型指标，主要包括 PM10 降低程度、PM2.5 降低程度、NO_2 减少程度、SO_2 的减少程度等；大气环境的投入治理被设定为响应型指标，具体包括改变燃料构成的治理投入、集中供热成本投入、植树造林的成本投入以及工业污染源治理成本投入等。吴蒙（2019）[30]在评价京津冀地区大气治理绩效时，以"压力—状态—响应"模型为基础构建空间联系网制图，分析空间关联网络情况。其中，压力指标包含人口密度、GDP增长率、单位GDP工业废气排放量等；状态指标包含城市SO_2年平均浓度、城市NO_2年平均浓度、城市PM2.5年平均浓度等；响应指标包含城市人均公园绿地面积、工业污染治理投资强度、废气污染治理投资强度等。在考虑驱动力因素对于环境绩效的影响下，曹东等（2008）[31]将国际上常见的环境治理绩效评价模式归纳完善为"驱动力—压力—状态—响应（D－P－S－R）"模型。

关于指标体系的构建方面存在的不足主要总结为以下几个方面：第一，研究中指标体系的设计带有较强的主观性，可能会因为研究者的主观意向和个人偏好产生差异；第二，在投入产出指标的选择上往往是各项环保支出和环保投资，产出指标也通常局限在各项污染物的排放指标，视角仍局限于终端环境治理，并没有兼顾前期源头治理以及中期过程治理；第三，在实践方面，目前我国区域环境治理绩效研究多停留在国家或省市级层面，指标的确定多是借鉴国外标准，缺乏一套具有中国特色的环境治理绩效评价指标体系。

1.2.3 环境治理绩效评价方法研究

现有关于环境治理绩效评价方法众多，每种方法都有其优势和不足，以及各自的适用条件。常用的方法有主成分分析法、聚类分析法、熵权法、层次分析法、空间计量法、调查问卷分析、数据包络分析法（DEA）等。

部分学者选择主成分分析法或因子分析法对环境治理绩效进行评价，因为主成分分析法或因子分析法可对评价指标体系进行降维处理，不仅能够大大减少工作量，同时也能消除多重共线性的影响。郝春旭等（2016）[32]以2011年统计数据为基础数据，从环境健康、生态保护、资源可持续利用和环境治理四个方面构建了评估指标体系，采用主成分分析方法对指标进行降维处理后对中国省级环境绩效进行评价。冯雨等（2019）[33]从环境健康、生态保护、资源利用、环境治理四个维度构建评价指标体系，利用主成分分析法对指标进行降维处理，以此评估长江经济带11个省市的环境机制绩效。任航（2015）[34]以工业企业为样本，运用主成分分析法提取能源消耗和工业废弃物排放量两个方面的环境指标主成分，最终确定最具代表性的环境绩效衡量指标进行环境治理绩效评价分析。

有学者使用熵权法确定所选取指标的权重，避免了主观赋权法带来的不利影响。例如，汤红梅（2020）[35]从经济发展、资源利用、环境风险等六个层次的指标进行赋权，运用熵权法确定指标权重系数，进而得出评价结果。何涛（2015）[36]在以PSR框架构建环境治理绩效评估指标体系的基础上，分别运用主观赋权法与熵权法对各项指标进行赋权，得出评价结果。余玉冰等（2019）[37]从环境、社会、经济和管理这四个层面构建水环境治理绩效评价指标体系，采用熵权法和目标加权法对成都水环境治理绩效指数进行了测度评价。崔海龙（2008）[21]根据P－S－R模型确定指标，通过熵权法确定指标权重，构建指标体系对地下水的环境治理绩效进行综合评估。

还有部分学者选择了随机前沿法（SFA）分析环境治理绩效。随机前沿法在分析环境绩效时具有以下优势：其一，SFA方法具有统计特性，不仅可以检验模型参数，也可以检验模型本身；其二，SFA方法可以建立随机前沿模型，构建随机前沿面，并在模型中分解误差项，使基于跨期面板数据的研究结论更接近于现实。在现有研究中，SFA方法主要应用于全要素生产率、能源效率及环境效率的测算。例如，盖美等（2014）[38]利用随机前沿分析与非期望产出的数据包络SBM方法，评价了辽宁省2005～2011年14个地级市的环境治理绩效。Patrick Mande

Buafiia（2015）[12]采用随机前沿法，分析影响水务企业管理的因素。Gustavo Ferro 和 Augusto C. Mercadier（2016）[39]采用随机前沿分析法对智利18家企业的技术效率进行评价。

由于数据包络模型（DEA）具有适用广泛且能够在很大程度上避免主观因素的优势，因此 DEA 模型也成为国内学者进行环境治理绩效分析的主要方式之一。例如，杨浩等（2008）[40]、潘孝珍（2013）[41]以及何平林等（2011）[42]凭借 DEA 模型分别针对静态下京津冀地区的环境治理绩效水平、地方政府环境保护支出效率的影响因素以及我国环境投资效率进行实证分析。杨青山等（2012）[43]应用传统 DEA 模型，构建包含废水治理投资、废气治理投资、固体废物治理投资的投入指标以及包括工业废水排放达标量、SO_2 去除量等的产出指标构建指标体系，对东北地区产业集群的环境保护投入产出效率进行评价。有学者综合 DEA 模型以及 SBM 模型的优势对环境治理绩效评价。例如，黄国庆（2011）[44]利用 DEA – SBM 模型，以财政环境保护支出、环境保护机构人员数量为输入指标，以工业废水利用率、固体废弃物综合利用率等为输出指标构建指标体系，对中国 2007～2009 年 30 个省区市的政府财政环境保护效率进行评价。卢子芳等（2019）[45]和张亚斌等（2014）[46]均在建立评价指标体系的基础上，采用 SBM 模型计算环境治理绩效指数，分别对江苏省 13 地市和我国 30 个省区市的生态环境治理绩效进行静态和动态分析。

也有少部分学者利用诸如 DESIR 模型、TOPSIS 法、平衡记分卡、方向距离函数法和空间计量法等方法进行环境治理绩效评价研究。曹颖等（2012）[47]运用 DESIR 模型构建评价指标体系对中国省级环境治理绩效进行评价。吴蒙[30]从宏观层面入手，通过构建空间联系制图直观考察区域大气环境治理绩效空间关联网络结构特征。陈俊宏[48]在构建评价指标体系的基础上，运用层次分析法（AHP）和 TOPSIS 熵权法对辽宁省大气环境治理绩效进行评估。Epstein（2001）[49]采用平衡计分卡的模式对环境绩效进行管理。Gao Xizhen 和 He Xiao（2021）[50]在分析我国煤炭企业环境绩效评价现状的基础上，以平衡计分卡为基本框架，从环境财务、内部环境管理等七个方面对煤炭企业环境绩效进行综合评价。李根等（2019）[51]以我国 2000～2016 年 30 个省区市数据，构造含非期望产出的超效率方向距离函数模型测算环境治理绩效得分。Cheng（2016）[52]对环境污染与中国制造业集聚间的相互作用和空间关联性进行评价。卢洪友等（2015）[53]运用空间计量等方法分析环境污染、环境质量改善与环境治理投入等变量之间的关系。此外，很多建模技术和非参数方法也被开发应用于解决复杂的环境评价问题（Jebaraj & Iniyan，2006）[54]。

通过对上述文献进行梳理可知。第一，主成分分析法虽然能够用少数几个因子来综合反映原始变量的主要信息，不仅能够大大简化工作量，而且能够使新变量之间都各不相关，消除了多重共线性对于实证结果的影响。但在主成分分析中，提取的前几个主成分的累计贡献率具体精确到一个怎样的水平，即变量降维后的信息量保持在一个怎样的水平上仍然存在一定的主观性，不同的偏好有可能导致主成分的选择出现差异，对于这些被保留的主成分必须使它们都能够找到符合实际背景和意义的相应替代指标，否则主成分将空有信息量而无实际含义，无法进行下一步的数据分析环节。第二，将熵权法引入环境绩效评估系统中，可以较为准确地反映环境绩效实际情况，但也有少数评估指标的赋权与实际情况有所偏差，需要进一步加强熵权法应用到环境绩效评估系统中的机制研究。第三，TOPSIS 法虽然在样本量、指标个数和数据分布方面没有过多要求，同时计算简单、应用范围广泛、信息准确率也较高，但并没有兼顾考察指标权重的影响。第四，空间计量方法能够给出宏观层面的分析建议，但对地方政府的目标设定和实际政策指导的作用有限。因此，选择环境治理绩效评价方法时需要综合各种评价方法的优劣势，运用多种方法的组合形式进行评价分析。

1.2.4　环境跨区域协同治理研究

环境污染在各省区市之间存在流动现象且具有较为明显的空间关联

性，在实际的环境治理中需要地方政府之间相互配合、协同合作。目前，我国跨区域环境污染协同治理存在相关法律法规缺失、多元主体利益博弈、监督力度不足、经济手段和行政手段脱节、司法救济保障不足等问题，主要可通过加大公众监督的力度、加强司法公正的约束性、对环境污染实施实时网络监测等路径着手解决（张鲁歌，2021）[55]。在跨区域环境治理方面，大多数学者选择从大气污染协同治理以及水污染协同治理入手进行研究。

在大气污染跨区域协同治理方面，美国、欧盟、日本等发达国家开展较早，通过长期的经验总结，逐渐认识到必须尊重大气污染跨界扩散、城市间相互影响的自然规律，必须建立区域大气污染联动治理机制。美国的区域大气污染联动治理机制是在适用于全国的法律框架《清洁大气法》下运行的。从20世纪70年代始，美国国会针对一些棘手的跨州大气污染问题，授权美国环保署在州际之间构建跨地域的"空气质量管理特区"或"专业治理委员会"。欧盟的区域大气污染治理首先是通过签署或参加国际条约来推动的。1979年，在日内瓦签署的《远程跨国界大气污染公约》是欧盟在较大区域范围内处理空气污染问题的第一个官方国际合作机制。日本跨区域大气污染治理可以从其《大气污染防治法》中制定的一系列特别的排放标准中寻找途径。这些发达国家在跨区域大气污染协同治理方面都取得了丰富的成功经验，值得我国学习和借鉴。彭宏艳（2021）[56]指出大气污染不同于其他环境污染问题的治理，具有流动性、跨区域性等特点，这就需要多方联合进行协同防控和治理，可以通过细化相关法律法规、建立区域利益平衡机制和公众参与机制进行完善。段娟（2020）[57]采用文献分析法分析我国大气污染协同治理现状，认为我国在跨区域大气污染治理方面存在认识不足、法律机制不健全、参与主体积极性不够等问题，推进跨区域环保机构建设、推进跨区域大气污染治理数据共享以及推进跨区域大气污染协同监测和应急机制是解决以上问题的有效途径。谢玉晶（2004）[58]主要研究了区域大气污染联动治理机制，构建了大气污染联动等级评价指标体系，从监测网络以及税收调控的角度提出了区域大气污染联动治理的对策建议。Lu 等（2011）[59]采用主成分分析和聚类分析法对香港监测网络提供的 SO_2、NO_2 和悬浮颗粒物的污染数据进行分类，评价了空气质量监测网络的运行绩效。Xue 等（2015）[60]首次以行政单位为主体建立区域大气污染合作治理模型，充分发挥各地大气污染成本优势，促进跨地区环境污染协同治理。

在水污染跨区域协同治理方面，2016 年我国发布的《国民经济和社会发展第十三个五年规划纲要》中提出要加强海洋资源环境保护，加强重点流域和海域综合治理，探索建立跨地区环保机构，推行全流域、跨区域联防联控等。当前，我国国内的海洋环境跨区域治理机制构建仅表现为部分沿海地区的一些区域性行政协议，存在缺乏相关制度以及监督机制、协议之间约束性不强等问题（全永波，2017）[61]。孔凡宏等（2020）[62]认为当前我国海洋塑料垃圾污染治理存在权责模糊、安排弱位以及主体缺位的困境，可通过划定权责边界、完善跨区域合作的制度安排以及建立多元主体共治的格局有效破解上述海洋垃圾跨区域污染问题。张丛林等（2021）[63]认为长江上游现存的环境保护机制已无法满足人民需求，需要建立多元共治的生态环境治理体系和跨区域生态环境保护协调机制。赵凤仪（2017）[64]对当前跨区域水污染的相关研究进行梳理，认为跨区域水污染治理应该加大晋升激励和财政分权的作用，充分发挥市场在资源配置中的优势。

从现有研究来看，跨区域环境协同治理在国家和省级层面上的研究成果较多，省级以下行政区域的相关研究较少，跨区域和跨流域水环境治理绩效研究也得到了一定的关注。此外，在开展跨区域环境绩效评估中，评估指标体系会由于不同的区域和不同的评估对象而不同，因此很难通过建立一套普遍适用的指标体系。最后，跨区域环境协同治理是一项持续性的工作，需要大量的评估结果为政府的环境决策提供科学依据。

1.2.5　环境治理绩效影响因素研究

现有关于地方政府环境治理绩效的影响因素的研究，主要包括财政分权、环境分权、政府环境补贴、城镇化、公共参与等。林春等（2019）[65]选择2007~2017年中国省级面板数据，采用系统GMM模型探讨财政分权对环境治理绩效的影响效应，研究结果表明财政分权对环境治理绩效具有显著的抑制作用。徐盈之等（2021）[66]基于2006~2015年中国省级面板数据，采用广义矩估计（GMM）和中介效应方法检验环境分权对区域环境治理绩效的影响效应及其作用机理，研究结果表明环境分权通过促进产业结构升级和技术进步间接对环境治理绩效产生显著的促进作用，并且存在区域异质性。杨钧（2016）[67]基于中国30个省区市的环境治理数据，从户籍城镇化、产业城镇化和建设城镇化三个二级指标考察了城镇化对地区环境治理绩效产生的影响，研究表明城镇化对环境治理绩效也具有促进作用。王杏芬等（2020）[68]分别从企业、行业、城市和省级区域四个层面对企业获得的政府环境补贴使用效果进行了实证检验，研究结果表明政府环境补贴对环境治理绩效也具有促进作用。吕志科等（2021）[69]基于2011~2015年我国省级面板数据，利用主成分分析法构造衡量区域环境污染程度的指标，分析了投诉上访、建言献策以及自媒体舆论这三种公共参与方式对区域环境治理绩效的影响，研究表明公共参与对环境治理绩效具有显著的促进作用。

部分学者认为技术创新、信息公开和环境规制也是提高环境绩效的影响因素之一，傅为忠等（2015）[70]运用DEA、SEM-PLS模型分析区域技术创新能力对环境绩效的影响情况。蔡璐（2014）[71]研究发现环境技术进步在很大程度上有利于提高环境绩效水平。此外，产业结构、经济发展水平、环境污染治理力度等对地区工业环境绩效都具有较显著的影响。国涓等（2013）[72]研究发现改善要素资源配置效率和施行环境保护政策能够显著提升绩效水平，而且信息公开也能在一定程度上提升环境治理绩效水平。陈思颖（2014）[73]研究发现环境信息披露和环境治理绩效之间存在相互促进的作用，环境规制对环境绩效也具有显著的正向促进作用。邱士雷等（2018）[74]认为不同强度的环境规制可以对环境治理绩效产生不同的作用。杨文举（2015）[75]认为企业规模、经济发展、产业结构、环境规制水平等因素对工业环境治理绩效都具有显著影响。

　　除以上影响因素外，环境治理绩效水平还会受到诸如经济、人口、产业结构等因素的影响。傅晓艺（2014）[76]研究发现区域 GDP、人口密度、国际贸易和产业结构等都对环境治理绩效产生了显著影响。颜文涛（2015）[77]研究发现完善与城乡规划相关的法律法规能够提升环境治理绩效水平。俞雅乖（2016）[78]研究发现增加环保投入、强化环保意识也能够提升环境治理绩效水平。

　　从以上分析来看，在影响因素的选取方面，多数学者都是从经济、法律、能源利用、技术等角度进行考虑，却忽略了主体的重要性。政府和公众作为环境治理的两大主体，在环境治理中具有重要的作用。因此，环境治理绩效水平的提高应更加重视政府和公众这两大主体的作用及影响。

1.2.6　环境治理路径研究

　　从现有研究成果来看，提升环境治理绩效的路径主要集中在增加环境治理投入、增加排污企业税收、绿色经济、制定环保法规、加快技术进步、加大环保宣传、环境信息公开以及公众参与等方面。叶大凤等（2021）[79]认为公众参与是优化农村环境治理水平的关键力量，应加快完善公众参与激励机制以及奖惩机制，形成"激励—努力—绩效—奖励—满足"激励链的良性循环。杨志军等（2017）[80]认为我国政府在环境治理中存在强制型政策工具运用过溢和自愿型政策工具使用不足等问题，政府应适度降低强制型政策工具的使用而重视经济型政策工具和自愿型政策工具的使用，加大公众参与力度。刘振华（2020）[81]认为我国环境社会治理需要通过强化环境治理的公众参与，建立健全环保公益组织和行业协会，完善环境污染第三方治理等路径进行优化。范俊玉（2011）[82]指出我国环境治理需要加强公众的参与，具体要从完善法律制度、加强信息公开、大力发展环境非政府组织以及加大环境宣传教育力度这四个方面出发。屈小爽（2017）[83]指出构建"政府规制与公众参与"的治理模式有助于环境治理，政府应该建立完善的法律法规体系和科学的环境治理绩效评价体系，为公众参与提供良好的平台，积极鼓励企业环保技术创新。林美萍（2009）[84]指出我国环境治理现状与环境善治目标存在的差距，应该走一条以政府为主导、适当地发挥市场和社会力量的治理之路。谭娟等（2018）[85]针对目前我国政府环境治理面临的政府"失灵"、市场"失灵"和社会低效三个困境，提出运用大数据方法创新治理路径，提高环境治理监管效能，提高公众参与水平。孙晓伟（2012）[86]分析我国农村工业化发展历程及污染治理现状，认为发展绿色循环经济，强化农民环保意识和增强环境监督是提升环境治理绩效的有效措施。王冬年等（2014）[87]深入分析我国工业结构、能源结构以及城镇化进程对环境污染的影响，认为加强环保立法的执行力、倡导居民绿色消费、加快企业技术创新、开征环境税可以作为当前环境保护的有效治理路径。师帅等（2021）[88]认为市场激励型环境规制有助于我国低碳农业实现技术创新，在一定程度上有助于推动环境治理。

对比相关研究不难发现，有关公众参与以及信息公开之类的自愿性环境规制对于环境治理效用的研究仍相对欠缺，起步也较晚，且鲜有研究将中国特色的政治、社会、经济变量纳入自愿型环境规制的研究范围。

综上所述，第一，环境治理绩效评价的研究对象主要是企业和地区，只是研究角度有所差异；第二，在构建环境绩效评价的指标体系时，评价指标的选取多集中于末端治理领域，而鲜有从其他角度进行考虑；第三，现有关于我国环境治理绩效评价的研究中，使用的评价方法较为单一，应综合各种评价方法的优势，运用多种方法的组合形式进行评价分析；第四，现有跨区域环境协同治理的研究对省级以下行政区域的研究较少，对跨区域和跨流域水环境治理绩效研究也需要增加一定的关注度；第五，在环境绩效评估影响因素的选取上，忽略了政府和公众作为环境治理的两大主体的重要性；第六，现有关于环境治理路径的研究忽略了引导公共参与环境治理的重要性。因此，针对以上问题，后续研究应该紧跟污染防治绩效管理与评估研究的未来发展趋势，进一步从广度和深度上加强研究，提出更加全面系统的环境治理绩效评估体系，加大各级政府在环境污染防治和环境保护中的参与度，并将环境治理绩效的评价、管理、修正等各个环节制度化、明细化，为完善生态文明建设长效机制提供支撑。

1.3　研究框架和内容安排

本书从生态文明视角出发，首先在厘清相关理论的基础上对环保支出（环境投入）和环境规制维度指标进行测度，然后从源头治理、过程治理和终端治理三个层面构建评价指标体系，对 2010～2019 年中国省级地方政府环境治理绩效进行统计测度分析，得出评价结论，进而在拓展研究方面分析中国省级地方政府环境治理的跨区域特征，环保支出和环境规制对环境治理的门槛效应和环境治理的影响因素，最后总结出研究结论并提出有针对性的政策建议。本书的内容可分为以下五个部分，技术路线如图 1-1 所示。

第一部分：相关理论基础部分。本部分主要介绍了生态文明理论、环境治理理论、环保支出（环境投入）理论和环境规制理论。其中生态文明理论包括生态文明的历史背景、内涵和新时代中国生态文明的解读；环境治理理论包括源头治理、过程治理和终端治理三个层面；环保支出理论包括经常性环保支出和资本性环保支出两个方面；环境规制理论包括命令型—控制型、激励型和自愿型三种类型。

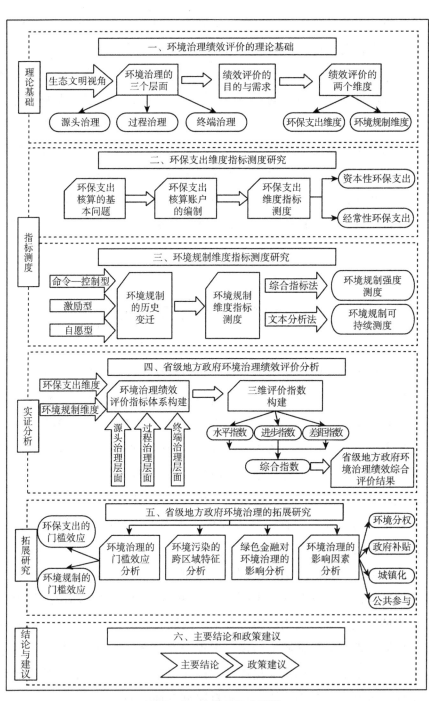

图1-1　本书的技术路线

第二部分：指标测度部分。本部分主要介绍了环保支出和环境规制两个维度的指标测度，其中环保支出维度通过编制环保支出核算账户，测算出经常性环保支出和资本性环保支出两个指标。环境规制维度在介绍环境规制历史变迁的基础上，首先运用综合指数法测算出环境规制强度指标，其次运用文本分析法测算出环境规制可持续指标。

第三部分：实证分析部分。本部分首先从源头治理、过程治理和终端治理三个层面构建中国省级地方政府环境治理绩效指标体系，进而从环境治理绩效的水平、进步和差距三个维度构建环境治理绩效的水平指数、进步指数和差距指数，最后在此基础上构建综合指数对中国省级地方政府环境治理绩效进行综合评价。

第四部分：拓展研究部分。在完成中国省级地方政府环境治理绩效统计测度研究后，本部分进一步研究环境污染的跨区域特征及环保支出和环境规制，分别对环境治理绩效的门槛效应和环境治理绩效的影响因素，以及绿色金融发展水平对政府环境治理绩效的影响效应作出评价。

第五部分：在前面得出实证分析和拓展研究结论的基础上总结出本书的主要研究结论，并根据结论提出各省级地方政府环境治理有针对性的政策建议。

1.4　研究创新点

本书从生态文明视角对中国省级地方政府环境治理绩效进行统计测度研究，主要具有以下三个方面的创新之处。

（1）从地方政府环境治理的两类手段入手，分别从环保支出和环境规制两个维度进行了指标的统计测度。环保支出维度主要就中国环保支出核算体系的构建与指标生成和调整问题进行研究；环境规制维度主要就不同的环境政策和实施强度进行量化研究。不同于现有研究中直接利用相关经济指标的做法，本研究中更关注指标的统计意义，力图切实反映目标现象的本质特征。

（2）目前学界和实践中往往是基于终端治理的思路，选择若干废弃物排放指标来进行政府环境治理绩效评价，指标体系的设计和选择带有很大的主观性和随意性。本书从生态文明的视角切入，从源头治理、过程治理和终端治理三个层面构建环境治理绩效评价指标体系，更加符合实际要求，注重反映环境治理中初始资源投入和物质循环利用情况，达到全面完整反映环境治理效果的目的。

（3）本书进一步考察了环境污染的跨地区特征，利用空间面板模型计量环境污染的空间依赖性，利用环境污染的空间邻接权重乘数矩阵反映环境治理的空间关联模式和溢出效应问题，为跨区域环境污染协同治理政策提供依据。

第 2 章　相关理论基础

本章介绍了生态文明理论、环境治理理论、环境保护理论和环境规制理论四个方面的相关理论，为后续研究提供理论基础。

2.1　生态文明理论

生态文明理论包括生态文明的历史背景、生态文明的内涵和新时代中国对生态文明的解读。

2.1.1　生态文明的历史背景

文明是人类改造世界的物质和精神成果的总和，也是人类社会进步的象征。在漫长的人类历史长河中，人类文明经历了三个阶段，分别为原始文明、农业文明和工业文明[89]。人类社会在经历长达三百年的以改造自然、征服自然为目的的工业文明之后，尽管世界工业化的进程已步入较高水平，但以牺牲环境为代价的发展必将带来严重的后果，一系列全球性的生态危机迫使人类不得不停止之前粗放型的发展模式、发展方式，探寻一个与当前发展阶段相适配的文明形态——"生态文明"[90]。

在过去的 50 年里，世界有关环境与发展关系的认识大致可以分为三个阶段：第一阶段是 20 世纪 60 年代至 70 年代初期，这一阶段被称为环境问题的提出阶段；第二阶段是 70 年代初至 90 年代初期，这一阶段被称作可持续发展与三个支柱阶段；第三阶段从 20 世纪 90 年代至 21 世纪初期，这一阶段被称作绿色经济与全球环境治理阶段[91]。其中心思想强调的都是经济社会发展应与资源环境消耗相匹配的问题。纵观近年来我国经济建设的发展，尽管取得了举世瞩目的成就，但追求经济发展付出了巨大的代价也是不争的事实。早在 2010 年，胡锦涛同志在全国两院院士会议上就提出了"绿色发展"这一理念。温家宝同志也在 2012 年的可持续发展论坛上指出，我们要紧跟世界绿色发展的脚步，要紧紧围绕"绿色发展"这一理念展开后续工作。党的十八大提出了我国目前所面临的资源紧张、环境污染、生态退化等严重问题，应将生态文明建设提升至与经济、政治、文化、社会四大建设并列的高度[92]。

　　总而言之，生态文明既是日益恶化的环境现状的产物，是国际环保运动的大势所趋，也是顺应社会主义发展的趋势[93]。

2.1.2　生态文明的内涵

　　生态文明作为人类文明的重要组成部分，不仅是一个以人、自然界、人类社会三者相互和谐共存、全面发展为基本理念的社会面貌，同时也是人类通过遵循人与自然可持续发展这一客观规律所获得的物质文明和社会精神文明成就的总和[94]。生态文明是人类文明发展史上的新生事物，它以尊重与保护大自然为前提，抛弃了传统工业文明和农耕文明之间不符合现代社会发展趋势的部分，并引入了人类可持续发展的相关理念，是人们对于传统文明形态深刻反思的结果，也极大地改善了人类文明的传统形态和文明形态发展的理念、路径和方式。

　　生态文明作为人类文明的一种形式，其基础是尊重和保护环境，可持续发展，以人类的进一步发展为导向。它强调人的主观能动性以及人与自然相互依存、相互联系、共生统一的理念。生态文明与以往文明的相同之处主要在于两者都强调物质生产力的重要性；不同之处在于生态文明理论更加强调环境的重要性，任何改造都必须以尊重和保护自然为前提。严酷的现实告诉我们，人与自然是生态系统的两个要素，它们之间不应该是征服与被征服的畸形关系，而应该向着相互依存、和谐共处、互利共生方向发展[95]。人类的发展要讲究可持续性，不能仅仅关注代内发展的眼前利益，更需讲求代际之间的平等关系，要将后辈的发展因素纳入考量范围[96]。因此，公正、高效、和谐和人文发展作为生态文明的核心要素便具有重要的含义。所谓公正，既要尊重自然以实现生态公正，也要保障人权实现社会公正；高效，就是要寻求自然生态系统具有平衡和生产力的生态效率，经济生产系统具有低投入、无污染、高产出的经济效率和人类社会体系制度规范完善运行平稳的社会效率；和谐，就是要谋求人与自然、人与人、人与社会的公平和谐，以及生产与消费、经济与社会、城乡和地区之间的协调发展；人文发展，就是要追求具有品质、品位、健康、尊严的崇高人格。公正是生态文明的基础，效率是生态文明的手段，和谐是生态文明的保障，人文发展是生态文明的终极目的[97]。

2.1.3　新时代中国生态文明解读

党的十八大以来，习近平总书记围绕发展中出现的问题对生态文明理论做出了进一步阐释。关于人与自然之间的关系论述是习近平生态文明思想的重要组成部分，也是习近平生态文明思想的哲学基础和出发点。习近平总书记在党的十八大报告中就强调了要把生态文明建设放在突出地位，要将其融入经济、政治、文化以及社会建设各方面和全过程[97]。推进生态文明建设，涉及生产方式和生活方式根本性变革，要求我们站在文明进步的高度认识和加强环境保护的层面，并将其作为当前阶段生态文明建设的攻坚方向[98]。

生态文明建设是关系人民福祉、关乎民族未来的长远大计。党的十八届五中全会提出了创新、协调、绿色、开放、共享的新发展理念[89]。习近平总书记在党的十九大报告中深刻地指出:"人与自然是生命共同体,人类必须尊重自然、顺应自然、保护自然。人类只有遵循自然规律才能有效防止在开发利用自然上走弯路,人类对大自然的伤害最终会伤及人类自身,这是无法抗拒的规律"。2018 年 5 月 18 日,习近平总书记在全国生态环境保护大会上更是提出,坚持人与自然和谐共生,坚持节约优先、保护优先、自然恢复为主的方针,像保护眼睛一样保护生态环境,像对待生命一样对待生态环境,要坚持生态惠民、生态利民、生态为民。习近平总书记关于人与自然和谐共生的生态自然观也更加鲜明地呈现于前,将马克思主义生态思想和中国古代优秀生态文化思想有机地结合起来,形成了当代中国马克思主义的生态文明思想[99]。

在思想上,应正确认识环境保护与经济发展的关系,应树立环境保护与经济发展并重的意识,将环境保护摆在更重要的位置上[96];在政策上,应将环境保护上升到国家意志的战略高度,融入经济社会发展全局,从源头上减少环境问题;在措施上,应实行最严格的环境保护制度,建设完善法律法规[96],培养专业的执法队伍,采取行之有效的执法手段,杜绝一切环境违法行为,任何对环境造成危害的个人和单位都要补偿环境损失[100];在行动上,应动员全社会力量共同参与保护环境,环境保护是全民族的事业,必须紧紧依靠人民群众。要充分调动一切积极因素,齐心协力保护环境[101],积极开展全民环保科普宣传,强化社会监督,健全公众参与机制,鼓励公众检举揭发各种环境违法行为,使每个公民在享受环境权益的同时,自觉履行保护环境的法定义务[102-103]。

2.2 环境治理理论

环境治理理论包括两个方面:一是环境治理的相关概念,二是环境治理的过程。

2.2.1　环境治理的概念

环境治理是本书研究的核心关键词，此处对环境治理、环境治理绩效和环境治理绩效评价三个概念的含义进行介绍。

2.2.1.1　环境治理

伴随着社会经济的快速发展，人与自然的矛盾日益凸显，环境治理不仅是国家治理体系的重要组成部分，也成为缓和这种矛盾的关键所在。具体来说，环境治理指的是有关单位依据相关的法律法规，在社会经济发展与生态环境保护之间起到平衡协调作用，或是采取适当方法对已破坏的环境进行修复和改善的相关行为。环境治理效果的优劣会直接影响生态文明建设的进程，因此，预防和控制环境质量的恶化在促进人与自然协调发展、提高人类生活质量以及促进代际公平方面有着至关重要的作用。环境治理是改善环境质量的有效手段，应将人与自然和谐发展的"善治"作为环境治理的终极目标。

2.2.1.2　环境治理绩效

绩效一词按其字面含义可以拆分为两层含义——成绩和效果。环境治理绩效，顾名思义，即为环境治理的成绩和效果。由于环境治理绩效所涉及的内容十分广泛，目前学术上仍没有一个准确的定义。当前较为主流的观点认为环境治理绩效可以被理解为进行环境治理的努力程度、污染物排放量的变化程度、政府为实现可持续发展针对环境污染所做出的反应和措施以及得到的环境改善的成效等。实践中，环境治理绩效研究在政府和企业进行有效配置资源以及制定环境决策方面发挥了重要作用。

2.2.1.3　环境治理绩效评价

绩效评价原指企业或组织按照一定的标准和程序对相关人员进行能

力评估。此处的环境绩效评价主要针对生态环境治理方面,即按照政府给定的一系列评价标准和参考范围,综合考量环境治理的成绩和效果,进而做出客观准确的评价和判断。目前有关环境治理绩效评价的对象主要包含水环境治理绩效评估、大气环境治理绩效评估以及环境综合治理绩效评估等。环境治理绩效评估是对环境绩效理论的扩充与升华,也是开展环境绩效管理工作的前提和基础,政府可以根据环境绩效评估结果改进治理方案、推进后续工作的开展。

2.2.2　环境治理的过程

环境治理包括源头治理、过程治理和终端治理三个阶段,此三个阶段代表环境治理的全过程。

2.2.2.1　源头治理

生态环境保护的源头治理重点强调的是从治理的前端开始,将预防和监控设置在治理前端、中端和末端,并且配合强制力的法律文件约束不规范、不合理行为,从根源上杜绝环境破坏事件的发生。源头治理相比较一般的治理更强调从治理过程的开端和根源上进行善治。我国坚持生态环境保护与经济建设并重,在建设经济的同时,还需要把环境保护、污染防治放在首位,从根源上扭转一边破坏一边治理的被动局面[104]。

生态环境保护的源头治理不同于一般的生态环境保护治理,它具有自身的特点和一般的生态环境保护治理所不具有的优势,预防性强调时间点上的超前反应和判断,是指通过数据分析以及借鉴历史经验产生科学推断,在生态环境问题出现以前对环境污染进行防治,避免出现"先污染再治理"的情况,强调从生态环境问题的根源上解决问题,由于生态环境保护与经济增长是密不可分的,只有从根源上把握经济发展与生态环境保护共存的关系,才能达到经济和生态环境和谐友好、共同发展的局面，全面性强调对生态环境保护的所有问题进行全面治理，以解决生态环境各方面的问题[104]。

生态环境保护的源头治理不仅不会产生不可逆的环境危害，而且还可以节省环境污染治理的成本，因此源头治理的开展具有生态效益和经济效益的双重意义。实际上，生态环境保护的源头治理也是生态环境保护"保护优先、预防为主、防治结合"原则的具体体现[104]。2005 年习近平总书记提出，"绿水青山就是金山银山"，便是从源头上促进人与自然、人与人、人与社会的和谐发展的典型范例。从可持续发展理论来说，"绿水青山就是金山银山"理念，就是强调各类资本之间存在动态的互补性和替代性，强调保护和发展并不矛盾，而是能够实现有机统一，实现保护就是发展，发展就是保护。从源头出发，审视人类社会的发展与自然的关系，让人与自然和谐发展，绿色发展的理念深入人心，从根源上缓解以牺牲环境为代价追求经济发展的错误局面[105]。绿色既是理念又是举措，以空间换时间，切实防止走粗放增长老路、越过生态底线竭泽而渔。同时，借助"互联网＋""生态＋"新兴平台，不断发展新业态，保持住"绿水青山"不变色，创造出无限的"金山银山"。把生态产业化作为发展新动力和发展新出路，让良好生态环境成为富民强国的增长点[106]。

2.2.2.2　过程治理

过程治理是指在生产生活过程中对已造成的污染加以利用、减污降废，从而达到环境友好状态。当源头防治不力或无效时则应当加大过程治理的力度[107]。常见的过程治理有退耕还林、还草，城市污水治理，可回收资源再利用等。其中，退耕还林、还草就是将盲目开垦导致易发生水土流失的耕地有计划地恢复生态，本着"宜乔则乔、宜灌则灌、宜草则草，乔灌草结合"的原则，根据实际情况合理恢复森林植被。退耕还林是我国实施西部大开发战略的重要政策之一，截至目前，各项建设任务进展良好，成效显著。城市污水处理是指为改变污水性质，使其对环境水域不产生危害而采取的措施。城市污水处理一般分为三级：一级处理主要是应用物理处理法去除污水中不溶解的污染物和寄生虫卵；二级处理主要是用生物处理法将污水中各种复杂的有机物氧化降解为简单的物质；三级处理主要是应用化学沉淀法、生物化学法、物理化学法等方法去除污水中的磷、氮、难降解的有机物、无机盐等[108-109]。可回收资源再利用指的是那些适宜回收利用和资源化利用的生活废弃物，主要包括废纸、废弃塑料瓶、废弃金属、废旧纺织物、废弃电器电子产品、废玻璃等，对该类资源进行回收利用，可以在很大程度上增加材料利用总体寿命，缓解资源压力。

2.2.2.3 终端治理

终端治理即在生产生活作业结束后的修治工作，是对已造成的污染和破坏加以修复维稳[110]。尽管终端治理相较于源头治理以及过程治理来说存在投资大、效果差、运行费用增加、存在二次污染等一系列缺点，但它对于弥补修复之前治理环节中存在的问题以及稳定治理效果方面起到了至关重要的作用。我国对于环保产业的狭义定义仅仅针对环境问题的终端治理而言，其范畴包括污水处理、废弃物处理、大气质量控制、噪声控制、土地改良、地形修复以及植被重建等方面的内容，但随着科学技术的发展以及人们环保意识的提高，迫使环保产业从环境保护的终端治理逐步向环境保护的源头治理、过程治理过渡。

进入 21 世纪以来，我国不断加大环保投入，大力推行末端治理设施建设，以期达到减少污染物排放的目的。特别是火电行业，近 15 年来通过大力推广燃煤电厂烟气末端治理技术，包括高效除尘、脱硫和脱硝技术，致使火电行业烟尘、SO_2、NO_x 大气污染物排放总量明显下降，减排效果显著[111]。在农业污染物的处理上，大多数使用生态沟渠进行污水净化，生态沟渠的净化作用可有效减少污水中氮、磷对周边水体环境的危害。此外，生态沟渠还具有净化农田径流排水、调节湿地生态系统以及维持生态系统物种多样性、促进生态系统生产力和养分循环、净化水质等方面的作用[112]。在城市污水的处理上，大多数城市污水处理厂都采用好氧生物处理法，如果污水中难降解有机物含量高、可处理性差，则应考虑物化法处理，城市污水处理工艺仍在应用的有一级处理、二级处理以及深度处理，但国内外最普遍流行的是以传统活性污泥法为核心的二级处理。在大气污染的治理方面，主要从采用先进的环保技术和开发新式能源、提升清洁能源的利用效率以及调整工业行业结构，提升工业生产的环保水平，政府实行多措并举，做好顶层设计，大力推进新能源的利用和城市公共交通的发展[113]。

2.3　环境保护理论

环境保护理论介绍了环保支出、环保活动、环保产业和环保产品的相关理论。

2.3.1　环保支出

环保支出是一个经济学术语，又被称为环境投入，被定义为用于环境污染防治、生态环境保护和建设方面的支出，包括环境保护管理事务支出、环境监测与监察支出、污染治理支出等。目前，国内关于环保支出这一概念并未达成一致的认识，我国有"环保设施投资""环境污染治理投资""环保费用"等之说，从收支的角度看，衡量环境保护活动而花费支出称为环保支出。按照支出的性质划分，环保支出又分为经常性环保支出和资本性环保支出。经常性环保支出是指经济单位为进行环保活动而发生的原材料购买和消费品支出、管理支出费用、环保设备运行支出、人力成本等总和；资本性环保支出是经济单位为达到保护环境的目的而在生产方法、技术、工艺及设备上的投资支出。环保支出是环境保护事业发展的物质基础，具有间接的、无形的、社会的和长远的经济效益。从宏观角度看，中国省域间环保支出存在明显"你多投，我就少投"的策略互动，且污染排放呈现出显著的空间溢出效应[114]，这是导致中国近年来环境恶化的重要原因。环境污染物的排放增加引起环保支出的增加，而环保支出又对环境污染物排放形成抑制，这种内生关系在不断强化[115]。从微观角度看，企业环保支出与企业短期绩效存在较弱的正相关性，而企业环保支出与企业长期绩效存在较为显著的正相关性。这说明环保支出虽然不能有效提高企业的短期绩效，但它可以显著提升企业长期绩效，值得关注的是，生产规模越大的企业，环保支出与环境绩效的正相关性越显著[116]。

2.3.2 环保活动

环保支出核算的对象是一国内发生的环境保护活动，对于环保活动的界定是开展后续核算的基础。SEEA2012对于环境保护活动的划分主要是基于活动的目的，即只有当该项活动的主要目的是保护环境才能被认定为环保活动。环保活动，顾名思义是为环境保护这一目标而服务的活动。开展此类活动不仅可以唤醒人们保护环境的意识，提高公民对于环境保护这一重大任务的使命感和责任感，还是构建社会主义和谐社会、积极响应国家战略号召，把环境保护摆在更加重要的战略位置的直接表现。环保活动的广度和深度是衡量一个国家发展质量和人民群众生活水平的重要标准，是造福当代、惠及子孙的事业，是关系到我国长远发展和战略布局的大工程。环保活动有广义和狭义之分，广义环保活动是指经济单位为降低或消除环境压力、防止环境恶化、保证环境可持续性利用的全部活动。SEEA2012采用的是狭义环保活动的定义，其对于环保活动的定义为以预防、降低和消除环境污染及利用其他方式防止环境恶化为主要目的各种活动。从定义上看，狭义的环保活动更侧重于环境质量方面，主要包括污染物排放治理和生态环境保护。相较于狭义环保活动定义范围，广义环保活动还包括资源管理活动。为完善我国环境统计工作，规范环保活动和相关支出统计。国家统计局参照欧盟《环境保护活动和支出分类（CEPA2000）》经验做法，并考虑我国环境统计现状于 2012 年发布了《我国环境保护活动分类》。该分类沿用的是狭义环保活动定义，将环保活动定义为以环境保护为主要目的开展的活动。

2.3.3　环保产业

环保产业是随着环保事业的发展而兴起的新兴产业，这一概念最初是由经济合作和发展组织（OECD）提出的，将狭义的环保产业定义为由处理生产过程产生的排放和废物的企业形成的产业，该定义主要是针对环保活动中的"末端治理"问题。美国采用这种狭义的环保产业定义，将环保产业分为环保服务产业、环保设备产业、资源环境产业三大类。随着环保活动的定义拓宽，环保产业的内涵随之扩大。OECD 在狭义环保产业定义的基础上延伸，将提供清洁技术、节能技术以及产品的回收等环保行业纳入进来，得到广义的环保产业定义，既包括能够在测量、防治、限制及克服环境破坏方面，生产与提供有关产品和服务的企业，还包括能够使污染排放和原材料消耗最小量化的清洁生产技术和产品[117]。

我国的环保产业起步较晚，环保产业的涵盖内容及分类细化还不够明晰。我国的《国民经济行业分类》（GB/T 4754 - 2017）中，并未对环保产业进行特定分类。国家统计局 2018 年发布《战略性新兴产业分类（2018）》，其中就涉及节能环保产业，其将节能环保产业分为高效节能产业、先进环保产业、资源循环利用产业三类。显然，节能环保产业对应的是广义定义，先进环保产业对应的是狭义定义。环保产业的范畴十分广泛，按照不同的目的和要求，可以将其进行多种角度的分类。在我国，环保产业主要可以划分为三个部分：一是环保产品的生产与经营，主要指水污染治理设备、大气污染治理设备、固体废弃物处理处置设备、噪音控制设备、放射性与电磁波污染防护设备、环保监测分析仪器、环保药剂等的生产经营；二是资源综合利用，指利用废弃资源回收的各种产品，废渣综合利用，废液综合利用，废气综合利用，废旧物资回收利用；三是环境服务，指为环境保护提供技术、管理与工程设计和施工等各种服务。

为了建设环境友好型和资源节约型社会，国家非常重视环保产业的发展。促进我国环保产业的发展非常有必要。首先，积极开发环保产业是实现经济增长与环境保护协调发展的需要；其次，积极开发环保产业是发展循环经济、建设环境友好型社会的需要；最后，积极开发环保产业是实现国务院提出的节能减排目标的需要。大力发展环保产业是缓解经济发展和环境保护之间的矛盾、实现经济增长和环境保护协调发展最有力的措施之一。国家重视环保产业的发展，不仅有利于建设环境友好型和资源节约型社会，也是促进我国经济增长与环境保护协调发展的需要。

2.3.4 环保产品

环保活动是经济意义上的生产活动，进行环保活动的各经济单位形成了环保产业。在这个过程中，环保产业提供了相应的环保产品，作为环保活动的经济产出成果。环保产品，又称生态产品，是指在生产、使用或处理过程中对于减少环境污染、保护生态环境有显著作用的一类产品。购买环保产品能够为未来自我提供更加安全、健康的生存环境[118]。常见的环保产品有：无磷洗衣粉、无铅汽油、绿色汽车、绿色环保电池、再生纸、节能灯、电动公交车等。SEEA2012 将环保产品主要分为三类：专门性环保服务、环保关联产品和适用品。

专门性环保服务是最具有代表性的环保产品，专门性环保服务主要是经济单位进行环保活动所提供的环保服务，这类服务主要有废水处理、环境监测等。SEEA2012 中对于专门性环保服务的定义为"由经济单位为出售或自用目的生产的以环境保护为目的的服务",因而专门性环保服务有可能是在市场上流通出售的服务,也可能是经济单位内部使用或以无经济意义的价格出售的服务。前者为市场性环保服务,后者为非市场性环保服务。市场性环保服务通常由市场性生产单位提供,被使用者购买;非市场性环保服务通常由政府代表社会公众"购买",或是经济单位自己使用。

环保关联产品是指以使用为目的,但不属于专门性环保服务的环保产品。这类产品通常有垃圾袋、垃圾桶和化粪池等。环保关联产品可以是耐用品也可以是非耐用品,主要用于最终消费、中间消耗或最终资本形成。这类环保产品虽然没有构成环保活动也不是专门性环保服务,但是环保关联产品的使用目的是保护环境,因而环保关联产品也被纳入环保产品的范畴之内。在估算关联产品有关支出时,应注意其使用主体。当住户部门或政府部门购买其作为最终消费时,应当被视为关联产品进行估算。而当专业生产者购买其作为生产过程中的原材料或生产设备时,应被视为中间消耗或固定资本形成。

适用品是指为了达到降低对环境损害的目的而在原有的设施基础上经过改进的产品。适用品实例包括脱硫燃料、无汞电池和无氯氟化碳产品。适用品的环保支出估值是为了购置适用品而多支付的费用。适用品应符合以下两个要求:一方面,在环境影响相同的条件下,相较于具有相同功效的那些产品,适用品带来的环境污染更小;另一方面,适用品相较于原有的正常产品具有更高的成本。

绿色产品是与环保产品相近的概念,目前学者们普遍将环保产品等同于绿色产品,认为两者具有相同的内涵,但深究其内在差异,绿色产品的内涵更抽象也更宽泛,而环保产品的内涵相对来说更加具体和明确。从产品属性来看,环保产品与绿色产品虽然都有利己属性和利他属性,但环保产品的利他属性更突出,而绿色产品在利他和利己属性之间没有明确的指向[119]。为响应国家绿色发展政策,积极推出环保产品成为企业应对产业绿色转型的必然途径,但环保产品在营销实践中的实际绩效却不尽如人意，大部分环保产品市场还是较为冷清，究其原因主要是相比其他普通类产品，环保产品的性价比可能更低，而且绿色消费行为的感知效力也不明显[120]。

2.4　环境规制理论

环境规制主要包括三种类型，分别为命令—控制型环境规制、激励型环境规制和自愿型环境规制。

2.4.1　命令—控制型环境规制

命令—控制型环境规制主要指由政府或环境保护当局制定相应的强制性法律法规或严格的数量标准来限制企业的排污物量，是一种通过依靠法律手段或行政命令来对排污者的环境绩效产生直接影响的规制工具[121]。在这种强制的规制工具下，污染者是很难有自主选择权的，其规制手段主要是设立市场准入标准、产品禁令、技术规范、排放绩效标准、产品标准、排污许可、生产工艺管制以及环境和技术管理等措施[122]，相关者若不能按照规制生产或排放，将会受到来自法律或行政方面的处罚。相比于其他两种环境规制工具，命令—控制型环境规制工具最先被各国采用，经过时间的检验，也逐渐发展成为世界范围内一种传统的环境规制工具。但是因为信息不对称性的普遍存在，命令—控制型环境规制实施的行政成本相对较高[123]，更重要的是，企业遵循命令—控制型环境规制所付出的成本也会较高，会在一定程度上为命令—控制型环境规制的落实增加难度。命令—控制型环境规制大致可以分为四种，分别为强制性环境规制法规、环境评价制度、"三同时"制度以及排污许可证。第一，强制性环境规制法规即在当地环保部门的配合下，制定一系列限制各类污染物排放量的法规，以现实执行力来严格控制排污量。第二，环境评价制度主要用于在各类工业项目的规制中，企业为达到各类环境评价指标，会严格控制排污量。第三，"三同时"制度是命令—控制型环境规制中重要的手段，"三同时"制度主要通过与建设项目主体或环保检测部门保持同步状态，来减少环境污染并完成项目的正常建设。第四，政府会在检测企业排放污染物状况的基础上，进行相应的排污许可证的发放。由于排污许可证严格约束企业的排污过程与数量，因而能够很好起到污染治理的作用。这类环境规制能够高效改善环境质量问题，目前在世界各国也得到广泛应用。其中，我国颁布的《中华人民共和国环境保护法》就属于此类措施，但这类环境规制的政府执行成本较高，刚性较强，污染企业几乎没有选择权，在一定程度上抑制了企业的积极性和生产效率[124]。

2.4.2　激励型环境规制

激励型环境规制又称市场激励型环境规制，是政府采用费用和价格等市场手段引导企业的排污行为，以激励的方式使企业自我约束排污行为，主动降低排污水平[125]。其最大的特点是机动灵活，使企业可以在最利于自身发展的规制方式下将有限的运作资金在环境治理和企业研发之间合理分配。鉴于命令—控制型环境规制存在的不足，自 1972 年OECD 颁布了"污染者付费原则"之后，这一举措很快得到了来自世界各国的关注，世界各国也纷纷开始模仿与探索激励型环境规制的各种方法，与命令—控制型环境规制工具不同的是市场激励型环境规制工具并不是立足于强制性的基于法律或行政管理的各项标准，而是与市场机制建立紧密的联系，在自由调节的市场中，通过在市场中发出信号，对企业做出引导作用，使其在追求利润最大化的同时兼顾环境规制政策，较引导之前起到了更多的环境保护作用。市场激励性环境规制主要采用的是经济手段，通过影响产业结构高级化作用于绿色经济效率。环境规制的成本是内在增加的，主要包含在商品的价格或者服务中，包括环境税费、环境补贴、排污权交易、生产者责任、押金返还制度和执行鼓励制度等。理论上，市场激励性环境规制政策的执行成本要低于命令—控制型环境规制工具，即要想达到相同的规制效果，命令—控制型环境规制下要付出更多的成本，因为市场激励性环境规制工具会在市场这个载体中可以对企业产生持续刺激，企业可以不拘泥于强制性规制政策，在技术与政策允许范围内，更多地考虑企业自身的状况从而选出更利于自身发展最为经济且有效的方式实现企业的目标，这种相对自由的规制方式也是在市场中对企业产生持续刺激的原因所在[126]。目前，我国已实施的市场激励型环境规制工具包括排污许可证交易、部分行业的污染税收与专项补贴、税收优惠和污染治理补贴等。这类环境规制既可以为经济主体提供选择和采取行动的空间，与命令—控制型环境规制相比更加灵活，手段较为柔和，能够更好地提高经济主体技术创新的积极性[127]。

2.4.3　自愿型环境规制

自愿型环境规制是自愿规制工具在环境领域的具体应用，大多由政府、产业组织和独立的第三方机构发起。自愿型环境规制的核心理念是为企业创造激励以促进企业自发地提供环境公共物品。由于是自愿的性质，因此一般不具有强制性约束力，多为个人与企业的自发减排行为及意识[128]。自愿型环境规制具有道义劝说性质以及非强制性的鲜明特点，主要指环境规制过程中多种形式相关利益团体，从自身利益出发给予企业一定的环境规制豁免，实现降污减排，达到环境规制目的和提升规制效率。自愿型环境规制通过使用自愿的方式，降低了环境规制督察成本，调动企业进行绿色技术创新的积极性，并且与以上两种强制性政策具有很好的互补作用[129]。因此，自愿参与型环境规制无论在发达国家还是在发展中国家都深受欢迎。信息纰漏制度和参与制度是自愿参与型环境规制的两种主要方式。环境信息纰漏制度是指规制者以特定的规则为基准，将政府和企业的环境信息公布于众，并通过督察机构、环境保护机构和立法执法机构等涉及利益团体对违规污染企业和规制机构不断施压，以达到净化生产、保护环境的目的[130]。环境标签、信息公开计划和项目、环境认证是其三种主要内容。参与制度主要是指在保护环境规则的制定、执行与监督过程中，使社会各种利益团体积极参与进来，组成庞大的保护环境队伍，以减少环境规制机构的工作压力，提升环境规制效率，其与环境信息纰漏制度紧密相连，但较高的信息公开水平是其能否实现及发挥积极作用的先决条件。自愿环境协议和公众参与制是参与制度的主要内容。

目前，我国的环境规制工具以命令—控制型为主、市场激励型为辅，自愿型环境规制在中国的实践相对欠缺，起步也较晚[131]。与命令—控制型环境规制和激励型环境规制两种规制类型相比，自愿型环境规制具有更强的灵活性和自主性，允许企业自由选择技术手段，根据自身实际情况实施差别化的标准，给了企业自行选择提升环境绩效措施的空间，可以最大限度地降低合规成本。自愿型环境规制不仅能够在一定程度上推动企业的技术改进与资源节约，还可以帮助企业树立良好的形象，使企业获得来自投资者、政府和消费者等利益相关者的资源及支持，从而推动企业技术创新[132]。

2.5　本章小结

本章梳理了生态文明理论、环境治理理论、环境保护理论和环境规制理论四个方面的相关理论，为后续研究提供理论基础。生态文明理论介绍了生态文明的背景和内涵，并对我国新时代生态文明思想进行解读，核心以尊重和维护自然为前提，以可持续发展为目标，生态文明不仅是人类对传统文明形态深刻反思的成果，也是人类文明形态和文明发展理念、道路和模式的重大进步。环境治理理论主要介绍了环境治理的相关概念和过程，其中相关概念包括环境治理、环境治理绩效和环境治理绩效评价三个概念，环境治理过程包括源头治理、过程治理和终端治理三个阶段。环境保护理论主要介绍环保支出、环保活动、环保产业和环保产品的相关理论。环境规制理论主要介绍环境规制方式的三种类型，分别为命令—控制型环境规制、激励型环境规制和自愿型环境规制。

第3章 环保支出指标测度研究

本章在明确环保支出核算基本问题的基础上，编制环保支出账户核算出 2010～2019 年中国省级地方政府的环保支出，为后续中国省级地方政府环境治理绩效评价指标体系的构建提供数据基础。

3.1 环保支出核算的基本问题

通过对国际环保支出核算体系进行梳理和解读、对我国现有环保投资统计体系进行细化和规范，尝试构建符合我国实际的环保支出核算体系。当前，我国的环保支出核算体系研究还处在探索阶段，现有的环保投资统计体系仅体现在数据统计层面，并且该体系在统计口径、统计主体以及统计原则等方面都存在许多不规范之处，不能满足环保支出核算的要求，不能为环保产业发展提供有效的信息资源，不能为我国环境治理工作提供有力的数据支撑。国际上关于环保支出核算已经形成较为成熟的理论体系，许多发达国家也相继建立自己的环保支出账户，有着较为丰富的实践经验。

由于我国缺乏环保支出方面的数据统计，环保支出账户方面的研究多为理论层面的研究，薛伟[133] 建立环保支出外部化的投入产出表，并利用其对经济活动中的各种环境费用进行核算，提供了完整的核算方法。高敏雪[134] 在美国环保投入产出表的基础上，运用修改的支出产出概念和支出产出矩阵，推导出含有环保活动的支出产出矩阵。高敏雪[135]从环保活动概念辨析着手，提出涉及环保活动实物方面的环保投入产出表和着眼于环保活动引起的价值流量的环保收支框架。马千脉等[136]指出环保支出包括内部环保支出和外部环保支出两个部分，并利用虚拟成本法将污染治理量转化为企业环保成本，利用重庆市工业企业典型调查统计数据对工业环保支出总额进行了估算，提供了一种工业企业环保支出核算思路。徐渤海[137]对 CSEEA 的研究中涉及环保支出核算，认为环保支出包括无偿转移和产业收入两部分，并围绕环保产品建立了环保支出核算框架。李静萍[138]通过剖析我国环保投资统计体系现状，借鉴国际环保支出核算的理论，从核算口径、核算主体分类以及核算原则等方面对其进行规范，编制了初步的环保支出账户，并结合试点调查数据对其进行应用分析。樊宇[139]基于 SEEA，借助支出产出核算结构方法，提出了我国环保活动投入产出表核算框架。该框架包含环保产业、环保支出和污染减排三大独立账户。

因此，本书在现有研究的基础上首先梳理环保支出的概念界定、环保支出核算的分类、环保支出核算的主体和环保支出核算的范围等基本问题，为环保支出账户的编制提供理论基础。

3.1.1 环保支出的概念界定

目前，国内关于环保支出这一概念并未达成一致的认识。从收支的角度看，环保活动是为了环境保护活动而花费支出的活动，衡量这一支出的指标称为环保支出。SEEA2003 将环保支出界定为：为进行以环境保护为主要目的的经济活动所发生的费用，包括环境保护活动所消耗的原材料、所投入的职工工资和工资附加费用以及相关的估计资本折旧[140]。按照支出的性质，环保支出可分为经常性环保支出和资本性环保支出。

经常性环保支出是指经济单位为进行环保活动而发生的原材料购买

和消费品支出、管理支出费用、环保设备运行支出、人力成本等总和。经常性环保支出按照支出性质，可以分为内部经常性支出和外部经常性支出。内部经常性支出通常指经济单位内部的环保活动运营支出，如环保设备的运行费用、用于环保活动的原材料和消费品的支出、环保设备的运行费用、雇员报酬等。外部经常性支出是指在获得减少经济单位环境活动带来的环境影响的环保服务时，支付给外部单位的购买费用、相关的税款等，如某些企业在购买的污水处理服务的支出、企业缴纳的环境税等。

资本性环保支出是经济单位为达到保护环境的目的而在生产方法、技术、工艺及设备上的投资支出。按照环保活动的性质，资本性环保支出主要包括末端治理投资费用和综合工艺投资费用两类。末端治理投资支出是指用于处理生产过程产生的排放和废物的"末端"技术方面的支出，这类支出主要包括用于收集与消除已经产生的污染和污染物、处理污染物、监测污染水平的那些做法、技术、工艺或设备的投资支出。由于该项技术是经济生产流程中最后"新增"的技术，通常也易于确认。而综合工艺投资支出，是指为降低对环境的损害在原有的设施基础上改造过的生产设施，因而也称作更清洁的技术投资开支。根据综合工艺的识别方式，可分为单独识别的投资和综合性投资。综合性投资通常与整体经营活动综合在一起，因而很难单独识别加以核算。

3.1.2　环保支出核算的分类

环保支出核算的分类是编制环保支出账户的重要基础，环保支出核算的分类主要包括两个方面，分别为环保产业的分类和环保活动的分类，具体分类如下。

（1）环保产业的分类。

最早提出环保产业概念的组织是经合组织（OECD）。其将狭义的环保产业定义为由处理生产过程产生的排放和废物的企业组成，该定义主要是针对环保活动中"末端治理"问题。美国采用这种狭义的环保产业定义，其将环保产业分为环保服务产业、环保设备产业、资源环境产业三大类。随着环保活动的定义拓宽，环保产业的内涵随之扩大。OECD 在狭义环保产业定义的基础上延伸，将提供清洁技术、节能技术以及产品的回收等环保行业纳入进来，得到广义的环保产业定义。

我国的环保产业起步较晚，环保产业的涵盖内容及分类细化还不够明晰。国家统计局 2018 年发布《战略性新兴产业分类（2018）》[142]，其中就涉及节能环保产业。其将节能环保产业分为高效节能产业、先进环保产业、资源循环利用产业三类。显然，节能环保产业对应的是广义定义，先进环保产业对应的是狭义定义，本书按照狭义环保产业的定义进行分类，如表 3-1 所示。

表 3-1　　　　　　　　　　　环保产业的分类

一级环保产业	二级环保产业
环保制造业	环境污染处理专用药剂材料制造业
	环境保护专用设备制造业
	水资源专用机械制造业
	家用空气调节器制造业
	环境监测专用仪器仪表制造业
	核子及核辐射测量仪器制造业
环保服务业	污水处理及其再生利用业
	生态保护和环境治理业

由表 3-1 可知，环保产业分为环保制造业和环保服务业两个一级环保产业。环保制造业包含环境污染处理专用专业药剂材料制造业、环境保护专用设备制造业、水资源专用机械制造业、家用空气调节器制造业、环境监测专用仪器仪表制造业和核子及核辐射测量仪器制造业六个二级环保产业；环保服务业包括污水处理及其再生利用业、生态保护和环境治理业两个二级环保产业。

（2）环保活动的分类。

参照欧盟《环境保护活动和支出分类（CEPA2000）》经验做法，考虑我国环境统计现状，于 2012 年发布了《我国环境保护活动分类》[141]。该分类沿用的是狭义环保活动定义，将环保活动定义为以环境保护为主要目的开展的活动。本书中对于环保活动的分类如表 3-2 所示。

表 3-2　　　　　　　　　我国环保活动分类

一级环保活动	二级环保活动
1. 水环境保护	1.1 污水与废水防治
	1.1.1 排水管网建设与管理
	1.1.2 污水与废水处理
	1.2 地表水体和地下水体污染防治
	1.3 海水污染防治
	1.4 水环境监测
	1.5 其他水环境保护活动
2. 大气环境保护	2.1 大气污染防治
	2.2 大气环境监测
	2.3 其他大气环境保护活动
3. 固体废物防治	3.1 非危险固体废物处理和处置
	3.2 危险固体废物处理和处置
	3.3 固体废物监测
	3.4 其他固体废物污染防治活动
4. 噪声和振动防治	4.1 噪声和振动源治理
	4.2 防噪声和振动设施建设
	4.3 噪声和振动监测
	4.4 其他噪声和振动防治活动
5. 辐射污染防治	5.1 辐射防护
	5.2 放射性废物处理和处置
	5.3 辐射监测
	5.4 其他辐射污染防治活动

续表

一级环保活动	二级环保活动
6. 土壤保护	6.1 土壤侵蚀及其他物理退化防治
	6.2 土壤盐碱化防治
	6.3 土壤污染防治
	6.4 土壤监测
	6.5 其他土壤保护活动
7. 生物多样性和自然景观保护	7.1 自然保护区管理
	7.2 野生动植物保护
	7.3 生物多样性和自然景观监测
	7.4 其他生物多样性和自然景观保护活动
8. 其他环境保护活动	8.1 环境保护研发
	8.2 一般环境管理
	8.3 环境应急管理
	8.4 其他未分类活动

由表3－2可知，环保活动分为八个一级环保活动，前七类是按照所属环境领域划分的，包括水环境保护、大气环境保护、固体废物防治、噪声和振动防治、辐射污染防治、土壤保护和生物多样性以及自然景观保护。其中，水环境保护活动包括污水与废水防治、地表水体和地下水体污染防治、海水污染防治、水环境监测和其他水环境保护活动五个二级环保活动；大气环境保护活动包括大气污染防治、大气环境监测和其他大气环境保护活动三个二级环保活动；固体废物防治包括非危险固体废物处理和处置、危险固体废物处理和处置、固体废物监测和其他固体废物污染防治活动四个二级环保活动；噪声和振动防治包括噪声和振动源治理、防噪声和振动设施建设、噪声和振动监测和其他噪声和振动防治活动四个二级环保活动；辐射污染防治包括辐射防护、放射性废物处理和处置、辐射监测和其他辐射污染防治活动四个二级环保活动；土壤保护包括土壤侵蚀及其他物理退化防治、土壤盐碱化防治、土壤污染防治、土壤监测和其他土壤保护活动五个二级环保活动；生物多样性和自然景观保护包括自然保护区管理、野生动植物保护、生物多样性和

自然景观监测、其他生物多样性和自然景观保护活动四个二级环保活动。第八个一级分类为其他环境保护活动，包括环境保护研发、一般环境管理、环境应急管理和其他未分类活动四个二级环保活动。

3.1.3 环保支出的核算主体

对环保支出进行核算的主体应覆盖到各个机构部门，并且应根据各部门的支出类型不同对其进行细致的分类。SNA2008 将国民经济的机构部门按照经济活动的功能和特征分为：非金融企业部门、金融企业部门、一般政府部门、为住户服务的非营利机构部门（NPISH）、住户部门，根据这一分类对我国环保支出核算主体进行细化。

（1）非金融企业部门。

非金融企业可能是提供环保产品的生产者，也可能是使用环保产品的使用者。环保产品生产者可以根据企业是否以环保活动作为企业的主要经济活动分为专业生产者、非专业生产者和自给性生产者。专业生产者是指以提供环保货物与服务为主要经济活动的单位，其主要经济活动是生产环保产品，其生产的环保货物与服务供给其他单位使用；非专业生产者可能是以环保货物与服务生产作为本单位次要生产活动的企业；自给性生产者生产的环保服务主要为单位内部使用。环保货物与服务的使用者是指单纯地从其他单位购买环保货物与服务的经济活动生产者。为避免分类过于烦琐，本书将非专业生产者、自给性生产者、环保服务使用者归为其他生产者。因此，非金融企业可以分为环保产品的专业生产者和其他生产者。

（2）金融企业部门。

金融企业一般是作为环保产品的使用者，其使用的环保产品是作为其经济生产活动的中间消耗。但是，它还通过对其他经济单位环保活动提供融资，在国际环保支出核算体系中，金融企业通常与非专业生产者合并为同一类。然而，企业环保资金不能仅靠政府财力与企业自有资金，金融资金也是环保投资的重要来源之一，也将成为企业环保融资的重要组成部分。所以建议若能准确地获取相关数据，应当将金融企业部门单列。

（3）政府部门。

政府部门包括中央、地区和地方政府及相关机构，按照充当的角色不同可以分为以下几类：首先是环保产品的使用者，政府部门在本单位运行的过程中会购买环保货物与服务，另外，政府部门代表社会公众使用各种环境保护服务。其次是作为环保服务的专业生产者，政府作为管理部门，在管理环保事务的同时，会产生环境监测、环境质量监管等环保服务，或向第三方提供"非市场化"环保服务。此外，政府部门还应充当环保支出的转移支付者，在围绕环保活动发生的收入分配和资金筹集过程中充当重要中介和出资者。政府既有可能向企业部门、住户部门提供补贴，也有可能向企业部门收取环境税费。

（4）为住户服务的非营利机构部门（NPISH）。

NPISH 部门的分类与政府部门类似，既有环保产品的使用者，也有向住户部门提供"非市场化"环保服务的专业生产者，因而为了统计方便可考虑将 NPISH 部门和政府部门合并为公共部门。

（5）住户部门。

环保活动中住户部门的角色比较单一，主要是充当环保产品的最终消费者，如购买废水、垃圾处理等环保服务。

本书采用机构部门分类的方法，对于不同部门内环保服务生产的属性，再进行细化，详细的环保支出核算主体分类如表 3 - 3 所示。

表 3 - 3　　　　　　　　环保支出主体及其环保活动功能

部门	非金融企业部门		金融企业部门	政府部门		住户部门	NPISH
	专业生产者	非专业和自给性生产者		专业生产者	一般政府		
功能	市场性环保产品生产	环保产品生产、环保产品消费	环保产品消费、环保融资	非市场性环保服务生产	环保产品消费、转移支付	环保产品消费	非市场化环保服务生产、环保产品消费

　　我国环保支出核算主体中住户部门、金融企业部门和 NPISH 部门的界定比较清晰。其中，金融企业部门功能为环保产品消费和环保融资，住户部门功能为环保产品消费，NPISH 的功能主要为非市场化环保服务生产和环保产品消费。非金融企业部门和政府部门具有多重身份，在核算时界定需要细致探讨，考虑将非金融企业部门进一步细分为专业生产者和非专业生产者。其中，专业生产者的功能为市场性环保产品生产，非专业生产者的功能为环保产品生产、环保产品消费。政府部门进一步细分为专业生产者和一般政府。其中，政府部门的专业生产者功能为进行非市场性环保服务生产，一般政府的功能为环保产品消费和转移支付。

3.1.4　环保支出的核算范围

　　环保支出核算的核算对象是环保活动，因而确定环保支出的核算范围，离不开对环保活动的厘清。按环保活动的主要目的，环保活动可分为单独环保活动和综合环保活动。单独环保活动是以环保为主要目的，是指经济单位专门针对环境保护而采取的活动。单独环保活动的标志往往是单独的环保机构或单独环保设备，如利用污水处理设备所进行的污水处理活动。而综合环保活动是指融入其他经济活动中的环保活动，虽然该项活动确实产生了环保效果，但该活动的主要目的并不是环保。例如，经济单位在其生产中使用具有环保效果或提高资源利用效果的新技术，在消费中购买环境友好的消费品等。因此，综合性环保活动也可以称为环保受益活动。从理论上说，环保核算过程中应该囊括所有的环保活动，包括单独环保活动和综合环保活动。但是由于综合性环保活动相关数据获取存在困难，从核算的可行性考虑，环保支出核算的重点是单独环保活动。因而核算内容围绕着单独环保活动展开，包括单独环保活动产生的环保支出、环保产品购品购买费用等。

3.2　环保支出账户的编制

在明确环保支出核算基本问题的基础上，本部分提出我国环保支出账户的编制原则，构建环保支出核算的基本架构，编制包括专门性环保服务生产表、环保产品供给表、环保产品使用表、国民环保支出核算表、国民环保支出筹资统计表五类表式，并对每个表式的构建内容进行了解释。

3.2.1　环保支出账户编制原则

无论是对于我国而言，还是世界范围内，环境问题都已经成为各国政府重点关注的问题。构建环保支出核算账户的目标是：立足全社会在各个领域，以不同的方式进行的环保活动，记录以各种方式发生的支出，为我国环境保护管理工作、国家经济社会可持续发展提供数据信息。这有助于全面地展示我国在环境保护方面投入的力度，有助于后续的环境治理绩效的相关研究，有助于为我国环境保护政策提供有效制定依据。结合我国环保支出现状，并在借鉴其他国家编制相关账户经验做法的基础上，构建中国环保支出账户，在构建账户时需要遵循以下原则。

（1）规范性原则。我国环保支出账户的编制以 SNA2008 的相关概念为指导，并要求符合我国现行的《中国国民经济核算体系（2016）》中相关核算要求，避免基本概念混淆不清，核算制度与主流不符合，统计数据口径不一致，要保证对环保支出的核算规范合理。

（2）灵活性原则。应适当发挥账户的灵活性，在参考 SEEA2012 中心框架、借鉴国际上成熟账户编制方法的同时，应考虑我国的环保支出实际情况，灵活处理编制问题。此外，在实际编制过程中考虑表格细致分类的同时，也应注意账户的整洁性，方便浏览。

（3）实用性原则。构建环保支出账户首要目的是全面系统地展示出我国环保投入力度，但同时也应注意账户的实用性。考虑到数据收集统计是一个庞大的工程，因此在构建账户时应简捷有效，避免分类过细导致数据收集困难，除现存可使用数据之外，存在对更多数据的需求，也应当保证在可操作范围内施行。

（4）可比性原则。在构建环保支出核算账户时，应注意环保支出统计与其他相关统计体系的有机联系，尤其是国民经济核算、环境经济核算，以便对环保支出统计进行校验。另外，还要求把握好中国环保支出账户与其他国家相关研究的横向国际可比性。

3.2.2　环保支出账户的基本结构

本书设计的我国环保支出核算账户由一系列表式共同构成，参照SEEA-2012 和发达国家的先行实践经验，设定以下五类基本表式。

第一类表式为专门性环保服务生产表，该表从生产者的角度描述了专业性环保服务的生产情况以及在生产过程中发生的收支情况。该表的统计对象仅为环保服务的生产者，包括非金融企业中的专业生产者、非专业生产者、自给性生产者。此外，由于政府部门也有专业生产者身份，因此还单列了政府专业生产者。

第二类表式为环保产品的供给表，反映了环保产业下各行业对于环保产品的供应情况，同时对于环保产品根据其性质进行了分类细化，该表能够清晰地体现出不同类型的环保产品的供应情况。

第三类表式为环保产品的使用表，与环保产品供给表类似，反映了环保产业下各行业对环保产品的使用情况，并采取了与供给表相同的产品和产业的分类细化的结构。

第四类表式为国民环保支出核算表，该表是整个核算框架的核心表式，该表的目的是从使用角度计算一个环保支出总量指标。该表包含各个核算主体关于所有与环保产品的使用有关的交易，也包括无偿转移支付。该表对各个主体发生的环保支出进行了系统描述，按照支出环节、支出属性对其进行了分类展示。

第五类表式为国民环保支出筹资统计表，在环保支出核算表的基础上，加入了环保出资部门。更加直观地展现了各个部门最终负担支出，同时也很好地显示出不同部门之间的环保支出转移情况。

（1）专门性环保服务生产表。

专门性环保服务生产表的目的是从生产者的角度来列报专门性环保服务的产出情况，以及在生产过程中的收支情况。其对象是环保产品的生产者，主要为非金融企业部门的环保服务专业生产者、非专业生产者和自给性生产者。同时，考虑政府部门的多重身份，政府部门专业生产者也被纳入进来。为了区分专业生产者和其他生产者，把政府专业生产者和非金融企业部门的专业生产者放在专业生产者的标题下，专门性环保服务生产表示如表3-4所示。

表3-4　　　　　　　　专门性环保服务生产表

	专业生产者		非专业 生产者	自给性 生产者	合计
	非金融企业专 业生产者	政府专业 生产者			
中间消耗					
环保服务					
关联品和适用品					
其他中间消耗					
增加值总额					
劳动者报酬					
生产税净额					
固定资本消耗					
营业盈余					
专门型环保服务总产出					
市场性产出					
非市场性产出					
自给性产出					

续表

	专业生产者		非专业 生产者	自给性 生产者	合计
	非金融企业专 业生产者	政府专业 生产者			
补充项目					
经常性环保收入					
市场产出销售收入					
经常性转移收入					
资本性交易					
固定资本形成总额					
资本性转移收入					

　　表 3-4 中的第一部分显示的是专门性环保服务生产过程中的相关中间消耗和环保生产过程中增加值的各个项目，中间消耗是构成专门性环保服务生产成本的主要组成部分之一，该部分列出了专门性环保服务生产过程中消耗的各种货物与服务，有可能是其他一般货物与服务，也有可能是与环保有关的环保产品；劳动者报酬是经济单位环保产品生产过程中所有劳动者的职工薪酬；生产税净额是经济单位在环保产品生产过程中缴纳的生产税与获得的生产补贴差额，生产税是经济单位在环保服务生产过程中向政府缴纳的税金，生产补贴主要为政府给予的补贴；固定资本消耗则是经济单位在环保产品生产过程中对于固定资产的使用、损耗情况；营业盈余则是生产单位在当期环保服务生产中获得的最初报酬。对于专业生产者而言，上述内容大体上都与环保服务生产设备运行有关。

　　第二部分则是显示专门性环保服务的产出情况。将环保服务产出按照使用性质进一步细化为市场性产出、非市场性产出和自给性产出三类。对于专业生产者而言，非金融企业部门所提供的环保服务主要是市场性产出，而政府部门提供的则主要是非市场性产出。需要指出的是，自给性生产者的产出取决于该生产单位内环保产品的使用性质。如果环保产品被用于中间消耗进行再生产，就应将该产出估价为中间消耗和增加值的总和。如果产品被用于自给性资本形成，那么该产出的价值就还需要加上生产中所用固定资产净回报。

第三部分补充显示了与生产相关的其他内容，其中包括经常性环保收入和资本性交易项目。这两项内容的填报能够从"负担者原则"记录环保总产出中哪些是由其他单位支付的，哪些是由本单位支付的，也有利于后面国民环保支出筹资统计表的填报。其中经常性环保收入包括本单位销售市场性环保服务产出得到的收入和通过经常性转移从其他单位得到的收入。资本性交易包括固定资本形成总额、非生产非金融资产净额、资本性转移，其中固定资本形成总额表示本单位的投资支出直接形成的固定资产，资本性转移则代表的是本单位收到来自政府的投资补助或者其他方面的资本转移。

（2）环保产品的供给表。

产品供给表即 V 表，也称为产出表，环保产品的供给表如表 3-5 所示。供给表主要反映一定时期内各类环保产品生产供给情况。该表行向上反映了按购买者价格计算的各类环保产品的价值；列向是按照按基本价格计算的来自国内生产的环保产品供给，再加上国外进口情况，便可以得到每种产品购买者价格计算的总供应情况。环保产品供给表主要表现的是国内各环保产业关于提供环保产品以及进口环保产品的情况。

从行向上来看，反映了环保产品是由哪些环保产业部门生产提供，环保产品的分类按前面对于环保产品的分类结构进行划分，主要分为环保服务和环保关联品及适用品两大类。对于环保产品分类的细化，可按照不同方式进行细分，在这里按照《2020 中国环保产业发展状况报告》对于环保产品的分类，将环保服务按照环境领域细分为水污染防治、大气污染防治、固废处置与资源化、土壤修复、噪声与振动控制、环境监测；同样地，将环保关联品及适用品细分为水污染防治设备、大气污染防治设备、固体废物处理处置设备、土壤修复设备、噪声与振动控制设备、环境监测仪器设备、环境污染治理配套材料和药剂、资源综合利用设备、环境应急设备。环保产品各部门的供给加总则为产品部门的基本

表 3 - 5

环保产品的供给表

产业部门　　产品部门	专业生产者		其他生产者		政府环保服务生产者	以基本价格核算的产出	产品税减补贴	贸易和运输费用	以购买者价格核算的产出	进口	供应总量
	环保制造业	环保服务业	农林牧渔业	采矿业							
环保服务											
水污染防治											
大气污染防治											
固废处置与资源化											
……											
环保关联品及适用品											
水污染防治设备											
大气污染防治设备											
污染处理专用药剂											
……											
总产出											

价格核算的总产出；再加上产品税净额、贸易和运输费用等，即为按购买者价格核算的产出；加上相关产品的进口，即为环保产品的供给总量。

从列向上来看，反映了各个产业部门提供各种环保产品的量。通过第2章对于各个核算主体的环保活动功能分析，将环保产品生产者分为专业生产者和其他生产者两类，在这里把政府生产者单列出来。专业生产者主要包括环保行业中的环保企业，然而由于我国环保行业并非传统部门，现有的国民经济行业分类中，并没有将环保产业作为一个单独的部门列示出来，而是分散于各个部门中。不妨将所有与环境保护有关的生产活动归并为由统一的环保产业生产，即在原有的国民经济产业分类中提取出相关的环保生产活动，合并为环保产业。按照环保产品的属性分类，环保产业分为环保制造业和环保服务业两类，其他生产者包括原国民经济行业。

（3）环保产品的使用表。

产品使用表即 U 表，也称为支出表，环保产品的使用如表 3－6 所示。该表行向表明各产品部门提供给各产业部门使用的环保产品价值量，一部分用于各产业部门的经济生产活动，另一部分则用于最终使用部门的最终消费、资本形成、向国外出口等；列向上则展示了各产业部门从事经济生产活动所消耗各类型环保产品的价值量。

环保产品使用表基本功能之一就是反映各类环保产品的具体使用情况。在产品分类时，同样将环保产品分为环保服务和环保关联品及适用品，环保产业部门也分为专业生产者和非专业生产者，具体的细化与供给表的结构一致。从行向上来看，反映了各个部门对于环保产品的使用情况，包括生产部门、最终消费部门对于环保产品的使用。产品使用表的另一个功能是从列向反映各环保产业在具体生产过程中的支出情况，包括对其他产品的中间消耗和增加值，这样便可以从支出来源反映各产业部门与产品部门之间的关联。此外，列向上的增加值主要由劳动者报酬、营业盈余、生产税净额、固定资产折旧构成，反映的是环保产业部门在生产过程中的最初支出。

表 3-6 环保产品使用表

产品部门 \ 产业部门	中间使用							最终使用				使用总量（购买者价格）
	专业生产者		其他生产者			中间使用合计	最终消费支出	资本形成总额	出口	最终使用合计	
	环保制造业	环保服务业	农林牧渔业	采矿业	……						
环保服务											
水污染防治											
大气污染防治											
固废处置与资源化											
……											
环保设备及材料											
水污染防治设备											
大气污染防治设备											
污染处理专用药剂											
……											
中间消耗合计											
增加值 劳动者报酬											
固定资产折旧											
产品税净额											
营业盈余											
总支出（生产者价格）											

按购买者价格计算的环保产品使用表由一整套平衡式组成：

行向上看，总产出 = 中间使用 + 最终使用；

列向上看，总支出 = 中间支出 + 增加值；

并且，总产出 = 总支出。

（4）国民环保支出核算表。

国民环保支出核算表是整个账户的核心表式，该表的目的是从使用者的角度计算出一个环保支出总量指标，它覆盖了所有与环保产品使用有关的交易，具体如表 3–7 所示。

表 3–7 国民环保支出核算表

环保支出构成	非金融企业部门		金融企业部门	政府部门	住户部门	NPISH	合计
	专业生产者	其他生产者					
专门性环保服务的使用							
中间消耗							
最终消费							
关联品和适用品的使用							
中间消耗							
最终消费							
资本性环保支出							
环保固定资产投资							
环保能力建设投资							
环保转移支付							
经常性转移							
资本性转移							
国内使用合计							
减：来自国外的环保转移							
国民环保支出							

从列向上来看，国民环保支出核算区分为不同经济单位进行，按照前面对于环保支出核算主体的分类，核算主体包括非金融企业部门、金融企业部门、政府部门、住户部门、NPISH 部门。其中，非金融企业部

门细化为专业生产者、其他生产者；在这里政府部门只作为环保产品的最终消费者的一般政府。

从行向上来看，体现了国民环保支出的各项计算项目。第一部分是经常性环保支出，主要体现在各部门环保产品的使用所花费的支出，按照环保产品的性质分为专门性环保服务、关联品和适用品三类，进一步按照环保产品的使用目的进行细化，包括中间消耗和最终消费。关于中间消耗需要指出的是，对于专业生产者而言，其中间消耗的价值被包含在其他单位向其购买专门性环保服务的支出中。为避免重复计算，专业生产者的中间消耗部分为空值。同样，环保产品的最终消费主要对应的是住户部门、一般政府部门和 NPISH 部门。第二部分是资本性环保支出，主要指的是专业生产者和其他生产者为环保产品生产而进行的投资支出，包括环保固定资产投资和环保能力建设投资。例如，在"末端治理"情况下购置耐用性资产的支出、用于预防性目的购置"综合技术"的支出。第三部分是环保转移支付，环保转移支付体现的是资金的单向流动，不是对应的哪项环保产品的购买。相当一部分的转移支付是以政府为中心，包括企业缴纳的环境税、针对企业环保活动的补贴，还包括一些捐赠行为。此外，在记录各部门环保转移支付时应该计算环保转移支付净支出（即应当扣除获得转移支付那部分）。最后还单独列出来自国外的环保转移净额，在计算国民环保支出时应扣除该部分。

按照上述支出核算内容，各个项目的计算关系如下：

经常性环保支出 = 专门性环保服务的使用 + 关联品和适用品的使用

国内环保支出 = 经常性环保支出 + 资本性环保支出 + 环保转移支出

国民环保支出 = 国内环保支出 - 来自国外的环保转移

（5）国民环保支出筹资表。

国民环保支出是从治理者角度列报国民环保支出的，但是由于不同单位之间会发生转移支付，因此从治理者角度不能完全显示环保支出的直接承担者。因而，难以形成对于国民环保支出资金供给情况以及资金供给结构的清晰认识，以至于不能很好地对此做出正确的支出决策。例如，环保企业部分资金来源于政府部门的补贴，如果企业得不到环保投资补助，企业也许就会降低在环保方面的投资。此外，单从治理者角度统计，未能全面展示各个部门的实际贡献。因此，我们需要编制国民环保支出筹资表来显示各个机构部门的最终负担环保总支出，具体如表3-8所示。

表3-8　　　　　　　　　国民环保支出筹资表

供资部门	非金融企业部门		金融企业部门	政府部门	住户部门	NPISH	国外部门	合计
	专业生产者	其他生产者						
非金融企业部门								
专业生产者								
其他生产者								
金融企业部门								
政府部门								
住户部门								
NPISH								
国民环保支出								
国外部门								
国内环保支出								

从列向上来看，该表的设置和国民环保支出核算表大致相同，显示环保支出发生的各个领域，只是在最后单列了国外地区。通过列向相加，可以重复国民环保支出核算表的计算过程，得到"治理者原则"下的环保支出总额。从横向上来看，横向同列向一样也是按照机构部门进行分类，显示的是环保支出的出资者。不同类型部门之间的交叉项体现了两个部门之间的环保支出转移，转移方单位支出增加，而获得方单位支出减少。同一类型机构部门之间的交叉项体现的是部门内部之间的转移情况，例如，中央政府对于地方政府之间的环保财政拨款，应被记录在行向和列向政府部门的交叉项下。通过行向相加，可以得到"负担者原则"下的环保支出总额。

3.3 我国环保支出测算分析

前面环保支出账户的编制是核算环保支出的重要的工具，可以核算出经常性环保支出、资本性环保支出等一系列环保支出指标。由于我国环保支出数据统计得不完整，环保相关经济测度是一大难题。鉴于环保支出涉及的国民经济行业较多，因此以投入产出表中的数据为基础，通过构建环保产业投入产出表，进而对环保支出进行测算。

3.3.1 测算思路

经济活动中的环保支出是指国民经济各生产部门和最终需求部门展开环保活动所需的各种费用，包括经常性环保支出和资本性环保支出两种类型。在这里以环保产品的专业生产者为例，介绍关于国民环保支出测算的基本思路。对于专业生产者而言，经常性支出主要表现为其提供的环保产品的价值量，包括中间消耗和增加值。按照国民经济核算的基本原则，总产出等于总支出，环保产品的供给可以转化为环保产品的使用。环保产品的使用主要表现为生产部门的中间使用和最终需求部门的最终使用，即要么生产部门将其作为中间产品被消耗，要么最终需求部门将其作为最终产品被消费、投资或出口。生产部门对于环保产品的使用主要表现为其在经济生产过程中消除或预防生产过程中的环境污染。最终需求部门的环保产品使用，包括住户部门对于消除或预防环境污染而产生的环保产品消耗，政府用于环保活动产生的环保产品消耗，如用于污染监测的环保产品的购买；最终资本形成中的环保产品使用部分，如污水处理设备等，那么环保支出的测算也就围绕上述几个部分展开。

为获得环保产品的使用情况，利用投入产出表对其进行分析。然而由于环保产业为非传统部门，渗透在国民经济各个行业中，国民经济行业分类中也并未对环保产业进行特定分类，难以直接根据投入产出表得出相关数据。参照凌玲[143]的做法调整支出产出数据的方法，对投入产出表中涉及环保的生产活动进行拆分整合。将所有以环境保护为主要目的的经济生产活动，无论是否为环境行业，统一合并为环保产业，将其产出合并归总到环保产业产出这一项目中。从而环保产业作为国民经济行业被单列出来，得到含有环保产业的投入产出表。具体方法如下：

第一步，计算环保产业销售额。结合前面关于环保产业的分类与投入产出表产业分类，按照以环保为主要目的原则，得到8个与环境保护相关的环保产业，以及各产业在投入产出表中对应的产业。查询统计年鉴，获得各相关产业销售额。

第二步，计算拆分权重。将8个环保产业的销售额与其在投入产出表中对应的产业大类销售额的比作为分量，计算各个产业部门的拆分权重 R_i。

$$R_i = ep_i/EP \tag{3.1}$$

其中，R_i 指的是拆分权重，ep_i 指的是环保产业销售额，EP 指的是环保产业所对应的投入产出表中相应产业的销售额。

第三步，利用权重对相应部门进行拆分，将环保产业的中间使用数据、最终消费和进口数据以及收入法增加值数据，将相关流量数据从各个行业中剥离出来。将分离出来的相关环保产业数据合并为一个完整的环保产业，从而建立含有单独环保产业的投入产出表，其基本结构如表3-9所示。

表3-9　　　　　　　　环保产业投入产出表的基本表式

支出＼产出		中间使用		最终使用			总产出
		非环保产业	环保产业	最终消费	资本形成	净出口	
中间支出	非环保产业						
	环保产业						
最初支出	增加值						
总支出							

第四步，建立环保产业投入产出表后，利用环保产业投入产出表中的数据进行环保支出账户中各指标的测算，从而达到测算环保支出价值的目的。

3.3.2　数据来源及处理

对于环保支出的数据主要来源于《中国投入产出表》《中国统计年鉴》《中国工业统计年鉴》以及《中国环境统计年鉴》。由于我国投入产出表编制规则为"逢二逢七"编制基年表、"逢零逢五"编制延长表，因而到目前为止我国发布了 2010 年、2012 年、2015 年、2017 年和 2018 年五年的投入产出表，首先对此五年的环保支出进行测算。

另外，将前面对于环保产业分类，将环保产业按照环保产品的属性分为环保制造业和环保服务业两个大类，对应 8 个二级分类，具体分类如表 3 - 10 所示。由表 3 - 10 可知环保制造业分为 6 个二级环保产业，分别为环境污染处理专用药剂材料制造业、环境保护专用设备制造业、水资源专用机械制造业、家用空气调节器制造业、环境监测专用仪器仪表制造业和核子及核辐射测量仪器制造业，其中环境污染处理专用药剂材料制造业对应投入产出表中的化学原料和化学制品制造业，环境保护专用设备制造业和水资源专用机械制造业均对应投入产出表中的专用设备制造业，家用空气调节器制造业对应投入产出表中的电气机械和器材制造业，环境监测专用仪器仪表制造业和核子及核辐射测量仪器制造业均对应投入产出表中的仪器仪表制造业。环保服务业分为 2 个二级环保产业，分别为污水处理及其再生利用业和生态保护和环境治理业，其中污水处理及其再生利用业对应投入产出表中的水的生产和供应业，生态保护和环境治理业对应投入产出表中的水利环境和公共设施管理业。

通过收集相关数据，计算出各二级环保产业从投入产出表中对应产业的拆分权重，如表 3 - 11 所示。

信毅学术文库

表 3 - 10   环保产业对应投入产出表产业

一级环保产业	二级环保产业	投入产出表中的产业
环保制造业	环境污染处理专用药剂材料制造业	化学原料和化学制品制造业
	环境保护专用设备制造业	专用设备制造业
	水资源专用机械制造业	专用设备制造业
	家用空气调节器制造业	电气机械和器材制造业
	环境监测专用仪器仪表制造业	仪器仪表制造业
	核子及核辐射测量仪器制造业	仪器仪表制造业
环保服务业	污水处理及其再生利用业	水的生产和供应业
	生态保护和环境治理业	水利、环境和公共设施管理业

表 3 - 11   环保产业拆分权重   单位：%

一级环保产业	二级环保产业	2010	2012	2015	2017	2018
环保制造业	环境污染处理专用药剂材料制造业	0.99	0.84	0.52	0.37	0.23
	环境保护专用设备制造业	10.20	9.35	8.06	6.05	4.84
	水资源专用机械制造业	0.66	0.63	0.60	0.50	0.44
	家用空气调节器制造业	6.65	6.73	6.93	7.19	7.40
	环境监测专用仪器仪表制造业	3.46	3.20	2.79	2.18	1.78
	核子及核辐射测量仪器制造业	0.40	0.34	0.25	0.17	0.11
环保服务业	污水处理及其再生利用业	27.87	26.13	23.80	18.96	15.83
	生态保护和环境治理业	6.85	5.78	5.78	7.04	9.16

由表 3 - 11 可知，环保服务业中的二级环保产业的拆分权重大于环保制造业，其污水处理及其再生利用业拆分权重最大，2010 年和 2018 年其产值所占投入产出表中水的生产和供应业产值为 27.87% 和 15.83%，呈现出逐渐递减的趋势，说明我国水的生产和供应中来源于污水处理后的水源占比相对较高，但是逐呈下降趋势。生态保护与环境治理业的拆分权重也相对较高，2010 年和 2018 年其产值所占投入产出表中水利、环境和公共设施管理业产值为 6.85% 和 9.16%，呈现波动递增的趋势，说明在水利、环境和公共设施管理中，生态保护与环境治理越来越受到社会的重视。

环保制造业的拆分权重相对较小，同比而言，环境保护专用设备制造业的拆分权重较高，2010 年和 2018 年其产值所占投入产出表中专用设备制造业产值为 10.20% 和 4.84%，呈现逐渐递减的趋势，水资源专用机械制造业也在投入产出表中对应于专用设备制造业，2010 年和 2018 年的拆分权重分别为 0.66% 和 0.44%，说明专用设备制造产品在环保领域的运用逐渐减弱。家用空气调节器制造业的拆分权重居其次，2010 年和 2018 年其产值所占投入产出表中电气机械和器材制造业产值为 6.65% 和 7.40%，呈现逐渐增加的趋势，说明人类对环保空调等环保电器的需求逐渐增加。2010 年和 2018 年环境监测专用仪器仪表制造业产值所占投入产出表中仪器仪表制造业产值为 3.46% 和 1.78%，也呈现逐渐下降的趋势，核子及核辐射测量仪器制造业也在投入产出表中对应于仪器仪表制造业，2010 年和 2018 年其拆分权重分别仅为 0.40% 和 0.11%，也呈现逐渐下降的趋势，由此可知人类对环保仪器仪表的需求也逐渐减少。环境污染处理专用药剂材料制造业的拆分权重较小，2010 年和 2018 年其产值所占投入产出表中化学原料和化学制品制造业产值为 0.99% 和 0.23%，也呈现逐渐下降的趋势，说明化学原料和化学制品制造业中环境污染处理药剂的生产比重较小且逐年递减。

3.3.3 环保支出测算结果分析

通过收集相关数据，根据上述测算思路对 2010 年、2012 年、2015 年、2017 年和 2018 年我国环保支出进行测算，限于篇幅，仅对 2015 年的测算结果进行分析，结果如表 3 - 12 所示。

表 3 - 12　　　　　我国环保支出测算结果　　　　　单位：10^8 元

环保支出构成	专业生产者	其他生产者	政府部门	住户部门	合计
专门性环保服务的使用	—	544.09	327.54	354.83	1226.46
中间消耗	—	544.09	—	—	544.09
最终消费	—	—	327.54	354.00	681.54
环保设备及材料的使用	—	4753.18	0	454.21	5207.39

信毅学术文库

续表

环保支出构成	专业生产者	其他生产者	政府部门	住户部门	合计
中间消耗	—	4753.18	—	—	4753.18
最终消费	—	—	0	454.21	454.21
经常性环保支出	—	5297.27	327.54	809.04	6443.85
资本性环保支出	2275.62				2275.62
环保转移支付	173.54	— 173.54	—		0
国内环保支出					8719.47

由表 3-12 可知从整体看，2015 年我国环保支出总额为 8719.47 亿元，占同年 GDP 的 1.29%，在国际经验上处于相对合理区间。从组成部分看，环境经常性支出为 6443.85 亿元，占比为 73.90%，环境资本性环保支出为 2275.62 亿元，占比为 26.10%，相比于发达国家，我国资本性环保支出还占有较大比重，环保事业处于发展阶段，还处于大力投资环保资本的阶段。经常性环保支出中，从国民经济各类部分构成看，住户部分、政府部门和其他生产者部门支出占比分别为 12.57%、5.09% 和 82.33%，说明我国经常性环保支出主要来源于非环境生产部门，政府经常性支出占比较低；从最终使用构成看，专门性环保服务的使用支出为 1226.46 亿元，占比 19.06%，环保设备及材料的使用支出为 5207.39 亿元，占比为 80.94%，说明大部分经常性环保支出用于购买环保设备和材料。鉴于投入产出表中数据的统计口径不够细致，因此环境资本性环保支出未分配到国民经济各类部门中。环保转移支付为 173.54 亿元，占我国财政总支出的 0.1% 左右，说明政府部门还需要进一步加大环保转移支付。

由于本章测算出的政府经常性环保支出和资本性环保支出作为后面省级地方政府环境治理绩效评价的指标，因此需要测算 2010~2019 年我国各省级地方政府经常性环保支出和资本性环保支出数据。首先，根据上述构建的环保支出核算账户测算 2010~2019 年全国政府经常性环保支出和资本性环保支出。由于环保资本性未明确划分到各部分，因此选取政府最终消费支出所占国民最终消费支出比值作为调整系数将上述资本性环保支出进行分摊，求得政府资本性环保支出数据。其次，由于我国目前仅发布了 2010 年、2012 年、2015 年、2017 年和 2018 年的投入产出表，而且后面构建地方政府环境治理绩效评价指标体系需要 2010～2019 年连续的经常性环保支出和资本性环保支出数据，因此采用数值分析中的最小二乘拟合插值法[144]对缺失数据进行补齐，借助 Matlab 软件①求解出 2010～2019 年全国经常性环保支出和资本性环保支出如表 3－13 和表 3－14 所示，拟合图形如图 3－1 和图 3－2 所示。

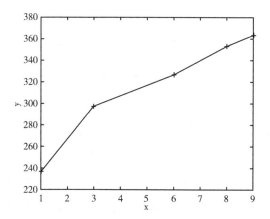

图 3－1　经常性环保支出最小二乘拟合图

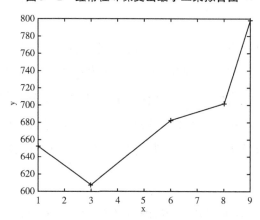

图 3－2　资本性环保支出最小二乘拟合图

---

①　求解经常性环保支出和资本性环保支出缺失值的程序代码见附录 1。

图 3 - 1 为全国经常性环保支出最小二乘拟合图，图 3 - 2 为全国资本性环保支出最小二乘拟合图，从图可知，拟合效果良好，结果具有较高的可靠性。

表 3 - 13   2010～2019 年全国经常性环保支出和资本性环保支出   单位：10^8 元

年份	2010	2011	2012	2013	2014	2015	2016	2017	2018	2019
政府经常性环保支出	237.01	260.12	284.04	301.61	317.37	348.79	367.57	357.87	355.14	355.91
政府资本性环保支出	653.37	555.03	578.75	630.18	674.52	727.91	736.98	710.75	779.93	1025.74

由表 3 - 13 可知，2010～2019 年我国政府经常性环保支出呈现逐渐递增的趋势，由 2010 年的 237.01 亿元增加至 2019 年的 355.91 亿元，增加幅度高达 50.17%；2010～2019 年我国资本性环保支出总体也呈现逐渐递增的趋势，由 2010 年的 653.37 亿元增加至 2019 年的 1025.74 亿元，增加幅度高达 57.00%，由此可知，2010～2019 年我国对环境保护的重视程度逐年增加，说明生态文明理念已经深入厚植在我国的长期发展中。

在测算 2010～2019 年全国经常性环保支出和资本性环保支出的基础上，选取统计年鉴中我国 30 个省区市政府节能环保支出比值作为调整系数，将全国经常性环保支出和资本性环保支出分摊给各省区市，为了消除价格因素的影响，采用价格指数将全国经常性环保支出和资本性环保支出数据调整为以 2010 年为基期的平减价值，计算结果如表 3 - 14 和表 3 - 15 所示。

表 3 - 14   2010～2019 年省级地方政府经常性环保支出   单位：10^8 元

年份	2010	2011	2012	2013	2014	2015	2016	2017	2018	2019	均值
北京	6.08	9.91	11.60	13.07	20.10	23.96	29.48	27.76	26.20	22.80	19.09
天津	2.71	3.33	3.93	4.60	5.64	6.40	5.91	8.34	10.69	12.90	6.45

续表

年份	2010	2011	2012	2013	2014	2015	2016	2017	2018	2019	均值
河北	11.50	12.49	12.90	16.18	18.88	25.17	23.58	25.11	25.94	24.71	19.65
山西	8.23	8.20	8.92	9.88	10.35	10.02	12.11	10.30	11.41	12.51	10.19
内蒙古	10.79	11.69	12.53	11.69	12.82	13.61	12.60	9.35	9.18	8.27	11.25
辽宁	7.74	7.47	9.01	9.56	9.39	8.95	6.81	7.01	5.29	6.03	7.72
吉林	7.15	10.42	11.21	11.41	12.57	8.99	9.55	7.95	7.26	7.40	9.39
黑龙江	8.89	8.83	9.63	9.78	9.58	12.62	9.75	13.83	9.05	10.40	10.24
上海	4.73	5.38	5.60	5.26	7.20	8.22	10.79	15.86	14.49	12.53	9.00
江苏	13.98	17.20	19.33	21.03	21.91	24.24	23.00	20.47	19.39	18.92	19.95
浙江	8.20	7.98	7.82	9.07	11.14	13.07	12.87	13.18	11.67	13.45	10.85
安徽	6.47	8.11	9.23	9.62	9.42	9.71	10.63	13.32	12.19	14.92	10.36
福建	3.97	3.92	4.87	5.39	5.69	7.37	10.21	8.27	7.39	8.76	6.58
江西	4.91	4.22	6.41	6.50	6.03	6.71	9.24	9.48	9.23	9.18	7.19
山东	11.28	11.53	15.22	19.23	15.11	16.80	18.93	16.17	16.91	14.91	15.61
河南	9.63	9.56	10.56	9.89	10.66	13.46	15.08	15.87	20.34	16.42	13.15
湖北	9.62	10.17	9.20	9.59	9.10	10.75	10.92	9.03	11.73	12.87	10.30
湖南	9.07	8.43	10.46	11.27	12.08	11.05	12.90	11.26	10.75	11.29	10.85
广东	23.89	24.05	23.46	28.00	23.52	24.57	30.70	29.49	33.93	36.73	27.83
广西	6.39	5.33	5.81	5.72	7.50	7.38	6.89	5.47	4.43	4.61	5.95
海南	1.49	2.36	1.99	1.97	2.00	2.45	3.04	2.44	3.46	3.10	2.43
重庆	6.89	10.41	12.76	10.45	9.67	10.78	10.66	10.61	9.60	8.56	10.04
四川	11.29	11.57	13.21	14.21	14.98	12.68	12.68	12.89	12.77	12.32	12.86
贵州	5.43	5.64	6.35	5.94	7.66	7.33	9.93	8.32	7.83	9.07	7.35
云南	8.63	9.82	10.14	9.77	10.20	10.75	12.43	12.86	10.62	10.57	10.58
陕西	8.28	9.61	8.97	9.69	10.10	12.11	10.51	11.07	11.17	11.59	2.36
甘肃	6.82	8.21	6.89	6.22	6.66	8.10	8.59	7.32	7.48	7.52	10.21
青海	3.61	4.17	4.35	6.14	5.35	7.20	6.18	4.00	3.56	3.25	7.38
宁夏	3.08	3.45	3.41	2.98	3.21	3.66	3.00	3.83	4.01	4.00	4.78
新疆	5.10	5.01	5.93	5.96	6.28	6.25	6.06	4.08	5.66	4.41	3.46

由表 3 - 14 可知，2010～2019 年广东、江苏、河北、山东、河南等我国经济发展前沿省份或者工业大省的经常性环保支出较高，其中广东

的经常性环保支出均值高达 27.83 亿元，江苏的经常性环保支出均值为 19.95 亿元，河北的经常性环保支出均值为 19.65 亿元，山东的经常性环保支出均值为 15.61 亿元，河南的经常性环保支出均值为 13.15 亿元，并且总体呈现逐渐递增的趋势。由于我国当前大力推进生态文明建设，绿色发展理念已经深入贯彻经济社会发展中，因而各省区市的环保支出也逐渐增加。北京、上海、重庆等我国经济发展中心城市虽然经济人口规模相对较小，但是该地区经常性环保支出也相对较高，其中北京的经常性环保支出均值高达 19.09 亿元，北京的经常性环保支出均值为 9.00 亿元，重庆的经常性环保支出均值为 10.04 亿元，因为此类地区大多数为我国绿色发展创新先行示范地区，需要更加注重环境保护，导致其更大幅度提高经常性环保支出。湖北、湖南、安徽等我国中部省份经常性环保支出居其次，其中湖北的经常性环保支出均值为 10.30 亿元，湖南的经常性环保支出均值为 10.85 亿元，安徽的经常性环保支出均值为 10.36 亿元，也均呈现逐年递增的趋势。海南、陕西、新疆等我国经济社会发展较为落后的省区经常性环保支出相对较低，其中海南的经常性环保支出均值仅为 2.43 亿元，陕西的经常性环保支出均值为 2.36 亿元，新疆的经常性环保支出均值为 3.46 亿元，而且大多数省区也呈现逐渐递增的趋势，由于此类省区的经济社会发展较为落后，推进经济发展仍然是其第一要务，并且此类地区的原始自然环境禀赋也较为优异，因此经常性环保支出相对较低。

表 3－15　　　2010～2019 年省级地方政府资本性环保支出　　　单位：10^8 元

年份	2010	2011	2012	2013	2014	2015	2016	2017	2018	2019	均值
北京	16.76	21.14	23.63	27.31	42.72	50.01	59.10	55.12	57.54	65.71	39.78
天津	7.46	7.11	8.01	9.61	11.98	13.36	11.86	16.57	23.48	37.19	13.71
河北	31.71	26.66	26.28	33.80	40.12	52.53	47.29	49.87	56.97	71.21	42.03
山西	22.69	17.49	18.18	20.64	22.00	20.91	24.28	20.45	25.05	36.06	20.33
内蒙古	29.74	24.95	25.52	24.43	27.24	28.39	25.26	18.57	20.15	23.83	25.63

续表

年份	2010	2011	2012	2013	2014	2015	2016	2017	2018	2019	均值
辽宁	21.33	15.94	18.37	19.98	19.95	18.67	13.66	13.91	11.61	17.36	17.66
吉林	19.70	22.23	22.84	23.84	26.71	18.77	19.15	15.79	15.94	21.33	20.87
黑龙江	24.51	18.85	19.62	20.43	20.36	26.35	19.55	27.47	19.88	29.96	23.03
上海	13.03	11.48	11.42	11.00	15.30	17.14	21.63	31.50	31.82	36.10	19.55
江苏	38.53	36.70	39.38	43.94	46.56	50.59	46.12	40.66	42.58	54.54	43.56
浙江	22.60	17.02	15.93	18.96	23.68	27.28	25.81	26.17	25.63	38.77	24.04
安徽	17.82	17.31	18.80	20.10	20.01	20.27	21.32	26.46	26.77	43.00	23.76
福建	10.96	8.36	9.93	11.25	12.08	15.38	20.47	16.42	16.24	25.25	14.66
江西	13.53	9.00	13.05	13.59	12.81	14.00	18.53	18.84	20.26	26.46	16.58
山东	31.10	24.59	31.02	40.18	32.10	35.06	37.96	32.11	37.14	42.96	34.78
河南	26.54	20.40	21.52	20.66	22.66	28.10	30.24	31.52	44.66	47.31	30.52
湖北	26.52	21.70	18.74	20.05	19.34	22.44	21.90	17.94	25.75	37.08	24.37
湖南	25.01	17.98	21.32	23.54	25.66	23.05	25.86	22.35	23.60	32.55	25.21
广东	65.86	51.32	47.81	58.50	49.98	51.28	61.55	58.57	74.52	105.86	63.11
广西	17.62	11.37	11.85	11.94	15.94	15.40	13.82	10.87	9.73	13.30	13.69
海南	4.10	5.04	4.06	4.12	4.25	5.12	6.10	4.84	7.59	8.94	5.60
重庆	19.00	22.22	26.00	21.84	20.55	22.50	21.37	21.06	21.09	24.66	22.16
四川	31.12	24.69	26.92	29.68	31.84	26.46	25.43	25.60	28.04	35.51	29.70
贵州	14.96	12.04	12.94	12.42	16.29	15.30	19.91	16.53	17.20	26.14	16.73
云南	23.80	20.95	20.67	20.41	21.67	22.44	24.91	25.53	23.33	30.46	22.86
陕西	22.82	20.52	18.27	20.25	21.46	25.25	21.07	21.99	22.34	33.40	5.29
甘肃	18.81	17.52	14.04	12.99	14.15	16.90	17.21	14.55	16.43	21.68	23.13
青海	9.96	8.90	8.86	12.82	11.38	15.02	12.40	7.95	7.82	9.37	16.34
宁夏	8.48	7.36	6.95	6.23	6.83	7.65	6.02	7.60	8.81	11.53	10.41
新疆	14.05	10.70	12.08	12.45	13.35	13.05	12.16	8.10	12.43	12.70	7.98

由表 3-15 可知，2010～2019 年我国各省区市的资本性环保支出

的规模和变化趋势类似于经常性环保支出。广东、江苏、河北等我国经济发展前沿省份或者工业大省的资本性环保支出相对较高，其中广东的资本性环保支出均值高达 63.11 亿元，江苏的资本性环保支出均值为 43.56 亿元，河北的资本性环保支出均值为 42.03 亿元，均呈现逐渐递增的趋势。北京、上海、重庆等我国经济发展中心城市资本性环保支出也相对较高，其中北京的资本性环保支出均值高达 39.78 亿元，上海的资本性环保支出均值为 19.55 亿元，重庆的资本性环保支出均值为 22.16 亿元，也呈现逐渐递增的趋势；湖北、湖南、安徽等我国中部省份经常性环保支出居其次，其中湖北的资本性环保支出均值为 24.37 亿元，湖南的资本性环保支出均值为 25.21 亿元，安徽的资本性环保支出均值为 23.76 亿元，也均呈现逐年递增的趋势。海南、陕西、新疆等我国经济社会发展较为落后的省区经常性环保支出相对较低，其中海南的资本性环保支出均值仅为 5.60 亿元，陕西的资本性环保支出均值为 5.29 亿元，新疆的资本性环保支出均值为 7.98 亿元，而且也呈现逐渐递增的趋势，由此可知生态文明理念已经深深融入我国的经济社会发展中。

3.4　本章小结

本章在编制环保支出核算账户的基础上对我国环保支出进行测算，为后面省级地方政府环境治理绩效评价提供基础。首先，对环保支出的内涵进行界定、明确环保支出核算的分类、核算主体和核算范围等基本问题。其次，构建环保支出账户中的各类子表，包括专门性环保服务生产表、环保产品的供给表、环保产品的使用表、国民环保支出核算表和国民环保支出筹资统计表。最后，以投入产出表为基础对我国环保支出进行实践测算，从投入产出中及与环保相关的产业中拆分出经常性环保支出和资本性环保支出数据。另外，为了与后面指标体系所需数据口径一致，对缺失年份数据运用最小二乘插空法补齐，并且将全国数据以中国各省区市政府节能环保支出比值作为调整系数分摊给各省区市，结果表明，广东、江苏、山东等经济发展前沿省份和北京、上海、重庆等中心城市经常性环保支出和资本性环保支出较高，湖北、湖南、安徽等中部省份居其次，海南、陕西、新疆等经济落后的边缘省区较低，且大多数省区呈现递增的趋势，由此说明生态文明理念已经深入贯彻到我国的经济社会发展中。

第4章 环境规制指标测度研究

本章在介绍中国环境规制体制的变迁历程的基础上，分别对环境规制强度和环境规制可持续性进行测度，为后续中国省级地方政府环境治理绩效评价指标体系的构建提供数据基础。

4.1 中国环境规制体制的变迁历程

环境规制指的是以保护环境为目的，对污染公共环境的各种行为进行的规制。环境规制体制则是指与环境规制有关的组织形式的制度。1972 年至今，我国环境规制体制经历了多次重大战略转型。具体而言，从环境规制体制的机构设置和机构职能来看，从起初的临时机构到如今的生态环境部，从最初的负责和监督环保等简要职能到现在的执法监督、污染防治和自然生态保护等重要职能，我国环境规制体制历经了起步阶段、初创阶段、调整阶段、确立阶段、发展阶段和完善阶段六个阶段。本书按照时期变化和体制的具体变化情况，将我国的环境规制体制分为单一计划经济时期的体制 (1972~1981 年)、过渡转型经济时期的体制 (1982~1992 年) 和现代市场经济时期的体制 (1993 年至今)。

4.1.1 单一计划经济时期

1972~1978 年是我国环境规制体制的起步阶段。新中国成立之初到 1972 年以前，我国作为农业大国，工业水平不高，工业污染并不突出。因此，人们的环境保护意识不强，对环境污染问题也不重视。1972年，联合国人类环境会议召开，我国成立了国务院环境保护领导小组筹备办公室，并于 1973 年召开了第一次全国环境保护会议，此次会议对我国环境规制机构的建设意义重大。1974 年 10 月，我国设立了环境规制临时机构（国务院环境保护领导小组），该机构主要负责和监督环保等日常工作，包括制定国家的环保方针政策、拟订环保规划、监督检查各地环保工作等，该机构的成立标志着我国进入了环境规制建设的起步阶段。此后，我国陆续成立了环境管理机构和环保监测机构等，在全国范围内逐步开展污染防治工作，其主要内容为"三废"治理和综合利用。但由于此时处于起步阶段，机构规模较小，工作系统极不完善，因而存在很多管理与实际不符的问题，亟待加强和完善。

1979～1981 年是我国环境规制体制的初创阶段，在此期间，我国设立了专门的环境规制机构——国务院环境保护机构，该机构主要负责和监督环保等日常工作。此外，根据《环境保护法（试行）》（1979）的相关规定，我国成立了省、市两级的环境保护机构。与此同时，石油、化工、纺织等重要部门与一些大中型企业为满足实际环境保护的需要，也分别建立了环保机构，以便负责和管理本部门的环境保护工作。

4.1.2　过渡转型经济时期

1982～1992 年是我国环境规制体制的调整阶段。1982 年 12 月，环境保护领导小组被撤销，国务院设立了城乡建设环境保护部，下属环境保护局，其职能主要是制定环境保护方面的政策法规、负责和监督环境保护方面的日常事务。随后，各地的地方政府也陆续将原先设立的环境保护监督管理机构并入城乡建设部门。1984 年，为加强对全国环境保护的统一领导，我国成立了国务院环境保护委员会，主要负责研究拟订环境保护方面的方针、政策和法规，监督各地区有关环保政策法规的执行情况并协调解决出现的各类环境问题。此后，各地也积极响应，成立了省、市、县三级环境保护委员会，进一步推动了我国环保事业的发展。1984 年，环境保护局改名为国家环保总局，隶属于国务院环境保护委员会，对全国环境保护工作进行统一监督和管理。

1988～1992 年是我国环境规制体制的确立阶段。1988 年，国家环保总局从城乡建设环境保护部中独立出来，成为国务院的直属局（副部级），统称为国家环境保护局。1989 年 12 月，《环境保护法》首次明确规定了我国环境保护监督管理体制，我国环境规制机构建设进入了一个新的阶段。根据《环境保护法》的规定，国务院及县级以上地方政府均设立相应的环境保护行政主管部门，成立环境保护监督管理机构，对自然资源的保护进行监督管理。与此同时，各级交通、民航等管理部门也依照相关法律规定对环境污染防治进行监督管理。

4.1.3 现代市场经济时期

1993～1997 年是我国环境规制体制的发展阶段。1993 年，我国为转变政府职能、建立有中国特色的行政管理体制，进行了国务院机构改革，此次改革将环境保护局予以保留，且其仍作为国务院直属机构（副部级）。同年，我国设立了环境保护委员会，与此同时，各省、自治区、直辖市均设置了相应的环境保护部门，对本辖区的环保工作进行统一监督管理。随着我国的工业水平不断提高，工业污染日益严重，但由于环保部门不具有强制执行权，导致其管理难度越来越大。此外，在 20 世纪 90 年代中期以后，我国确立了可持续发展战略。因此，为适应改革的要求，我国必须重新界定各部门的职能，调整政府对环境规制的职能。

1998 年至今是我国环境规制的完善阶段。1998 年 4 月，我国根据国务院机构改革方案设置了国家环境保护总局（正部级），同时撤销了国务院环境保护委员会，并将其职能转接给国家环境保护总局，此时的机构加强了环境污染防治和自然生态保护两大管理领域的职能，环境执法监督只作为机构的基本职能。2008 年 3 月，原国家环境保护总局升格为环境保护部。

由此可见，我国的环境规制体制经历了从无到有、从不完善到完善的变化过程。按照不同时期、体制形成时间、形成阶段、机构设置和机构职能的不同，可以将我国的环境规制体制变迁历程总结如表 4 - 1 所示。

表 4 - 1　　　　　　　　中国环境规制体制变迁历程

时期	形成时间	形成阶段	机构设置	机构职能
单一计划经济时期	1972～1978 年	起步阶段	临时机构（国务院环境保护领导小组）	负责环保、监督环保工作（包括制定国家的环保方针政策，拟订环保规划，监督检查各地环保工作等）
	1979～1981 年	初创阶段	专门机构（国务院环境保护机构）	国务院环境保护机构负责和监督环保等日常工作
过渡转型经济时期	1982～1987 年	调整阶段	环境保护局（城乡建设保护部下属）	制定政策、负责环境保护问题、监督环境、贯彻环保法规
	1988～1992 年	确立阶段	国家环境保护局（副部级）	国务院环境保护机构负责环保和监督环境
现代市场经济时期	1993～1997 年	发展阶段	国家环境保护局（副部级）	对本辖区的环境保护工作实施统一监督管理
	1998 年至今	完善阶段	国家环境保护总局（正部级）	环境执法监督为基本职能，加强了环境污染防治和自然生态保护两大管理领域的职能

4.2　环境规制强度测度分析

本部分首先总结了目前学术界主要的环境规制测度方法；其次以单位 GDP 所产生的污染物排放量的倒数作为环境规制的衡量指标，对我国各地区的环境规制强度进行了测度；最后根据测度结果对各地区环境规制强度进行了比较和分析。

4.2.1　环境规制强度测度方法

环境规制强度是指各级政府出于环境保护和环境治理等目的，对环境进行管理、控制和约束的力度。目前学术界尚未形成统一的环境规制强度测度指标体系，学者们通常根据自己的研究，选择一种较为合适和方便的方法，现有环境规制测度方法主要有以下几种：

（1）以单位治污成本为基础。例如，施美程等[145]将单位产值的治污成本（工业污染治理投资额与工业增加值之比）或单位排污量的治污成本[146]（废水治理投资与工业废水排放量之比）等作为实证研究中的环境规制变量。该方法数据可得性较高，使用方便，是早期研究者测度环境规制强度时最常用的方法，但该方法也存在一定的缺陷。一是仅考虑一种污染物的单位治污成本，其代表性不高，测算出来的环境规制强度的合理性和准确性较低；二是单位减排成本有时并不能完全归因于政府的环境管制，如有些企业为了打造和宣传其绿色形象，实施绿色可持续发展战略，以迎合消费者的绿色消费需求，提高企业的市场竞争力，企业会自主地增大环境污染治理投资，从而降低环境污染水平。因此，不同地区的工业发展水平和经济发达程度不同，使用该方法测算出来的环境规制强度的可比性也有待商榷。

（2）以污染物排放量为表征。该方法通过污染物排放量的多少来间接反映环境规制强度的大小。该方法数据收集难度小，方法简便，目前在学界使用得较为广泛。在早期，学者们较多使用污染物的绝对量来衡量[147]，污染物排放总量越大，表明环境规制强度越小，反之则越大。但有学者指出，污染物排放总量的大小与当地的人口规模、工业化水平以及经济发展模式直接相关，污染物排放的绝对值大小无法体现出当地政府对于环境管制的强度大小。因此，后来的学者为了规避该问题，较多使用人均污染物排放量（常选择二氧化硫、二氧化碳等污染物）这一指标。关于这一指标，学者们看法不一，有学者认为，人均污染物排放量越大，表明环境规制强度越小，反之则越大。但也有学者认为，在政府设定了相同的污染物排放标准这一前提下，人均污染物排放量越高，超出污染物排放标准越大，表明当地政府将实施更强的环境监管力度来加强环境管制，从而达到标准。因此，人均污染物排放量越高，表明该地区的环境规制强度越大，反之则越小。

（3）由多种污染物排放量构建的综合指数。有学者为了使所选指标与现实环境规制强度更贴近，选取了两到三种污染物，首先对污染物进行标准化处理以消除量纲带来的差异性，其次根据地区特性对不同污染物赋予不同的权重，最终得到衡量环境规制强度的综合指标。该方法既克服了仅考虑一种污染物的单位治污成本的代表性差的缺陷，又将地区特性和地区差异考虑在内，是前两种方法的一种改进。

（4）有学者从政府所颁布的与环保相关的政策文件出发，用各地制定的与环境保护相关的地方性法规和规章制度的数量和内容的详细程度以及各地与环保有关的行政处罚案件数等来描述和反映当地的环境规制强度。因此，有学者使用文本分析法对各个地区的地方性法规、规章制度和行政处罚案件数等进行收集整理，并按照一定的判断标准对其进行打分，最终用该地区的平均得分来表征环境规制强度。该方法的测度思路较为直接明了，但所收集的政策文件的全面性难以保证，且人工打分的主观性较强，仍存在一定的缺陷。

以上方法各有优缺点，基于多维性与可比性的考虑，以单位 GDP 所产生的污染物排放量的倒数作为环境规制的衡量指标，该指标值越大，表明该地区的环境规制强度越大，反之则越小。选取废水排放量、二氧化硫排放量以及烟粉尘排放量三个指标，以标准化处理后的当年地区生产总值与当年标准化处理后的排污总量的比值的倒数得到各地区环境规制强度，具体计算公式如下：

$$R_{it} = \frac{1}{\dfrac{TE_{it}}{SGRP_{it}}} = \frac{SGRP_{it}}{TE_{it}} = \frac{SGRP_{it}}{\sum SE_{it}} \tag{4.1}$$

其中，R_{it} 表示 i 地区在第 t 年的环境规制强度，$SGRP_{it}$ 为 i 地区在第 t 年的标准化处理后的地区生产总值，TE_{it} 为 i 地区在第 t 年的标准化处理后的废水排放量、二氧化硫排放量和烟（粉）尘排放量之和，SE_{it} 表示 i 地区第 t 年的每种污染物排放量的标准化。

4.2.2 数据来源及处理

所需的 2010～2019 年中国各省区市的地区生产总值、废水排放量、二氧化硫排放量和烟（粉）尘排放量的数据均来自国家统计局网站的中国统计年鉴年度数据。

为消除不同计量单位的量纲，采用极值法对各种污染物的排放数据及地区生产总值进行标准化处理，具体公式如下：

$$SGRP_{it} = \frac{I_{it} - minI_t}{maxI_t - minI_t} \tag{4.2}$$

$$SE_{it} = \frac{E_{it} - minE_t}{maxE_t - minE_t} \tag{4.3}$$

其中，$SGRP_{it}$ 表示标准化后的 i 地区在第 t 年的地区生产总值，I_{it} 为 i 地区在第 t 年的生产总值，$minI_t$ 为当年 30 个省区市的地区生产总值的最小值，$maxI_t$ 为当年 30 个省区市的地区生产总值的最大值。SE_{it} 表示 i 地区第 t 年的每种污染物排放量的标准化，以 i 地区第 t 年排放量 E_{it} 与当年全国最小排放量的差除以全国各地区排放量的极差值得到。

此外，由于 2019 年统计年鉴和 2020 年统计年鉴的部分数据没有更新，所需的废水排放量、二氧化硫排放量及烟粉尘排放量均有部分值缺失，因而采用增长率推算法对缺失的数据予以补齐。同时，所测结果中的 2010 年广西的环境规制强度出现了奇异值，故采用了平均值插空法予以修正。为了便于分析各省级政府环境治理绩效的差异，参考孙慧波等[148]的做法指数结果进行等级划分，划分标准如表 4 - 2 所示。

表 4 - 2　　　　　　省级地方政府环境治理绩效等级划分标准

区间范围	等级
[u + std, 1]	非常好
[u + 1/2std, u + std]	比较好
[u - 1/2std, u + 1/2std]	一般
[u - std, u - 1/2std]	比较差
[0, u - std]	非常差

注：表中 u 和 std 分别表示中国各省级地方政府环境规制强度指数的均值和标准差。

4.2.3　地方政府环境规制强度分析

按照前面所述的测度方法，将中国各省区市的数据进行收集、整理和归纳后，测算出来的我国各省区市 2010～2019 年的环境规制强度结果，如表 4 - 3 所示。由于北京市历年环境规制强度均值大于 1，故对各省级地方政府环境规制强度均值进行标准化处理后再进行区间的划分。

由表 4 - 3 可知，从横向对比的角度来看，北京、上海、天津这三个地区 2010～2019 年的环境规制强度居全国前 3 名，其等级划分为非常好，其中北京在历年中均稳居第一，且远远高于其他地区，这与北京的经济发展水平、地理位置和地方政府管制力度具有密切的联系。广东、海南、浙江、江苏这四个地区的环境规制等级划分依次处于北京、上海、天津这三个地区之后，环境规制强度等级划分为比较好，出现该现象的原因在于这几个省份普遍为经济较发达地区，在追求经济发展的同时其绿色发展意识也在不断提高，因此省级地方政府对于环境保护和环境治理更为重视，力求在大力发展经济的同时实现经济可持续发展。黑龙江、云南、河北、内蒙古、甘肃、贵州、山西、新疆的环境规制强度排名比较靠后，其等级划分为比较差，而青海和宁夏这两个地区则排

表 4 - 3　　　　　　　　　2010～2019 年我国各地区环境规制强度

地区	2010 年	2011 年	2012 年	2013 年	2014 年	2015 年	2016 年	2017 年	2018 年	2019 年	均值标准化	排名	等级划分
北京	1.82	1.08	1.16	1.20	1.31	1.36	1.46	1.64	1.77	2.03	1.00	1	非常好
上海	0.77	0.77	0.77	0.77	0.79	0.81	0.99	1.09	1.14	1.27	0.60	2	非常好
天津	0.65	0.80	0.76	0.78	0.76	0.80	1.05	0.81	0.80	0.56	0.50	3	非常好
广东	0.55	0.59	0.58	0.58	0.59	0.60	0.66	0.59	0.60	0.61	0.38	4	比较好
海南	0.73	0.61	0.60	0.61	0.63	0.66	0.67	0.48	0.44	0.40	0.37	5	比较好
浙江	0.38	0.53	0.57	0.55	0.57	0.57	0.70	0.60	0.62	0.65	0.36	6	比较好
江苏	0.41	0.54	0.58	0.58	0.58	0.59	0.63	0.57	0.58	0.58	0.36	7	比较好
福建	0.31	0.42	0.47	0.48	0.49	0.49	0.59	0.54	0.58	0.66	0.31	8	一般
湖北	0.31	0.37	0.39	0.40	0.41	0.41	0.53	0.47	0.52	0.60	0.27	9	一般
湖南	0.21	0.36	0.38	0.38	0.39	0.38	0.47	0.42	0.44	0.47	0.23	10	一般
山东	0.36	0.40	0.41	0.42	0.39	0.38	0.38	0.36	0.36	0.32	0.22	11	一般
河南	0.22	0.29	0.30	0.30	0.30	0.29	0.44	0.44	0.49	0.57	0.21	12	一般
四川	0.23	0.34	0.39	0.39	0.38	0.37	0.40	0.34	0.34	0.36	0.21	13	一般
安徽	0.23	0.30	0.30	0.32	0.31	0.31	0.39	0.32	0.34	0.40	0.19	14	一般
重庆	0.18	0.29	0.31	0.31	0.33	0.34	0.40	0.31	0.30	0.32	0.18	15	一般
广西	0.28	0.27	0.27	0.29	0.30	0.30	0.38	0.27	0.29	0.28	0.16	16	一般
吉林	0.25	0.27	0.35	0.33	0.31	0.28	0.40	0.26	0.25	0.17	0.16	17	一般
陕西	0.21	0.23	0.24	0.24	0.24	0.23	0.34	0.27	0.30	0.31	0.14	18	一般

续表

地区	2010 年	2011 年	2012 年	2013 年	2014 年	2015 年	2016 年	2017 年	2018 年	2019 年	均值标准化	排名	等级划分
江西	0.19	0.25	0.26	0.26	0.27	0.25	0.30	0.25	0.25	0.26	0.14	19	一般
辽宁	0.23	0.29	0.29	0.31	0.27	0.25	0.22	0.17	0.17	0.16	0.12	20	一般
黑龙江	0.23	0.24	0.22	0.22	0.24	0.23	0.23	0.16	0.15	0.11	0.10	21	比较差
云南	0.22	0.19	0.19	0.20	0.23	0.23	0.20	0.17	0.17	0.19	0.10	22	比较差
河北	0.21	0.21	0.22	0.21	0.20	0.19	0.19	0.18	0.18	0.16	0.10	23	比较差
内蒙古	0.13	0.18	0.17	0.17	0.17	0.16	0.19	0.11	0.11	0.10	0.06	24	比较差
甘肃	0.12	0.14	0.16	0.15	0.14	0.13	0.18	0.11	0.11	0.11	0.05	25	比较差
贵州	0.08	0.11	0.12	0.13	0.14	0.16	0.16	0.11	0.10	0.10	0.04	26	比较差
山西	0.10	0.11	0.11	0.11	0.10	0.09	0.12	0.11	0.12	0.12	0.04	27	比较差
新疆	0.11	0.12	0.11	0.10	0.11	0.12	0.12	0.08	0.08	0.08	0.03	28	比较差
青海	0.06	0.10	0.09	0.09	0.09	0.07	0.08	0.05	0.05	0.04	0.01	29	非常差
宁夏	0.05	0.07	0.07	0.06	0.07	0.07	0.07	0.05	0.04	0.03	0.00	30	非常差

名最后，其等级划分为非常差，其余省区市则位于中间，等级划分为一般。出现该结果的原因在于这些地区多为欠发达地区，其重心主要集中在大力发展经济上，对环境保护和环境治理的重视程度相对较低。值得注意的是，宁夏的环境规制强度处于历年最低水平，且其与北京的环境规制强度差距较大，可见我国各地区在环境规制上的不均衡问题，呈现出明显的地区差异性。从区域层面来看，东部地区的环境规制强度最高，该区域范围内的环境规制强度均值排名大多位居前列。西部地区的环境规制强度最低，东北地区和中部地区则处于中间水平，总体呈现出由东至西环境规制强度递减的趋势，出现该趋势的原因主要在于各个地区的经济发展水平不同，地区的经济越发达，地方政府对于环境的重视程度越高，环境规制强度与经济发展水平高度正相关。此外，由于仅选用了三种代表性污染物，且没有考虑地区特性，该测度方法仍存在一定缺陷，故有个别地区的环境规制强度测量结果与预期不太符合。

从纵向对比的角度来看，我国各地区 2010～2019 年环境规制强度时间演变趋势大体分为三类，部分地区如北京、上海、江苏、浙江、福建、安徽、河南等地的环境规制强度总体呈现逐年上升趋势，原因可能在于随着这些地区的经济发达程度越来越高，对于环境保护和治理的重视程度也越来越大。也有部分地区如青海、宁夏、新疆、山西等，其历年的环境规制强度较为稳定，其原因可能在于这些地区的重心仍处于大力发展经济上，提高当地经济水平，对于环境管制和约束的力度没有明显提高。其余省区市则略有波动，环境规制强度呈时而上升，时而下降趋势。纵观全国 30 个地区（西藏、港澳台除外），绝大部分地区的环境规制强度在 2016 年出现了极大值点，出现该现象的原因很可能在于我国在 2014 年第十二届全国人民代表大会常务委员会第八次会议上对《中华人民共和国环境保护法》进行了修订（2015 年 1 月 1 日实施），对保护和改善环境、保障公众健康、促进经济可持续发展予以了更高的重视，各地方政府也积极响应国家号召，认真落实政策要求，故环境规制强度有显著提高。整体而言，我国各地区环境规制强度总体呈现出上升趋势，表明我国对于节约和利用资源、推进生态文明建设、促进人与自然和谐共生、实施经济社会可持续发展的重视程度越来越高。

综上所述，从横向对比的角度来看，我国各地区环境规制强度呈现出明显的地区差异性和非均衡性，具体表现为由东至西环境规制强度递减，该现象与各地区的经济发达程度有紧密的联系；从纵向对比的角度来看，我国大部分地区 2010～2019 年环境规制强度总体呈现逐年上升趋势，且绝大部分地区的环境规制强度在 2016 年出现了极大值点，该现象与我国出台的法律和政策密切相关。

4.3　环境规制持续性测度分析

新中国成立初期，国家经济发展落后，人民环境保护意识薄弱，对于环境污染、自然环境保护和生态文明建设等方面的问题并不重视。但是随着国家大力发展经济，努力提高人们的生活水平，一些环境污染问题愈发变得严重，尤其是改革开放以后，我国在经济发展上取得了显著成效的同时，却对环境造成了巨大影响。为了解决日益严峻的环境污染问题，保障人民的健康生活，国家不断加强对环境保护的重视程度，设定了明确的方针；同时，各级政府为了维护环境的安全和健康，颁布了一系列的政策，对自然资源和环境污染进行规制。环境规制可持续性旨在反映政府为实现环境保护和污染控制可持续性目标所制订的一系列计划和措施。基于政策文献量化分析，通过对 2010～2019 年省级地方政府颁布的环境规制政策的文本内容和外部结构进行分析，研究省级地方政府环境规制政策的演进逻辑，同时通过政策文献打分方法，从政策属性、政策目标及政策工具三个维度对省级地方政府的环境规制政策进行评价，从而得到政策效力，并依据文献的时效性，综合每年环境规制政策的政策效力实现省级地方政府环境规制可持续性的测度。

4.3.1 环境规制持续性测度方法

政策文件是政策思想的物化载体，是政府处理公共事务的真实反映和行为印迹，是对政策系统与政策过程客观的、可获取的、可追溯的文字记录[149]。随着现代信息技术的发展，世界已经跨入大数据时代，政府信息公开数据日益增多，同时，随着网络分析、语义分析以及数据可视化等研究方法的优化发展，政策科学逐渐与信息科学、网络计量学等交叉融合，为以政策文本作为研究对象的研究提供了更加广阔的发展空间和更加新颖的发展方向。政策文献量化研究便是基于此发展而来的，其指的是将数理统计、文献计量、文本内容分析等各种方法综合运用到政策文献的研究中，通过对政策文献内容与外部结构要素进行量化，其中政策文献内容量化是对文献内容进行系统性的定量与定性相结合的一种语义分析方法，政策文献计量是一种量化分析政策文献的结构属性的研究方法，将用文字表示的非结构化政策文本转化为用数量表示的信息，结合质性研究方法，厘清政策主题的变迁趋势和演进规律、把握政策工具组合的作用绩效。政策文献量化是基于大样本量、结构化或半结构化政策文本的定量分析，可以为评估效果等提供更科学、客观和可验证的依据[150]。

省级地方政府环境规制持续性的测度分为四个步骤：第一，通过多种渠道系统梳理各省区市 2010～2019 年颁布的与环境规制有关的政策文件，并进一步依据对政策文本内容的分析，筛选得到省级地方政府环境规制政策资料库；第二，从政策名称、实施时间、时效期间、政策属性、政策目标和政策工具等方面对政策文献进行编码，建立 2010～2019 年省级地方政府环境规制政策数据库；第三，根据已有的研究，基于政策量化打分方法设定测量标准，分别从政策属性、政策目标及政策工具三个维度，依据政策文本的内容对政策进行量化，并汇总得到环境规制政策的政策效力；第四，综合省级地方政府每年发布的环境规制政策，得到年度政策效应，再根据政策文献的时效性，依年度计算累计效应，实现环境规制可持续性的测度。

4.3.2　数据来源及处理

（1）数据来源。

环境规制即环境监管，一般包括对自然资源的管理和对环境污染的控制，是以维护环境安全和健康为目的的一系列社会性规制法律[151]。为了保证获取环境规制政策文献的全面性和准确性，首先从北大法宝法律法规数据库的地方性法规的环境保护法规类别中，分别收集各个地区2010~2019年颁布的环境规制政策；其次通过万方数据库和省级地方部门的网站对搜集到的政策进行复查、过滤和补充，进一步略读政策文本内容对所有收集到的文献进行筛选；再次从政策实施时间、政策类型、发布地区等方面对政策进行编码与分类，同时记录政策文献的修改和失效情况；最后在历经长期的收集、筛选、编码和分类之后，建立了2010~2019年省级地方政府环境规制政策数据库。该数据库包含2010~2019年全国30个省区市（除西藏和港澳台外）共2213个政策文件。

（2）测度标准。

由于政府颁布的政策包含政策类型、政策工具、政策目标等重要信息，因此基于政策量化打分方法从政策属性、政策目标、政策工具三个方面来制定量化标准。政策属性力度是用于反映政策法律效应大小的指标，一般而言，发布的机构级别越高，政策内容越倾向于命令控制型，政策属性力度的得分就越高。在依据2002年国务院发布的《规章制定程序条例》和参考彭纪生等（2008）[152]研究的基础上，将政策类型分为条例、规定、决议、方案、标准、办法、规划、通知、公告等16种类型，并对不同类型的政策赋予了不同的得分，用以描述政策属性力度大小，详细标准见表4-4。

表 4 – 4 政策属性力度量化标准

政策属性	得分	政策类型
A	5	条例、暂行条例、规定、暂行规定、决议/决定
B	3	方案、细则、标准、办法、计划、规划、意见、指南
C	1	通知、通告、公告

政策目标力度用以反映政府实施政策时对目标实现态度的强硬程度，在本书中表现为对于环境规制目标态度的强硬程度及详细程度的大小，根据政策内容的详细程度以及环境规制目标的强烈与否，分别赋予1分或2分。政策工具是政府为实现政策目标所使用的政策措施和手段，政策工具力度反映对应政策措施和手段的约束力大小。依据赵玉民等[153]对于环境规制政策工具的定义和分类并结合专家意见，将环境规制政策工具分为命令—控制型、激励型和自愿型三种工具类型。命令—控制型环境规制是对对象强制的、直接的要求和管理；激励型环境规制是通过奖励或惩罚等间接的措施激励对象进行环境的保护和污染的控制，主要包括排污费、排污许可证交易、税收政策、罚款等；自愿型环境规制是指非政府强制要求但希望对象自主做出有利于环境保护的措施，包括政府对于环保的宣传和一些环保事业的鼓励等。基于前人的研究[154]，根据环境规制政策工具的约束力和执行程度，分别赋予5分、3分和1分。通常而言，颁布政策的领导机构级别越高，政策类型的法律效应越高，在政策属性力度上的得分也就越高，但其政策内容往往较为宏观，对行为主体的影响和约束力比较弱，因此在政策目标力度和政策工具力度上的得分往往会比较低，从这三个维度对政策文献进行量化可以弥补单一指标的缺陷，能够更好地反映环境规制政策的政策效力，同时由于研究对象是政策内容本身，因此量化标准的内容效度可以由研究对象本身来保证。

（3）政策量化及处理。

在设定好政策打分的标准后，需要拟订好政策打分流程及内容。对于政策文献的打分，首先根据政策类型得到政策属性力度得分；其次将整个政策文本划分成多个片段，针对每一个片段划归不同的环境规制工具类型，得到单个片段的政策工具力度得分，同时依据每个片段内容的详细程度和环境规制目标的强烈程度，得到单个片段的政策目标力度得分；再次根据每一个片段对应的内容篇幅，汇总得到整个政策文献的政策工具力度得分和政策目标力度得分；最后由政策在三个维度的得分，综合得到单个政策的政策效力。

为了保证政策量化过程的严谨性和真实性，选取有相关专业知识背景的人员共 5 名，进行政策打分培训，在培训结束之后，给每个人分配 6 个省的政策文件进行第一轮打分，在第一轮打分的基础上，对于不同政策属性得分差异较大的政策文件交由另外一个人打分，比较两次打分结果，若结果差距较大则交由小组讨论，确定最终得分并优化政策量化标准，若结果差距较小则取两者均值作为政策最终得分，最后再从各个地区的政策中抽取部分文件交由其他人员打分，最终显示各个政策文件的得分在方向上一致，不存在较大的差距，在政策量化上具有一致性。

在得到政策属性力度、政策目标力度和政策工具力度的量化数据后，由于政策本身的效力受到这三个维度的共同影响，因此在借鉴已有政策效力度量方法研究的基础上，根据式（4.4）计算环境规制政策的政策效力。

$$\text{TPE}_i = \text{pe}_i \times \text{pm}_i \times \text{pg}_i \tag{4.4}$$

其中，TPE_i 表示第 i 个政策的政策效力，pe_i 表示第 i 个政策的政策属性力度得分，pm_i 表示第 i 个政策的政策目标力度得分，pg_i 表示第 i 个政策的政策工具力度得分。综合各地区每年所有政策的政策效力可以得到各个地区环境规制年度政策效力：

$$\text{SER}_t = \sum_{i=1}^{N_t} \text{TPE}_i \tag{4.5}$$

其中，SER_t 表示第 t 年某个地区的环境规制年度政策效力，N_t 表示某个地区第 t 年的环境规制政策数量。由于政策文献在颁布后就一直具有法律效应，除非政府对该政策进行修改和废除，否则该政策对行为主体的影响和约束就一直存在。基于政策文献失效和修改情况的记录，根据式（4.6）计算地区环境规制年度政策效力的累计效应，得到省级地方政府每年的环境规制可持续性水平。

$$\text{TSER}_s = \sum_{j=2010}^{s} (\text{SER}_j - \text{INV}_j) \qquad (4.6)$$

其中，TSER_s 表示第 s 年某个地区环境规制可持续性，INV_j 表示在第 j 年失效或修改的政策的总效力。在式（4.5）和式（4.6）的基础上，综合所有现行有效的环境规制政策文献的政策效力与对应环境规制政策数量之比，得到地区总平均政策效力：

$$\text{PMJ} = \frac{\sum_{j=2010}^{2019} (\text{SER}_j - \text{INV}_j)}{N - M} \qquad (4.7)$$

其中，PMJ 表示地区总平均政策效力，M 表示在 2019 年及以前失效和修改的环境规制政策文献数量，N 表示 2010～2019 年地区颁布并实施的环境规制政策数量。

4.3.3 地方政府环境规制持续性分析

按照上述的政策量化方法，汇总各个地区每年环境规制政策的政策效力，得到我国各地区 2010～2019 年的环境规制可持续性水平；同时，通过对各省级地方政府环境规制可持续的均值进行标准化处理，进一步得到地区等级划分的结果如表 4－5 所示。

表 4－5 反映了各个地区 2010～2019 年环境规制可持续性的水平，由于政策文献的政策效力是通过对政策文献进行量化得到的，又因为政策文献的法律效应自实施之日起就一直存在（除非被废止）。同时，省级地方政府的环境规制可持续性是通过对所有环境规制政策文献的政策效力进行加总得到，因此，各个地区后一年的环境规制可持续性必然包含之前颁布并且现行有效的所有环境规制政策文件。结合表 4－5 从横向对比的角度来看，广东、北京、四川、浙江这四个地区相较于其他地

表4-5　2010～2019年我国各地区环境规制可持续性

地区	2010年	2011年	2012年	2013年	2014年	2015年	2016年	2017年	2018年	2019年	均值标准化	排名	等级划分
广东	121.2	271.0	462.6	560.4	662.5	816.7	928.0	1116.1	1340.0	1489.4	1.00	1	非常好
北京	43.7	152.5	332.8	485.7	605.2	729.0	922.4	1069.8	1134.9	1302.1	0.80	2	非常好
四川	215.8	326.9	401.3	500.7	595.5	664.7	791.8	827.9	903.9	1052.3	0.71	3	非常好
浙江	162.7	283.7	406.3	520.5	655.6	683.9	806.6	757.5	823.0	901.7	0.65	4	非常好
重庆	222.4	349.9	424.8	497.9	599.8	614.6	685.7	777.9	773.0	908.1	0.62	5	比较好
湖北	76.4	151.1	262.3	387.2	532.3	701.9	831.9	931.1	945.6	932.0	0.60	6	比较好
福建	151.6	263.5	334.2	449.1	631.5	759.4	680.1	702.9	829.5	910.7	0.59	7	比较好
上海	163.2	233.1	331.1	457.4	514.9	605.1	723.4	820.7	908.4	933.1	0.59	8	比较好
山东	86.3	185.7	238.7	354.5	438.7	507.3	677.6	738.1	1090.3	1296.3	0.57	9	比较好
辽宁	66.0	217.5	347.3	440.5	540.8	590.4	660.7	743.7	1007.5	961.9	0.57	10	比较好
江苏	82.9	164.7	286.3	415.5	469.6	571.8	586.2	720.3	879.8	916.5	0.47	11	一般
天津	85.5	175.3	339.8	389.3	413.1	538.6	598.1	722.5	877.1	901.2	0.46	12	一般
内蒙古	124.1	194.9	289.8	389.9	443.0	522.7	639.3	744.9	767.6	760.3	0.43	13	一般
河北	128.3	201.9	312.7	417.2	468.8	521.5	643.8	653.5	708.6	740.6	0.41	14	一般
河南	77.6	140.2	240.7	349.3	342.8	467.4	591.4	672.4	796.3	887.5	0.37	15	一般
海南	86.2	131.2	186.2	207.0	283.5	372.1	538.8	729.4	911.1	1002.8	0.34	16	一般
宁夏	81.9	115.5	205.0	318.3	392.3	479.3	604.6	686.7	713.3	718.6	0.32	17	一般
黑龙江	154.0	240.0	314.5	336.4	387.4	425.4	578.5	685.0	597.7	576.5	0.31	18	一般

续表

地区	2010年	2011年	2012年	2013年	2014年	2015年	2016年	2017年	2018年	2019年	均值标准化	排名	等级划分
山西	69.8	169.0	210.1	266.9	315.8	405.2	499.4	692.7	744.7	910.4	0.31	19	一般
广西	84.2	175.7	302.2	336.8	346.4	479.6	541.1	512.9	703.4	754.3	0.30	20	一般
甘肃	100.9	165.9	240.0	348.2	389.0	440.8	548.1	584.0	585.0	683.0	0.27	21	一般
江西	98.7	127.3	205.8	293.4	335.9	407.3	493.6	593.3	695.6	748.7	0.26	22	比较差
陕西	37.7	114.8	205.9	265.7	340.2	431.3	503.2	627.0	685.1	749.8	0.25	23	比较差
安徽	57.5	95.3	149.2	172.5	314.3	370.9	438.2	522.3	642.3	727.6	0.15	24	比较差
湖南	33.8	66.0	133.2	210.6	236.5	294.5	419.2	564.4	685.6	786.5	0.14	25	非常差
新疆	51.5	124.7	202.3	255.1	294.8	337.5	372.3	477.0	545.7	599.0	0.11	26	非常差
云南	45.6	56.6	131.1	224.4	282.7	315.1	370.4	473.2	584.3	654.1	0.09	27	非常差
贵州	54.0	83.8	127.2	166.0	207.3	291.8	370.5	451.0	583.1	613.3	0.05	28	非常差
吉林	8.9	55.2	122.9	168.7	184.0	260.9	349.8	454.0	571.5	660.7	0.03	29	非常差
青海	62.8	88.0	105.5	132.4	208.2	303.6	337.7	401.2	510.2	557.8	0.00	30	非常差

区，整体在环境规制可持续性上处于最高的水平，其等级划分为非常好，其中广东与浙江是我国社会经济发展前沿的沿海强省，北京更是我国经济社会发展中心城市，因此更加注重环境的保护与污染的控制，相应的政府出台的环境规制政策也会更多；虽然四川在经济社会发展上没有这些地区强劲，但是由于其独特的地理环境以及政府对于环境保护的重视，也会导致该地区环境规制可持续性水平的上升。接下来等级划分比较靠前的是重庆、湖北、福建、上海、山东、辽宁，这些地区的等级划分为比较好，同样山东、辽宁、福建作为我国的沿海强省，经济发展良好，因而伴随着社会经济的稳步发展更加倡导绿色发展，上海和重庆是我国的直辖市，也是我国社会经济发展的重要城市，对于环境的保护也会有更高的要求，湖北的环境规制可持续性水平也处于前列，虽然前期的环境规制可持续性水平较低，但是随着社会的发展，该地区政府也越来越重视环境保护，颁布的环境规制政策也越来越多。相应地，江西、陕西、安徽在环境规制可持续性等级划分上比较靠后，同时相对于沿海与经济发展中心地区，这些地区在经济发展上比较落后。此外，这些地区的环境规制可持续性水平也与这些地区的地理环境有着非常密切的联系。新疆、云南、贵州、吉林、青海是排名最靠后的地区，而这些地区也正好处于我国的偏远地区，经济发展比较落后，地方政府的环境规制意识不强。此外，其他地区在环境规制可持续性等级划分上处于中间位置，这些地区在整体的环境规制可持续性水平上与排名靠前以及排名靠后的地区之间也存在较大的差距，因此我国各地区在环境规制可持续性上的不均衡，呈现出明显的地区差异。

结合表 4-5 从纵向对比的角度来看，各个省级地方政府的环境规制可持续性大体上均处于上升趋势，这意味着地方政府越来越重视环境规制政策在环境治理过程中所发挥的作用。同时，部分地区（如浙江、黑龙江、福建、辽宁、湖北等）在上升趋势中存在波动，这主要是由于这些地区前期颁布的政策文件在后期被废止，导致环境规制政策效力的消失，并对应环境规制可持续性的下降。

在政策工具力度量化过程中,将政策工具分为命令—控制型、激励型和自愿型三种工具类型,由于不同政策工具类型的约束力和执行程度不同,因此被赋予不同的分值,同时根据政策文本的内容得到整个政策文献分别在这三种工具类型上的得分。根据式(4.8)、式(4.9)和式(4.10)可知2010~2019年各个地区在三种环境规制工具类型中的政策工具效力。

$$AMJ = \sum_{j=2010}^{2019} ASER_j \tag{4.8}$$

$$BMJ = \sum_{j=2010}^{2019} BSER_j \tag{4.9}$$

$$CMJ = \sum_{j=2010}^{2019} CSER_j \tag{4.10}$$

其中,AMJ表示地区命令—控制型环境规制政策总效力,$ASER_j$表示某地区第j年的命令—控制型环境规制政策效力;BMJ表示地区激励型环境规制政策总效力,$BSER_j$表示某地区第j年的激励型环境规制政策效力;CMJ表示地区自愿型环境规制政策总效力,$CSER_j$表示某地区第j年的自愿型环境规制政策效力。由于在量化过程中,赋予不同环境规制政策工具不同的分值,在最终结果上,命令—控制型环境规制的政策效力往往占据较高的水平,因此通过进一步的处理,根据式(4.11)~式(4.13)将命令—控制型与激励型环境规制政策划归到与自愿型同等的水平,消除不同环境规制政策工具在分值上的差异。

$$AJ = \frac{AMJ}{5} = \sum_{j=2010}^{2019} \frac{ASER_j}{5} \tag{4.11}$$

$$BJ = \frac{BMJ}{3} = \sum_{j=2010}^{2019} \frac{BSER_j}{3} \tag{4.12}$$

$$CJ = CMJ = \sum_{j=2010}^{2019} CSER_j \tag{4.13}$$

其中,AJ、BJ、CJ分别为归一化处理后所对应的环境规制政策工具效力。基于上述公式计算得到各个地区的相关结果如表4-6所示。

表 4-6　　　　省级地方政府环境规制政策工具总效力

地区	AJ	BJ	CJ	AJ（%）	BJ（%）	CJ（%）
北京	299.7	47.5	21.3	81.3	12.9	5.8
天津	200.7	53.9	3.5	77.8	20.9	1.4
河北	165.6	27.4	3.6	84.2	13.9	1.8
上海	207.2	49.6	11.4	77.3	18.5	4.2
江苏	235.8	51.3	3	81.3	17.7	1
浙江	230.6	30.9	23.5	80.9	10.8	8.2
福建	229.4	15.1	39.1	80.9	5.3	13.8
山东	284.7	53.6	1.2	83.9	15.8	0.3
广东	318	18.1	19.6	89.4	5.1	5.5
海南	188.7	26.8	22.3	79.4	11.3	9.4
山西	165.9	25.6	36.4	72.8	11.2	16
安徽	141.5	18	61.9	63.9	8.1	27.9
江西	159.8	11.8	13.5	86.3	6.4	7.3
河南	176.5	43.4	10.1	76.7	18.9	4.4
湖北	205	63.3	11.3	73.3	22.6	4.1
湖南	138.1	48.9	15.4	68.2	24.2	7.6
内蒙古	170.5	38.5	11	77.5	17.5	5
广西	171.9	40.2	13.6	76.1	17.8	6
重庆	245.5	49.6	24.6	76.8	15.5	7.7
四川	232.4	15.8	1.3	93.1	6.3	0.5
贵州	128.8	13.4	19.3	79.7	8.3	12
云南	125.3	29	12	75.4	17.4	7.2
陕西	162.4	15.5	6.2	88.2	8.4	3.4
甘肃	147.3	14.8	29.3	77	7.7	15.3
青海	116.6	11.4	1.5	90.1	8.8	1.1
宁夏	150.2	12.4	9.2	87.4	7.2	5.4
新疆	118.5	20.2	17.2	76	13	11
吉林	115	34.2	12.8	71	21.1	7.9
辽宁	273.9	13	15.8	90.5	4.3	5.2
黑龙江	177.2	63.1	11.8	70.3	25	4.7

　　根据表4-6显示，基于2010~2019年中国省级地方政府的环境规制政策工具总效力，地方政府偏好于使用命令—控制型环境规制工具，而在激励型和自愿型的环境规制工具的使用中，部分地区存在差异，少数地区如安徽、山西等更加偏好于使用自愿型环境规制工具。此外，从整体上看，东部地区对于命令—控制型环境规制工具的重视比其他区域要高，这就意味着东部地区对于使用环境治理也会相应的更加的严格和深入。

　　综上所述，基于2010~2019年省级地方政府环境规制政策量化的结果，通过对省级地方政府环境规制可持续性的等级划分及分析，发现不同地区在环境规制可持续性水平上存在明显差异，主要表现在社会经济发展较前沿的地区对应整体环境规制可持续性的水平比较高，而经济发展较落后的偏远地区，整体环境规制可持续性的水平就比较低；同时各个地区的环境规制可持续性总体上呈现上升趋势，但是部分地区由于环境规制政策的废止和修改情况而在上升趋势中存在波动；此外，通过对省级地方政府的环境规制政策工具总效力的分析，发现不同区域之间也存在一些差别，导致这些差距的原因可能与地区所在的地理环境以及经济发展等因素有关，更深层次的探究将在后面进行论述。

4.4　本章小结

　　本章主要对2010~2019年中国各地区的环境规制维度指标的量化测度研究及环境规制持续性测度进行分析。首先，梳理了中国环境规制体制的变迁历程，按照时期变化和体制的具体变化情况，将中国的环境规制体制分为单一计划经济时期的体制、过渡转型经济时期的体制和现代市场经济时期的体制。其次，对我国各地区的环境规制强度进行了测度，研究结果表明，从横向对比的角度来看，我国各地区环境规制强度呈现出明显的地区差异性和非均衡性，具体表现为由东至西环境规制强度递减，该现象与各地区的经济发达程度有紧密的联系；从纵向对比的角度来看，我国大部分地区 2010～2019 年环境规制强度总体呈现逐年上升趋势，且绝大部分地区的环境规制强度在 2016 年出现了极大值点，该现象与我国出台的法律和政策密切相关。最后，对我国 30 个地区 2010～2019 年的环境规制可持续性进行了测度。结果显示，各个地区环境规制可持续性总体上呈现上升趋势，但是部分地区由于环境规制政策的废止和修改情况而在上升趋势中存在波动。根据计算得到的地区总平均政策效力发现，从整体上看，不同区域间的水平存在一定的差距。

第5章 中国省级地方政府环境治理绩效评价分析

在前面对环保支出和环境规制两个维度的指标进行测度的基础上，结合源头治理、过程治理、终端治理三个层面构建中国省级地方政府环境治理绩效评价指标体系，测算出环境治理绩效的水平指数、进步指数、差距指数和综合指数，得出中国省级地方政府环境治理绩效评价结果。

5.1 环境治理绩效指标体系的构建

在阐述评价指标体系选取需要遵循的原则的基础上，从源头治理、过程治理和终端治理构建起中国省级地方政府环境治理绩效的指标体系。

5.1.1 评价指标体系构建遵循的原则

统计综合评价过程中，评价指标体系的构建是一个关键性的问题。其中的关键是要为评价项目构建一个科学的评价指标体系，构建评价指标体系需要遵循以下原则[155-156]：

（1）目的性：评价指标体系应该与研究目的相吻合，必须紧扣研究主题。在本书中，构建的指标体系必须深入反映我国省级地方政府的环境治理绩效。

（2）客观性：评价指标体系应该反映两个方面的客观性。一是评价指标体系可以客观反映评价对象的主要特征；二是评价指标体系中所有指标的基础数据均可以客观获得，若没有数据保障，再重要的指标也只能割舍放弃。

（3）独立性：在评价指标体系中，应尽可能地选择相关程度低的指标，各个评价指标之间的关系应该是互斥和互补的有机统一，过多的指标如果具有较强的相关性则会稀释重要指标的意义，同时增加数据收集、处理与综合计算的工作量，指标的数量应该少而精，抓住真正的核心指标。

（4）全面性：统计评价指标体系中的各个评价指标能够从不同角度综合反映所研究对象的全貌，必须是多种类型指标相结合。

（5）可比性：评价指标要含义明确，计算口径一致，达到动态可比，横向可比，注重指标数值的实际区分度，若某指标数值已经充分接近目标值，变动空间不大或区域差异很小，实际区分度小，则没必要纳入指标体系。

（6）相对性：评价指标尽可能地选取具有相对性的指标，避免绝对指标，因为绝对指标会因为研究对象规模上的优势而导致评价结果缺乏合理性。例如，具有较大人口规模的河南省，地区生产总值大于北京市，而人均地区生产总值小于北京市，如果选取地区生产总值这一绝对指标反映经济发展则会得出河南省经济发展优于北京市的结论，而选取人均地区生产总值这一相对指标反映经济发展则会得出河南省经济发展劣于北京市的结论，根据实际情况，选取人均地区生产总值这一相对指标更具有合理性。

5.1.2　环境治理绩效指标体系的构建

根据上述评价指标体系需要遵循的原则，本书的研究不同于现有研究中大多数仅从生产生活末端"三废"（废水、废气、固态废物）进行环境治理绩效评价，而是将环境治理贯穿到生产生活全过程，强调环境的综合治理，并借鉴循环经济从输入端、过程中、输出端为切入点，同时从源头治理、过程治理和终端治理三个层面构建中国省级地方政府环境治理绩效指标体系。其中，源头治理是指从生产生活中污染物产生的源头进行预防，避免污染物的产生；过程治理是指在生产生活过程中通过治理手段尽可能减少污染物的排放，从而达到环境友好状态；终端治理即在生产生活作业结束后的修治工作，是对已造成的环境污染和破坏加以处理和无害化修复，根据前面评价指标体系构建的一般原则，本书构建中国省级地方政府环境治理绩效评价指标体系具体如表5-1所示。

表5-1　　　中国省级地方政府环境治理绩效评价指标体系

评价层面	评价指标	指标性质
源头治理	政府经常性环保支出占公共支出比例	正向
	政府资本性环保支出占公共支出比例	正向
	环境规制强度	正向
	环境规制可持续性	正向
过程治理	单位工业企业固体废物产生量	负向
	单位废水中COD（化学需氧量）含量占比	负向
	单位废水中含氮污染物占比	负向
	单位废水中含磷污染物占比	负向
	人均二氧化硫排放量	负向
	人均氮氧化物排放量	负向
	人均烟（粉）尘排放量	负向
终端治理	一般工业废物综合利用率	正向
	单位工业废气治理设施处理能力	正向
	单位污水处理厂污水处理量	正向
	城市单位生活垃圾处理厂垃圾处理量	正向
	城市人均绿化面积	正向
	农村卫生厕所普及率	正向
	人工林占森林面积比重	正向

信毅学术文库

　　由表5-1可知，指标体系共包括十八个指标，其中源头治理层面包括四个指标，分别为政府经常性环保支出占公共支出比例、政府资本性环保支出占公共支出比例、环境规制强度和环境规制可持续性，均为正向指标，即指标数值越高，说明政府环境治理绩效越好。其中政府经常性环保支出占公共支出比例为第3章测算出的政府经常性环保支出和政府一般公共支出的比值，代表政府支出中用于环境保护的比重。同理，政府资本性环保支出占公共支出比例为第3章测算出的政府资本性环保支出和政府一般公共支出的比值，代表政府支出中用于购置环保资本的比重，两者均为相对性的指标。环境规制强度和环境可持续性为前面大篇幅测算出来的两个量化环境规制的重要指标，此处不再详细赘述。源头治理层面指标的选取充分体现了本书的研究从环境投入和环境规制视角下对地方政府环境治理绩效进行评价。

　　过程治理层面主要为生产生活过程中尽可能地减少环境污染物排放的指标，通过对环境污染物质流的观测，选取七个相关指标，分别为单位工业企业固体废物产生量、单位废水中COD（化学需氧量）含量占比、单位废水中含磷污染物占比、人均二氧化硫排放量、人均氮氧化物排放量和人均烟（粉）尘排放量，均为负向指标，即指标数值越高，说明政府环境治理绩效越差。其中，单位工业企业固体废物产生量代表了工业固态废物的排放，单位废水中COD含量占比、单位废水中含磷污染物占比代表了废水污染物的排放，人均二氧化硫排放量、人均氢氧化物排放量和人均烟（粉）尘排放量代表废气的排放，上述七个指标代表的污染物为经济社会中最主要的环境污染物。

　　终端治理层面是在生产生活作业结束后对已造成的环境污染和破坏加以处理和无害化修复，选取一般工业废物综合利用率、单位工业废气治理设施处理能力、单位污水处理厂污水处理量、城市单位生活垃圾处理厂垃圾处理量、城市人均绿化面积、农村卫生厕所普及率和人工林占森林面积比重七个指标，均为正向指标。其中，一般工业废物综合利用率、单位工业废气治理设施处理能力代表政府工业污染物的处理能力；

单位污水处理厂污水处理量代表政府工业废水和生活污水的处理能力；城市单位生活垃圾处理厂垃圾处理量、城市人均绿化面积代表政府城市污染物处理能力；农村卫生厕所普及率代表政府农村污染物处理能力；人工林占森林面积比重代表政府修复森林资源的能力。

5.2　环境治理绩效评价指数的构建

科学有效地构建环境治理评价指数需要从不同的角度进行全面考虑，不能仅由单个指标表征。因此，本书从环境治理绩效的水平、进步和差距三个维度构建环境治理绩效评价指数，即水平指数、进步指数和差距指数，最后在此基础上构建综合指数对中国省级地方政府环境治理绩效进行综合评价。

5.2.1　水平指数的构建

本书采用加权平均值法计算水平指数[157]。假设研究期为 t 年（t = 1，2…，s），有 n 个评价对象、m 个评价层面，每个评价层面有 l 个评价指标。设 T_i^t 为第 t 年第 i 个（i = 1，2，…，n）评价对象的总效用值，即水平指数，A_{ij}^t 为第 t 年第 i 个评价对象第 j 个（i = 1，2，…，m）评价层面的效用值，B_{ijk}^t 为第 t 年第 i 个评价对象第 j 个评价层面下第 k 个（k = 1，2，…，l）评价指标的效用值。设 a_{ij} 为不同评价层面 A_{ij} 对应的权重值，b_{ijk} 为不同评价层面下不同评价指标 B_{ijk} 对应的权重值，则 A_{ij}^t 效用值的计算公式为：

$$A_{ij}^t = \sum_{k=1}^{l} b_{ijk} B_{ijk}^t \tag{5.1}$$

同理，水平指数的计算公式为：

$$T_i^t = \sum_{j=1}^{m} a_{ij} A_{ij}^t \tag{5.2}$$

下面确定各评价指标的权重 b_{ijk} 和评价层面的权重 a_{ij}。目前求解权重的方法主要有两类，一是主观赋权法，常用的有层次分析法和模糊综合评价法等。二是客观赋权法，常用的有熵值法、主成分分析法、离差和均方差法等。由于主观赋权法使评价结果具有较强的主观性，违背了评价指标体系构建需要具备客观性的基本原则。熵值法的基本思路是根据指标变异性的大小来确定权重，是一种客观赋权法，其根据各项指标观测值所提供的信息熵的大小来确定指标的权重，其原理为：数据越离散，所含信息量越多，对综合评价影响越大，因而由它得出的指标权重值具有较高的可信度和精确度[158]。然而，传统的熵值法也存在弊端，只能应用于截面数据，仅可对某一年的评价对象进行评价，本书在此基础上将熵值法向横向拓展，应用于面板数据，具体过程如下：

第一步：指标的标准化处理。为了消除指标量纲的影响，对原始指标数据进行标准化处理，为了避免标准化后的指标数据出现零值，参考程晓娟等[159] 的做法，标准化的计算公式如下：

正向指标：$P'_{ijk} = 0.1 + 0.9(P_{ijk} - minP_{ijk})/(maxP_{ijk} - minP_{ijk})$　（5.3）

负向指标：$P'_{ijk} = 0.1 + 0.9(maxP_{ijk} - P_{ijk})/(maxP_{ijk} - minP_{ijk})$　（5.4）

式（5.3）和式（5.4）中，P_{ijk} 为第 i 个地区第 j 个层面第 k 个指标原始数值，P'_{ijk} 为第 i 个地区第 j 个层面第 k 个指标标准化后的值，$maxP_{ijk}$ 为第 i 个地区第 j 个层面第 k 个指标的最大值，$minP_{ijk}$ 为第 i 个地区第 j 个层面第 k 个指标的最小值。

第二步：指标归一化。为了使各指标数据方便提取出来，把数据映射到 0~1 范围之内，因此对指标进行归一化处理，则第 i 个地区第 j 个层面第 k 个指标数据的归一化表达式如下：

$$F_{ijk} = P'_{ijk} / \sum_{i=1}^{n} \sum_{t=1}^{s} P'_{ijk} \tag{5.5}$$

其中 F_{ijk} 为第 i 个地区第 j 个层面第 k 个指标数据归一化后的值。

第三步：计算指标的熵值和冗余度。熵值是用来判断指标的离散程度，其计算公式为：

$$E_{jk} = - \alpha_1 \sum_{t=1}^{s} \sum_{i=1}^{n} F_{ijk} \ln F_{ijk} \qquad (5.6)$$

其中 E_{jk} 为第 j 个层面第 k 个指标的熵值，$\alpha_1 = 1/\ln(i \times s)$，则各指标的冗余度计算公式为：

$$D_{jk} = 1 - E_{jk} \qquad (5.7)$$

其中 D_{jk} 为第 j 个层面第 k 个指标的冗余度。

第四步：计算指标的权重。各指标的权重即为冗余度所占所有指标冗余度的比重，计算公式为：

$$W_{jk} = D_{jk} / \sum_{j=1}^{m} D_{jk} \qquad (5.8)$$

其中 W_{jk} 为第 j 个层面第 k 个指标的权重。

需要说明的是，以上仅求出各评价层面下评价指标的权重，还需求出各评价层面的权重，仍然采用熵值法，选取上述各评价层面下评价指标熵值的均值作为对应评价层面的熵值，运用求各评价指标权重相同的方法求出各评价层面的权重 W_j，计算结果如表 5-2 所示。

表 5-2　　　　　　　　评价层面和评价指标权重

评价层面	权重	评价指标	权重
源头治理	0.40	政府经常性环保支出占公共支出比例	0.23
		政府资本性环保支出占公共支出比例	0.23
		环境规制强度	0.31
		环境规制可持续性	0.24
过程治理	0.16	单位工业企业固体废物产生量	0.08
		单位废水中 COD（化学需氧量）含量占比	0.14
		单位废水中含氮污染物占比	0.18
		单位废水中含磷污染物占比	0.17
		人均二氧化硫排放量	0.12
		人均氮氧化物排放量	0.12
		人均烟（粉）尘排放量	0.19
终端治理	0.44	一般工业废物综合利用率	0.13
		单位工业废气治理设施处理能力	0.18

续表

评价层面	权重	评价指标	权重
终端治理	0.44	单位污水处理厂污水处理量	0.11
		城市单位生活垃圾处理厂垃圾处理量	0.12
		城市人均绿化面积	0.19
		农村卫生厕所普及率	0.10
		人工林占森林面积比重	0.17

　　由表 5-2 可知，从评价层面的权重看，源头治理和终端治理的权重较高，其中源头治理的权重为 0.40，终端治理的权重为 0.44，说明环境治理绩效评价中，源头治理和终端治理更为重要，源头治理是环境治理的开端，从根本上防止环境污染的产生，终端治理是对已经产生的污染进行处理和修复，源头治理和终端治理是环境治理关键的两个环节。过程治理的权重相对较小，仅为 0.16，说明在生产生活过程中减少污染物的排放对环境治理绩效的贡献较小。

　　从评价指标权重看，在源头治理层面下的四个指标中，政府经常性环保支出占公共支出比例的权重为 0.23，政府资本性环保支出占公共支出比例的权重为 0.23，环境规制强度的权重为 0.31，环境规制可持续性的权重为 0.24，四个指标的差距较小，其中环境规制强度在源头环境治理中的贡献最大，因为环境规制是遏制环境污染的重要方式，其余三个指标权重较为接近。在过程治理层面下的七个指标中，单位工业企业固体废物产生量的权重为 0.14，单位废水中 COD（化学需氧量）含量占比的权重为 0.18，单位废水中含氮污染物占比的权重为 0.18，单位废水中含磷污染物占比的权重为 0.17，人均二氧化硫排放量的权重为 0.12，人均氮氧化物排放量的权重为 0.12，人均烟（粉）尘排放量的权重为 0.19，其中除了单位工业企业固体废物产生量的权重相对较小外，其余指标的权重差异较小。在终端治理层面下的七个指标中，一般工业废物综合利用率的权重为 0.13，单位工业废气治理设施处理能力的权重为 0.18，单位污水处理厂污水处理量为 0.11，城市单位生活垃圾处理厂垃圾处理量的权重为 0.12，城市人均绿化面积的权重为 0.19，农村卫生厕所普及率的权重为 0.10，人工林占森林面积比重的权重为 0.17，此七个指标的权重差异也较小。

5.2.2　进步指数的构建

进步指数是表示各指标与该地区历史水平相比的进步程度，体现了该省级地方政府环境治理绩效的进步程度。一般情况下，进步指数即为指标的进步率，进步率的计算公式如下：

$$G_{ijk}^t = (F_{ijk}^t - F_{ijk}^{t-1})/F_{ijk}^{t-1} \tag{5.9}$$

其中，G_{ijk}^t 为第 t 年第 i 个地区第 j 个层面第 k 个指标的进步率，F_{ijk}^t 为第 t 年第 i 个地区第 j 个层面第 k 个指标归一化的数值，F_{ijk}^{t-1} 为第 t−1 年第 i 个地区第 j 个层面第 k 个指标归一化的数值。

则各地区的进步指数为各指标进步率的加权平均数，计算公式为：

$$R_i^t = \sum_{j=1}^m W_j \left(\sum_{k=1}^l W_{jk} G_{ijk}^t \right) \tag{5.10}$$

其中 R_i^t 为第 t 年第 i 个地方政府环境治理绩效的进步指数。

5.2.3　差距指数的构建

差距指数是指各地区各指标值与该地区相关规划设置指标目标值的差距，表示该地区目前对比目标值存在的差距。由于各地区各指标目标值数据不可获得，因此直接选取所有地区各指标值的最大值，即最优值作为目标值，表示各地区各指标相比于所有地区各指标最优值存在的差距，其计算公式为：

$$Q_{ijk}^t = (F_{ijk}^t - \max F_{ijk}^t)/(\max F_{ijk}^t - \min F_{ijk}^t) \tag{5.11}$$

其中，Q_{ijk}^t 为第 t 年第 i 个地区第 j 个层面第 k 个指标与指标目标值的差距，$\max F_{ijk}^t$ 为第 t 年第 i 个地区第 j 个层面第 k 个指标归一化后的最大值，$minF_{ijk}^t$ 为第 t 年第 i 个地区第 j 个层面第 k 个指标归一化后的最小值。为了避免计算结果出现负值，进一步对数据结果进行标准化处理。

则各地区的差距指数为各指标与目标值差距的加权平均数，计算公式为：

$$S_i^t = \sum_{j=1}^m W_j \left(\sum_{k=1}^l W_{jk} Q_{ijk}^t \right) \tag{5.12}$$

其中 S_i^t 为第 t 年第 i 个地方政府环境治理绩效的差距指数。需要说明的是，为了使差距指数为正向指数，差距指数的含义与常用的"差距"的含义相反，即某一省份差距指数值越大，说明该省份环境治理绩效水平越高，越接近目标水平。

5.2.4　综合指数的构建

在前面从三个维度分别构建水平指数、进步指数和差距指数的基础上，为了综合评价地方政府环境治理绩效，在构建三维指数的基础上构建综合指数，借鉴包存宽等[160]的做法，将水平指数和差距指数的算术平均值作为综合指数的基数，把进步指数作为修正系数，综合指数基数乘以修正系数，即为地方政府环境治理绩效评价综合指数，计算公式如下：

$$I_i^t = 1/2 \left(T_i^t + S_i^t \right) \times R_i^t \tag{5.13}$$

其中 I_i^t 为第 t 年第 i 个地方政府环境治理绩效的综合指数。

5.3　省级地方政府环境治理绩效评价结果分析

基于前面构建的省级地方政府环境治理绩效评价指标体系和评价指数，收集相关数据，源头指标数据来源于前面第 3 章和第 4 章的测算结果，过程指标和终端指标数据来源于历年《中国统计年鉴》《中国环境统计年鉴》和《中国第三产业统计年鉴》等资料。从水平指数、进步指数、差距指数三个维度分析省级地方政府环境治理绩效情况，最后运用综合指数分析省级地方政府环境治理绩效综合评价结果。为了便于分析各省级地方政府环境治理绩效的差异，仍然采用第4章环境规制强度和可持续性测算结果的分类方法对地方政府环境治理绩效评价指数结果进行等级划分。

5.3.1 地方政府环境治理绩效水平分析

根据前面构建的地方政府环境治理绩效水平指数，计算出 2010 ~ 2019 年地方政府环境治理绩效水平指数，如表 5 – 3 所示，限于篇幅，等级划分和排名依据为 2010 ~ 2019 年各省区市水平指数的均值，下同。

由表 5 – 3 可知，排名为前 5 名的省级政府环境治理绩效水平的等级为非常好，分别为北京、上海、广东、天津和江苏，其中 2010 ~ 2019 年北京的环境治理绩效水平指数均值为 0.72，上海为 0.65，广东为 0.62，天津为 0.56，江苏为 0.55。北京、上海和天津均为我国经济社会发展中心城市，而且是我国生态文明建设先行示范城市，广东和江苏为我国经济社会发展最前沿的两个沿海强省，此五个省市在经济社会发展中更加注重生态文明理念，更大力度推进环境治理，而且具有先进的环境治理技术，导致此五个省市的环境治理绩效在全国居于领先地位。排名位于第 6 至第 7 的两个省市环境治理绩效的等级为比较好，分别为重庆和浙江，其中重庆的环境治理绩效水平指数均值为 0.54，浙江的环境治理绩效水平指数均值为 0.52，重庆作为我国西部中心城市，浙江作为我国沿海强省，经济发展良好。重庆为我国西部经济社会发展中心城市，更加注重环境的治理，浙江为我国沿海经济社会发展强省，具有更加强烈的绿色发展意识。排名位于第 8 至第 20 的十三个省区环境治理绩效的等级为一般，其中山东的环境治理绩效水平指数均值为 0.50，河北和湖北为 0.48，宁夏和福建分别为 0.47 和 0.46，河南、吉

表 5 - 3　　省级地方政府环境治理绩效水平指数

地区	2010 年	2011 年	2012 年	2013 年	2014 年	2015 年	2016 年	2017 年	2018 年	2019 年	均值	排名	等级划分
北京	0.57	0.61	0.68	0.70	0.77	0.74	0.79	0.81	0.76	0.72	0.72	1	非常好
上海	0.62	0.64	0.64	0.66	0.65	0.66	0.64	0.68	0.66	0.66	0.65	2	非常好
广东	0.64	0.64	0.64	0.65	0.62	0.60	0.59	0.59	0.61	0.60	0.62	3	非常好
天津	0.50	0.52	0.53	0.53	0.53	0.53	0.52	0.61	0.66	0.66	0.56	4	非常好
江苏	0.53	0.55	0.57	0.59	0.58	0.57	0.50	0.58	0.52	0.52	0.55	5	非常好
重庆	0.55	0.58	0.59	0.55	0.55	0.52	0.49	0.56	0.50	0.50	0.54	6	比较好
浙江	0.49	0.51	0.52	0.53	0.56	0.53	0.51	0.52	0.49	0.49	0.52	7	比较好
山东	0.51	0.51	0.50	0.54	0.51	0.49	0.47	0.47	0.48	0.49	0.50	8	一般
河北	0.45	0.44	0.45	0.48	0.51	0.53	0.49	0.51	0.49	0.47	0.48	9	一般
湖北	0.50	0.52	0.52	0.47	0.46	0.49	0.42	0.49	0.46	0.47	0.48	10	一般
宁夏	0.55	0.55	0.52	0.52	0.53	0.47	0.36	0.40	0.40	0.39	0.47	11	一般
福建	0.44	0.45	0.46	0.48	0.49	0.50	0.46	0.44	0.44	0.47	0.46	12	一般
河南	0.43	0.43	0.43	0.43	0.42	0.43	0.42	0.44	0.47	0.44	0.43	13	一般
吉林	0.42	0.47	0.50	0.47	0.49	0.39	0.37	0.39	0.39	0.42	0.43	14	一般
山西	0.44	0.43	0.42	0.42	0.43	0.39	0.39	0.46	0.43	0.49	0.43	15	一般
辽宁	0.40	0.39	0.45	0.46	0.46	0.45	0.39	0.45	0.42	0.41	0.43	16	一般

续表

地区	2010年	2011年	2012年	2013年	2014年	2015年	2016年	2017年	2018年	2019年	均值	排名	等级划分
安徽	0.40	0.43	0.41	0.42	0.42	0.42	0.45	0.45	0.42	0.44	0.43	17	一般
海南	0.49	0.48	0.45	0.38	0.36	0.38	0.40	0.39	0.41	0.43	0.42	18	一般
陕西	0.39	0.40	0.41	0.44	0.44	0.47	0.40	0.40	0.38	0.39	0.41	19	一般
广西	0.44	0.41	0.41	0.42	0.42	0.41	0.36	0.41	0.40	0.41	0.41	20	一般
四川	0.44	0.44	0.44	0.42	0.43	0.40	0.37	0.38	0.37	0.39	0.41	21	比较差
湖南	0.41	0.39	0.41	0.40	0.41	0.40	0.38	0.42	0.42	0.41	0.40	22	比较差
黑龙江	0.45	0.44	0.43	0.39	0.39	0.39	0.36	0.41	0.34	0.35	0.39	23	比较差
甘肃	0.42	0.45	0.41	0.39	0.39	0.39	0.34	0.35	0.34	0.36	0.38	24	比较差
内蒙古	0.43	0.42	0.38	0.39	0.41	0.40	0.36	0.35	0.34	0.33	0.38	25	比较差
江西	0.39	0.35	0.38	0.38	0.36	0.36	0.33	0.38	0.38	0.37	0.37	26	比较差
云南	0.38	0.38	0.37	0.36	0.37	0.36	0.31	0.39	0.36	0.38	0.37	27	比较差
青海	0.41	0.42	0.38	0.41	0.39	0.41	0.31	0.28	0.29	0.30	0.36	28	非常差
贵州	0.36	0.35	0.33	0.31	0.34	0.38	0.30	0.37	0.33	0.36	0.34	29	非常差
新疆	0.34	0.32	0.31	0.33	0.33	0.34	0.24	0.29	0.27	0.25	0.30	30	非常差

林、山西、辽宁和安徽五个省区均为 0.43，海南为 0.42，陕西和广西为 0.41。山东、福建和辽宁虽然是我国沿海地区，但是经济发展相对落后于广东、江苏和浙江等沿海地区，所以仍然在大力推进经济发展，环境治理相对一般；河北、湖北、河南、吉林、山西、安徽、陕西和广西八个省区均为我国内部经济社会发展较为一般的地区，绿色发展的意识相对落后于排名靠前的省区市，由于发展经济仍然是其重要的发展任务，而环境效益和经济效益存在矛盾，因此环境治理绩效水平较为一般；宁夏作为我国西北部经济落后的民族自治区，人口规模较小，造成环境污染程度较浅，加之现在生态文明理念深入经济社会发展中，宁夏也逐渐加强环境的治理，导致其环境治理绩效相对优于其他自治区；海南作为岛屿省份，人口污染相对程度相对较轻，因此环境治理力度也相对一般。排名第 21 至第 27 的七个省区环境治理绩效的等级为比较差，其中四川的环境治理绩效水平指数均值为 0.41，湖南为 0.40，黑龙江为 0.39，甘肃和内蒙古均为 0.38，江西和云南均为 0.37。湖南、江西作为我国中部农业大省，人口较多，经济发展水平一般，发展中心仍然向经济倾斜，环境治理意识相对较差，环境治理绩效相对较差；四川虽为我国西南地区中心省份，但是人口众多，产生较大程度的污染，环境治理绩效也相对较差；黑龙江、甘肃、内蒙古和云南经济社会发展落后，仍然致力于推进经济社会发展，环境治理的意识较差。排名最后的三个省区环境治理绩效的等级为非常差，分别为青海、贵州和新疆。其中青海的环境治理绩效水平指数均值为 0.36，贵州为 0.34，新疆为 0.30，青海、贵州和新疆为我国经济社会发展落后地区，对环境治理的重视程度不够，环境治理技术也相对落后，导致这三个省区环境治理绩效非常差。

5.3.2 地方政府环境治理绩效进步分析

根据前面构建的地方政府环境治理绩效进步指数，计算出 2010~2019 年地方政府环境治理绩效进步指数，如表 5-4 所示。

表 5-4　省级地方政府环境治理绩效进步指数

地区	2010年	2011年	2012年	2013年	2014年	2015年	2016年	2017年	2018年	2019年	均值	排名	等级划分
北京	0.64	0.82	0.80	0.82	1.00	0.56	1.00	0.35	0.55	0.22	0.68	1	非常好
天津	0.65	0.66	0.51	0.64	0.47	0.69	0.76	0.79	0.99	0.49	0.66	2	非常好
吉林	0.86	1.00	0.64	0.44	0.71	0.10	0.68	0.45	0.78	0.80	0.64	3	非常好
安徽	0.88	0.79	0.26	0.80	0.49	0.65	0.98	0.33	0.51	0.60	0.63	4	非常好
山西	0.54	0.41	0.33	0.74	0.56	0.41	0.79	0.80	0.50	1.00	0.61	5	比较好
浙江	0.74	0.74	0.47	0.79	0.70	0.54	0.75	0.33	0.54	0.47	0.61	6	比较好
上海	0.72	0.69	0.42	0.78	0.41	0.69	0.76	0.48	0.62	0.48	0.60	7	比较好
陕西	0.70	0.71	0.49	0.92	0.50	0.85	0.47	0.33	0.59	0.49	0.60	8	比较好
福建	0.50	0.52	0.59	0.81	0.59	0.72	0.65	0.17	0.78	0.69	0.60	9	比较好
河北	0.53	0.48	0.46	0.98	0.78	0.75	0.68	0.40	0.62	0.26	0.59	10	比较好
甘肃	1.00	0.84	0.11	0.56	0.49	0.65	0.52	0.34	0.66	0.66	0.58	11	一般
贵州	0.49	0.31	0.28	0.43	0.96	1.00	0.32	0.85	0.40	0.75	0.58	12	一般
云南	0.61	0.49	0.33	0.60	0.57	0.60	0.46	1.00	0.52	0.60	0.58	13	一般
江苏	0.63	0.66	0.55	0.83	0.42	0.58	0.56	0.68	0.37	0.48	0.57	14	一般
河南	0.53	0.47	0.45	0.69	0.31	0.75	0.76	0.46	0.96	0.21	0.56	15	一般
山东	0.58	0.47	0.35	1.00	0.22	0.56	0.69	0.30	0.89	0.47	0.55	16	一般

续表

地区	2010年	2011年	2012年	2013年	2014年	2015年	2016年	2017年	2018年	2019年	均值	排名	等级划分
湖北	0.67	0.63	0.42	0.32	0.47	0.79	0.50	0.70	0.59	0.45	0.55	17	一般
重庆	0.72	0.72	0.48	0.47	0.43	0.55	0.65	0.69	0.33	0.45	0.55	18	一般
辽宁	0.18	0.38	1.00	0.76	0.43	0.65	0.48	0.73	0.47	0.33	0.54	19	一般
湖南	0.31	0.28	0.57	0.64	0.61	0.55	0.71	0.60	0.72	0.39	0.54	20	一般
广东	0.53	0.47	0.45	0.72	0.26	0.56	0.79	0.33	0.86	0.38	0.53	21	比较差
四川	0.53	0.47	0.44	0.53	0.64	0.45	0.63	0.41	0.63	0.60	0.53	22	比较差
青海	0.78	0.57	0.11	0.98	0.23	0.82	0.22	0.10	0.83	0.60	0.52	23	比较差
广西	0.31	0.20	0.45	0.73	0.46	0.60	0.52	0.67	0.69	0.52	0.51	24	比较差
海南	0.58	0.41	0.24	0.10	0.10	0.89	0.92	0.22	1.00	0.59	0.51	25	非常差
宁夏	0.65	0.47	0.21	0.70	0.60	0.33	0.27	0.56	0.77	0.40	0.50	26	非常差
内蒙古	0.60	0.34	0.10	0.77	0.83	0.59	0.55	0.29	0.60	0.28	0.50	27	非常差
江西	0.10	0.10	0.71	0.73	0.16	0.62	0.66	0.66	0.73	0.36	0.48	28	非常差
黑龙江	0.50	0.39	0.38	0.30	0.52	0.67	0.60	0.72	0.10	0.58	0.48	29	非常差
新疆	0.36	0.22	0.39	0.83	0.46	0.81	0.10	0.80	0.56	0.10	0.46	30	非常差

由表 5 - 4 可知，排名前 4 名的四个省市环境治理绩效进步等级为非常好，分别为北京、天津、吉林和安徽，其中北京的环境治理绩效进步指数均值均为 0.68，天津为 0.66，说明天津和北京的环境治理绩效进步迅速，起到了全国环境治理先行示范的作用。吉林和安徽分别为 0.64 和 0.63，此两个省份虽然经济社会发展在全国处于一般水平，但是越来越重视环境治理和贯彻生态文明理念。排名第 5 至第 10 的六个省市环境治理绩效进步等级为比较好，分别为山西、浙江、上海、陕西、福建和河北，其中山西和浙江环境治理绩效进步指数均值均为 0.61，上海、陕西和福建均为 0.60，河北为 0.59。上海、浙江为长江经济带区域重要组成部分，深入贯彻了长江流域的绿色生态发展，环境治理绩效进步较快；福建作为我国首个生态文明建设示范省份，近年来大力推进生态文明建设，加强环境污染治理，环境治理绩效进步也较快；在生态文明建设提出以前，山西、陕西和河北作为我国煤炭及工业大省，环境污染较为严重，自从生态文明建设提出之后，其也逐渐加强环境治理意识，进步较快。排名第 11 至第 20 的十个省市环境治理绩效进步等级为一般，分别为甘肃、贵州、云南、江苏、河南、山东、湖北、重庆、辽宁和湖南。其中甘肃、贵州和云南的环境治理绩效进步指数均值均为 0.58，江苏为 0.57，河南为 0.56，山东、湖北和重庆均为 0.55，辽宁和湖南均为 0.54，说明重庆和江苏虽然环境治理绩效水平相对靠前，但是进步程度一般，山东、辽宁、湖北、湖南虽然经济发展相对靠前，但是环境治理进步程度也一般，后续应该加强绿色发展，河南作为我国中部人口密集省份，污染较为严重，环境治理进步程度也一般，甘肃、贵州和云南环境污染程度相对较轻，环境治理进步程度也相对一般。排名第 21 至第 24 的四个省区环境治理绩效进步等级为比较差，分别为广东、四川、青海和广西。其中广东和四川环境治理绩效进步指数均值均为 0.53，青海为 0.52，广西为 0.51。广东作为我国经济较为前沿地区，人口流入规模较大，而环境治理有所松懈，后续亟待加强。四川作为我国宜居省份，人口流入规模较大，环境治理也应进一步加强。青海和广西不仅需要大力推进经济社会快速发展，环境治理也不应落后，需进一步加强。排名第 25 至第 30 的六个省区环境治理绩效进步等级为非常差，分别为海南、宁夏、内蒙古、江西、黑龙江和新疆。其中海南的环境治理绩效进步指数均值均为 0.51，宁夏和内蒙古均为 0.50，江西和黑龙江均为 0.48，新疆为 0.46。海南近些年作为国民旅游胜地，吸引了大量的游客，对其经济发展具有较大的推动作用，但是为了防止生态环境恶化，政府应加强环境的治理；江西虽然自然生态禀赋较好，经济发展是其首要的目标，但是环境治理也不应该落下；宁夏、内蒙古、黑龙江和新疆应加强环境治理，此四省区经济社会进步也是其首要目标，但是当地应该充分发挥其生态优势，将生态效应转化为经济效益，在畜牧、旅游等行业中推进经济发展的同时努力找到经济社会发展和环境治理的平衡点。

5.3.3　地方政府环境治理绩效差距分析

根据前面构建的地方政府环境治理绩效差距指数，计算出 2010 ~ 2019 年地方政府环境治理绩效差距指数，如表 5 - 5 所示。

由表 5 - 5 可知，排名前 5 名的五个省市环境治理绩效差距等级为非常好，分别为北京、上海、广东、天津和江苏。其中北京的环境治理绩效差距指数均值均为 0.97，上海为 0.84，广东为 0.77，天津和江苏均为 0.60，说明此五个省市环境治理绩效最好，最接近目标值。排名第 6 至第 7 的两个省市环境治理绩效差距等级为比较好，分别为重庆、浙江，其中重庆的环境治理绩效差距指数均值均为 0.58，浙江为 0.51，说明这两个省份环境治理绩效比较好，比较接近目标值。排名第 8 至第 21 的十四个省区环境治理绩效差距等级为一般，分别为山东、湖北、宁夏、河北、福建、吉林、河南、山西、辽宁、安徽、海南、四川、陕西和广西。其中山东的环境治理绩效差距指数均值为 0.48，湖北和宁夏均为 0.43，河北为 0.42，福建为 0.39，吉林为 0.32，河南和山西为

表 5－5　　省级地方政府环境治理绩效差距指数

地区	2010 年	2011 年	2012 年	2013 年	2014 年	2015 年	2016 年	2017 年	2018 年	2019 年	均值	排名	等级划分
北京	0.77	0.91	1.00	1.00	1.00	1.00	1.00	1.00	1.00	1.00	0.97	1	非常好
上海	0.92	1.00	0.90	0.89	0.73	0.79	0.72	0.76	0.78	0.88	0.84	2	非常好
广东	1.00	0.98	0.90	0.87	0.67	0.64	0.63	0.59	0.69	0.75	0.77	3	非常好
天津	0.54	0.63	0.60	0.55	0.45	0.47	0.50	0.63	0.78	0.88	0.60	4	非常好
江苏	0.63	0.71	0.70	0.72	0.58	0.56	0.47	0.56	0.50	0.58	0.60	5	非常好
重庆	0.70	0.80	0.75	0.62	0.50	0.46	0.45	0.53	0.45	0.53	0.58	6	比较好
浙江	0.49	0.60	0.57	0.57	0.52	0.48	0.50	0.45	0.44	0.52	0.51	7	比较好
山东	0.57	0.59	0.51	0.59	0.42	0.38	0.41	0.35	0.43	0.51	0.48	8	一般
湖北	0.54	0.61	0.56	0.40	0.31	0.36	0.32	0.38	0.39	0.46	0.43	9	一般
宁夏	0.70	0.71	0.56	0.53	0.46	0.32	0.22	0.22	0.26	0.31	0.43	10	一般
河北	0.35	0.39	0.37	0.44	0.41	0.46	0.46	0.43	0.45	0.47	0.42	11	一般
福建	0.35	0.39	0.42	0.43	0.37	0.40	0.40	0.29	0.35	0.47	0.39	12	一般
吉林	0.28	0.47	0.51	0.40	0.36	0.12	0.23	0.20	0.24	0.37	0.32	13	一般
河南	0.30	0.34	0.32	0.30	0.20	0.22	0.32	0.30	0.40	0.41	0.31	14	一般
山西	0.33	0.35	0.29	0.29	0.24	0.13	0.27	0.34	0.32	0.51	0.31	15	一般
辽宁	0.20	0.22	0.38	0.38	0.29	0.28	0.27	0.32	0.30	0.34	0.30	16	一般

续表

地区	2010 年	2011 年	2012 年	2013 年	2014 年	2015 年	2016 年	2017 年	2018 年	2019 年	均值	排名	等级划分
安徽	0.21	0.34	0.26	0.28	0.22	0.19	0.37	0.32	0.30	0.40	0.29	17	一般
海南	0.49	0.49	0.38	0.18	0.07	0.11	0.29	0.19	0.29	0.38	0.29	18	一般
四川	0.34	0.37	0.34	0.28	0.24	0.15	0.23	0.19	0.20	0.29	0.26	19	一般
陕西	0.15	0.27	0.27	0.32	0.25	0.31	0.29	0.22	0.23	0.30	0.26	20	一般
广西	0.34	0.29	0.28	0.28	0.21	0.17	0.21	0.24	0.26	0.34	0.26	21	一般
湖南	0.24	0.22	0.25	0.23	0.19	0.13	0.25	0.26	0.30	0.35	0.24	22	比较差
黑龙江	0.36	0.37	0.32	0.20	0.15	0.12	0.21	0.25	0.14	0.22	0.23	23	比较差
甘肃	0.25	0.40	0.26	0.21	0.16	0.13	0.19	0.12	0.14	0.23	0.21	24	比较差
内蒙古	0.31	0.31	0.18	0.20	0.20	0.15	0.21	0.13	0.14	0.16	0.20	25	比较差
青海	0.24	0.31	0.18	0.25	0.15	0.18	0.13	0.00	0.04	0.11	0.16	26	比较差
江西	0.16	0.11	0.18	0.19	0.08	0.04	0.16	0.18	0.21	0.25	0.16	27	比较差
云南	0.14	0.19	0.15	0.13	0.10	0.05	0.12	0.20	0.19	0.27	0.15	28	比较差
贵州	0.08	0.09	0.05	0.00	0.03	0.10	0.11	0.16	0.12	0.23	0.10	29	非常差
新疆	0.00	0.00	0.00	0.04	0.00	0.00	0.00	0.00	0.00	0.00	0.00	30	非常差

0.31，辽宁为 0.30，安徽和海南均为 0.29，四川、陕西和广西均为 0.26，说明此十四个省区环境治理绩效水平一般，与目标值存在一定程度的差距。排名第 22 至第 28 的七个省区环境治理绩效差距等级为比较差，分别为湖南、黑龙江、甘肃、内蒙古、青海、江西和云南。其中湖南的环境治理绩效差距指数均值为 0.24，黑龙江为 0.23，甘肃为 0.21，内蒙古为 0.20，青海和江西均为 0.16，云南为 0.15，说明此七个省区环境治理绩效水平相对较差，与目标值存在较大的差距，后续需要加强。排名最后的两个省区环境治理绩效差距等级为非常差，分别为贵州和新疆。其中这两个省区的环境治理绩效差距指数均值为 0.10，新疆为 0.00，说明贵州环境治理绩效水平相对最差，与目标值存在非常大的差距，后续急需加强环境的治理。新疆除了 2013 年外，研究期内其余年份与目标值的差距均最大，导致其差距指数的均值最小，接近零值。

5.3.4　地方政府环境治理绩效综合分析

根据前面构建的地方政府环境治理绩效综合指数，计算出 2010～2019 年地方政府环境治理绩效综合指数，如表 5 - 6 所示。

由表 5 - 6 可知，排名前 4 名的四个省市环境治理绩效综合等级为非常好，分别为北京、上海、天津和广东。北京位于全国第一，环境治理绩效综合指数均值为 0.57，说明北京作为我国首都，彰显了首都在环境治理方面的担当，在全国起到模范作用。上海位于第二，环境治理绩效综合指数均值为 0.45，上海作为我国最大的城市，经济最为活跃，而且环境治理绩效也处于全国先列。天津位于全国第三，环境治理绩效综合指数均值为 0.39，天津作为我国四个直辖市之一，是我国经济发展重要城市，环境治理绩效也居全国前列。第四位为广东，环境治理绩效综合指数均值为 0.37，广东作为我国改革开放前沿地区，经济发展迅速且拥有全国最前沿的科技水平，环境治理技术先进，环境治理绩效也居全国前列。排名第 5 至第 7 的三个省市环境治理绩效综合等级为比

表5-6 省级地方政府环境治理绩效综合指数

地区	2010年	2011年	2012年	2013年	2014年	2015年	2016年	2017年	2018年	2019年	均值	排名	等级划分
北京	0.43	0.63	0.67	0.70	0.89	0.48	0.90	0.31	0.49	0.19	0.57	1	非常好
上海	0.55	0.57	0.33	0.60	0.28	0.50	0.52	0.35	0.44	0.37	0.45	2	非常好
天津	0.34	0.38	0.29	0.35	0.23	0.35	0.39	0.49	0.71	0.38	0.39	3	非常好
广东	0.44	0.38	0.35	0.55	0.17	0.35	0.48	0.19	0.56	0.25	0.37	4	非常好
江苏	0.37	0.41	0.35	0.54	0.24	0.32	0.27	0.38	0.19	0.26	0.33	5	比较好
浙江	0.36	0.41	0.26	0.44	0.38	0.27	0.38	0.16	0.25	0.24	0.31	6	比较好
重庆	0.45	0.50	0.32	0.28	0.22	0.27	0.30	0.37	0.16	0.23	0.31	7	比较好
山东	0.31	0.26	0.18	0.56	0.10	0.25	0.30	0.12	0.41	0.23	0.27	8	一般
河北	0.21	0.20	0.19	0.45	0.36	0.37	0.32	0.19	0.29	0.12	0.27	9	一般
福建	0.20	0.22	0.26	0.37	0.26	0.32	0.28	0.06	0.31	0.33	0.26	10	一般
湖北	0.35	0.35	0.22	0.14	0.18	0.33	0.18	0.31	0.25	0.21	0.25	11	一般
吉林	0.30	0.47	0.32	0.19	0.30	0.03	0.20	0.13	0.24	0.32	0.25	12	一般
山西	0.21	0.16	0.12	0.27	0.19	0.11	0.26	0.32	0.19	0.50	0.23	13	一般
宁夏	0.41	0.30	0.11	0.37	0.30	0.13	0.08	0.17	0.25	0.14	0.23	14	一般
安徽	0.27	0.31	0.09	0.28	0.16	0.20	0.40	0.13	0.18	0.25	0.23	15	一般
河南	0.19	0.18	0.17	0.25	0.09	0.24	0.28	0.17	0.41	0.09	0.21	16	一般
陕西	0.19	0.24	0.17	0.35	0.17	0.33	0.16	0.10	0.18	0.17	0.21	17	一般
辽宁	0.06	0.12	0.42	0.32	0.16	0.24	0.16	0.28	0.17	0.12	0.20	18	一般
海南	0.29	0.20	0.10	0.03	0.02	0.22	0.32	0.07	0.35	0.24	0.18	19	比较差

续表

地区	2010年	2011年	2012年	2013年	2014年	2015年	2016年	2017年	2018年	2019年	均值	排名	等级划分
四川	0.21	0.19	0.17	0.18	0.21	0.12	0.19	0.12	0.18	0.20	0.18	20	比较差
甘肃	0.33	0.36	0.04	0.17	0.14	0.17	0.14	0.08	0.16	0.20	0.18	21	比较差
湖南	0.10	0.08	0.19	0.20	0.18	0.15	0.22	0.21	0.26	0.15	0.17	22	比较差
广西	0.12	0.07	0.15	0.25	0.14	0.17	0.15	0.22	0.23	0.19	0.17	23	比较差
云南	0.16	0.14	0.09	0.15	0.13	0.12	0.10	0.29	0.14	0.19	0.15	24	比较差
黑龙江	0.20	0.16	0.14	0.09	0.14	0.17	0.17	0.24	0.02	0.16	0.15	25	比较差
内蒙古	0.22	0.12	0.03	0.22	0.25	0.16	0.16	0.07	0.14	0.07	0.15	26	比较差
青海	0.25	0.21	0.03	0.32	0.06	0.24	0.05	0.01	0.14	0.12	0.14	27	比较差
贵州	0.11	0.07	0.05	0.07	0.18	0.24	0.07	0.22	0.09	0.22	0.13	28	非常差
江西	0.03	0.02	0.20	0.21	0.04	0.12	0.16	0.18	0.21	0.11	0.13	29	非常差
新疆	0.06	0.03	0.06	0.15	0.08	0.14	0.01	0.12	0.08	0.01	0.07	30	非常差

较好，分别为江苏、浙江和重庆。其中江苏环境治理绩效综合指数均值为 0.33，浙江和重庆均为 0.31。江苏和浙江作为我国长三角两个重要的地区，近年来国家大力推进长江流域绿色发展，加之江苏和浙江经济发展位于我国前沿水平，拥有先进的环境治理技术，因此江苏和浙江的环境治理绩效优异。重庆作为我国西部重要城市，是我国四个直辖市之一，也属于长江流域重要城市，因此高度重视环境治理。排名第 8 至第 18 的十一个省区环境治理绩效综合等级为一般，分别为山东、河北、福建、湖北、吉林、山西、宁夏、安徽、河南、陕西和辽宁。其中山东和河北的环境治理绩效综合指数均值均为 0.27，福建为 0.26，湖北和吉林均为 0.25，山西、宁夏和安徽均为 0.23，河南和陕西均为 0.21，辽宁为 0.20。山东、福建和辽宁也为我国沿海省份，经济发展相对良好，但是环境治理绩效却为一般水平，后期应该在经济发展中增强绿色发展理念。宁夏经济发展落后，人口规模较小，环境治理绩效相对优于其他自治区，说明宁夏较好地贯彻了绿色发展理念。河北、湖北、吉林、山西、安徽、河南和陕西，均为我国内部省份，经济发展相对一般，粗放的工业在国民经济中的占比较高，环境污染较为严重，环境治理绩效也相对一般，应加大环境污染的治理。位于第 19 至第 27 的九个省区环境治理绩效综合等级为比较差，分别为海南、四川、甘肃、湖南、广西、云南、黑龙江、内蒙古和青海。其中海南、四川和甘肃环境治理绩效综合指数均值均为 0.18，湖南和广西均为 0.17，云南、黑龙江和内蒙古均为 0.15，青海为 0.14。四川作为我国西南中心省份，也为长江流域重要省份，环境治理绩效相对落后，应进一步加强。湖南作为长江流域省份，环境治理绩效也相对落后。甘肃、广西、云南、黑龙江、内蒙古、青海经济发展落后，环境治理绩效也较差，应在大力推进经济发展的同时加强环境的治理。排名最后的三个省区环境治理绩效综合等级为非常差，分别为贵州、江西和新疆。其中贵州和江西的环境治理绩效综合指数均值均为 0.13，新疆仅为 0.07。贵州和江西虽然经济社会发展相对落后，但是两省均具有较为优异的原始生态禀赋，应该加大环境治理的重视，维护其生态优势，并将生态优势转换经济优势。新疆排名最后，新疆由于其自然环境和气候较为恶劣，环境治理难度较高，环境治理绩效非常差，也需进一步加强。

5.4　本章小结

　　本章从环保支出、环境规制两个维度和源头治理、过程治理和终端治理三个层面构建环境治理绩效指标体系，构建包括水平指数、进步指数和差距指数的三维指数体系，在此基础上构建综合指数得出环境治理绩效评价结果。评价结果表明，北京、上海等我国经济社会发展中心城市和广东、江苏、浙江等我国经济社会发展前沿省份环境治理绩效水平指数、进步指数、差距指数和综合指数等级均较好；河北、河南、湖北、吉林等我国中部和东北地区环境治理绩效等级一般；内蒙古、广西、云南等环境治理绩效等级比较差，在快速推进经济发展的同时应该兼顾环境治理，贯彻生态文明的理念；贵州、江西、新疆三个省区的环境治理绩效综合水平等级为非常差，在推进经济发展的同时应更加需要加强环境的治理。

第6章 中国省级地区环境污染的跨区域特征分析

在获得中国省级地方政府环境治理绩效评价结果的基础上，为了进一步探究中国省级地区环境污染的跨区域特征，本章首先分析环境污染的空间相关性，然后分析环境污染的空间溢出效应。

6.1 环境污染的空间相关性分析

在分析环境污染的空间溢出效应之前需要检验其空间相关性是否显著，下面分别对环境污染全局相关性和局部相关性进行显著性检验。

6.1.1 全局空间相关性分析

地理学第一定律表明不同的经济活动在地理空间位置上存在相关性。如果高值和高值发生聚集，低值和低值发生聚集，空间上则呈现正相关；反之，如果高值和低值发生集聚，则为空间负相关。为研究我国30个省区市环境污染在空间上是否存在相关性，选用能够判定区域属性值是否存在集聚、离散和随机分布的"莫兰指数I"进行检验。

首先建立空间邻接权重矩阵 $W^{①}$，空间相邻关系采用 Rock 邻接原则，当地区 i 与地区 j 相邻时，$W_{ij}=1$；当地区 i 与地区 j 不相邻或者当 $i=j$ 时，$W_{ij}=0$。全局莫兰指数的计算公式如下：

$$I = \frac{\sum_{i=1}^{n} \sum_{j=1}^{n} W_{ij}(x_i - \overline{x})(x_j - \overline{x})}{S^2 \sum_{i=1}^{n} \sum_{j=1}^{n} W_{ij}} \tag{6.1}$$

$$S^2 = \frac{1}{n} \sum_{i=1}^{n} (x_i - \overline{x})^2 \tag{6.2}$$

其中，I 为莫兰指数，代表各地区间环境污染的总体空间相关程度。I 的取值范围在 [-1, 1]，当 I > 0 时，说明总体上呈现正空间相关性；当 I < 0 时，说明总体上呈现负空间相关性；当 I = 0 时，说明不存在空间相关性。W_{ij} 为空间邻接权重矩阵，x_i 和 x_j 分别表示地区 i 和地区 j 的环境污染强度，$\overline{x}$ 为所有地区环境污染强度的均值，x 的计算公式如下[161]：

$$x = \frac{E_S + E_L + E_G}{IA} \tag{6.3}$$

其中，E_S 为固态污染物排放量，用一般工业固态废弃物产生量表示；E_L 为液态污染物排放量，用废水包含的 COD、氨氮、总氮、总磷四种污染物排放总量表示；E_G 为气态污染物排放量，用二氧化硫、粉尘、氢氧化物三种污染物排放总量表示。IA 为工业增加值。运用 Stata 14.0 软件求解全局莫兰指数结果，如表 6-1 所示。

表 6-1　　　　　　　　　　环境污染的全局空间莫兰指数值

年份	I	E (I)	sd (I)	Z 值	p - value*
2010	0.160	-0.034	0.110	1.772	0.038
2011	0.075	-0.034	0.084	1.301	0.097

① 空间邻接权重矩阵中设定 1~30 的省区市分别为北京、天津、河北、山西、内蒙古、辽宁、吉林、黑龙江、上海、江苏、浙江、安徽、福建、江西、山东、河南、湖北、湖南、广东、广西、海南、重庆、四川、贵州、云南、陕西、甘肃、青海、宁夏、新疆。

续表

年份	I	E (I)	sd (I)	Z 值	p – value*
2012	0.108	-0.034	0.083	1.712	0.043
2013	0.111	-0.034	0.084	1.721	0.043
2014	0.111	-0.034	0.083	1.753	0.04
2015	0.102	-0.034	0.079	1.736	0.041
2016	0.108	-0.034	0.079	1.802	0.036
2017	0.109	-0.034	0.074	1.945	0.026
2018	0.130	-0.034	0.081	2.021	0.022
2019	0.120	-0.034	0.084	1.838	0.033

由表 6-1 可知，2010～2019 年环境污染的全局莫兰指数均通过了 10% 的显著性检验，而且所有年份的全局莫兰指数均为正数，说明我国整体环境污染存在显著的正空间相关性。即环境污染高的地区与另一个环境污染高的地区集聚在一起（即高—高集聚）或环境污染低的地区与另一个环境污染低的地区集聚在一起（即低—低集聚）的空间分布特征。

6.1.2　局部空间相关性分析

上述全局空间相关性分析反映的是我国环境污染的整体情况，由于环境污染全局空间相关性较强，进一步判断环境污染在局部地区的分布特征及其空间相关性，引入局部 Moran's I 指数进行检验，局部莫兰指数的计算公式如下：

$$I_i = \frac{Z_i}{S^2} \sum_{i \neq j}^{n} W_{ij} Z_j \tag{6.4}$$

$$S^2 = \frac{1}{n} \sum_{i=1}^{n} (x_i - \bar{x})^2 \tag{6.5}$$

其中，I_i 为局部莫兰指数，表示第 i 个地区与其相邻地区的空间相关程度。当 $I_i > 0$ 时，说明地区 i 的环境污染与相邻地区呈现正空间相关性；当 $I_i < 0$ 时，说明地区 i 的环境污染与相邻地区呈现负空间相关性；当 $I_i = 0$ 时，说明地区 i 的环境污染与相邻地区不存在空间相关性。$Z_i = y_i - \bar{y}$，$Z_j = y_j - \bar{y}$，W_{ij} 为空间邻接权重矩阵。运用 Stata 软件求得局部莫兰指数散点图，如图 6.1 所示，限于篇幅，仅给出 2010 年、2013 年、2016 年和 2019 年的局部莫兰指数散点图。

由图 6-1 可知，大多数地区的局部空间莫兰指数均分布在第一、第三两个象限，说明环境污染具有非常明显的正向空间相关性。即环境污染高的地区与相邻环境污染高的地区集聚在一起（即高—高集聚）或环

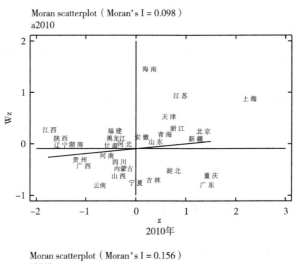

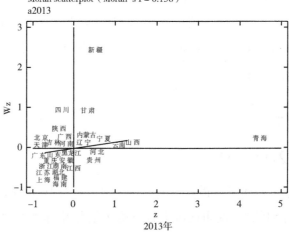

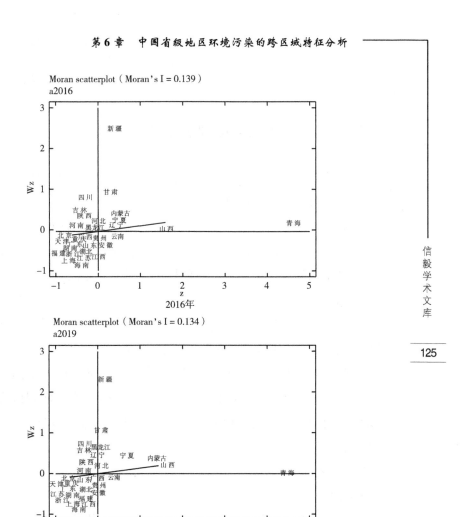

图 6 – 1　环境污染的局部空间莫兰指数散点图

境污染低的地区与相邻环境污染低的地区集聚在一起（即低—低集聚）的空间分布特征。

6.2　环境污染的空间溢出效应分析

从前面分析可知，环境污染具有显著的全局空间相关性和局部空间相关性，下面进一步构建空间杜宾模型分析环境污染的空间溢出效应。

6.2.1 空间杜宾模型的构建

目前，被广泛运用的空间计量模型主要有三种，分别为空间滞后模型、空间误差模型和空间杜宾模型[162]。

空间滞后模型（SLM）也可以称为空间自回归模型（SAR），主要考察各变量在某一区域的空间溢出效应。模型假设某地区的被解释变量部分受到了相邻地区被解释变量的影响，其表达形式为：

$$y = \rho W y + \beta x + \varepsilon \tag{6.6}$$

其中，y 为被解释变量，x 为解释变量，β 为回归系数，ρ 为空间自相关系数，W 为空间权重矩阵，ε 为随机误差项。

空间误差模型（SEM）与空间滞后模型（SLM）的不同之处在于 SEM 主要考察误差扰动项内是否存在空间依存关系。模型假定某地区的被解释变量部分地受到相邻地区解释变量的误差的影响程度，其表达形式为：

$$y = \beta x + \varepsilon \tag{6.7}$$

$$\varepsilon = \lambda W \varepsilon + \xi \tag{6.8}$$

其中，λ 表示空间误差自回归系数，ξ 为随机干扰项，其余变量含义与 SLM 一致。在 SLM 和 SEM 的基础上衍生出空间杜宾模型（SDM），其表达形式为：

$$y = \rho W y + \beta x + \theta W x + \varepsilon \tag{6.9}$$

其中，θ 是待估参数，其他变量的含义与 SLM 和 SEM 中一样。SDM 相对于 SLM 在于不仅可以测度某地区的被解释变量受到了相邻地区被解释变量的影响程度，还可以用来测度被解释变量受到相邻地区解释变量的影响程度。因此，选取空间杜宾模型进行实证分析，构建本书研究的空间杜宾模型表达式如下：

$$y_{it} = \rho \sum_{j=1}^{n} W_{ij} y_{jt} + \beta x_{it} + \theta \sum_{j=1}^{n} W_{ij} x_{jt} + \gamma k_{it} + \varphi \sum_{j=1}^{n} W_{ij} k_{jt} + \varepsilon_{it} \tag{6.10}$$

其中，y_{it}表示 t 时期第 i 个地区的被解释变量，x_{it}表示 t 时期第 i 个地区的解释变量，k_{it}和k_{jt}分别代表 t 时期第 i 个地区和第 j 个地区的控制变量，W_{ij}为空间邻接权重矩阵，ρ为被解释变量的空间自回归系数，β、θ、γ、φ分别为待估参数，ε_{it}为随机误差项。

6.2.2　模型变量设定

上述构建的空间杜宾模型所需变量包括被解释变量、解释变量和控制变量，分别如下。

（1）被解释变量：环境污染强度（epi），即式（6.3）采用工业固液气三类污染物排放总量与工业增加值的比值衡量。

（2）解释变量：选取环境规制强度（ier）、环境规制可持续性（ser）和环保支出（epe）三个变量作为解释变量，探究环境规制强度、环境规制可持续性和环保支出对环境污染的空间溢出效应。其中，环境规制强度和环境规制可持续性已在第 4 章测算获得，经常性环保支出和资本性环保支出已在第 3 章测算获得，环保支出即为经常性环保支出和资本性环保支出之和。

（3）控制变量：为了排除环保支出和环境规制对环境污染空间溢出效应的其他干扰因素，设定以下控制变量。

①技术进步（tech）：企业技术进步导致生产效率的提升，在一定程度上降低企业生产过程中的污染物排放量，技术进步主要来自企业生产技术的研发，因此选取历年企业专利数量衡量技术进步。

②经济发展水平（pgdp），根据环境库兹涅茨理论，经济发展水平和环境污染呈现倒"U"形曲线的关系，采用人均地区生产总值进行衡量。

③人口规模（pop），人口规模的扩大导致各类资源需求的增加，并且产生更多的污染物，所以人口规模对环境污染具有一定程度的促进作用，采用人口数衡量。

④城镇化（city），城镇化进程促进城市人口集聚，加快资源消耗和增加环境污染物排放，采用户籍城镇化率衡量，即城镇人口数量占总人口数量的比值。

⑤财政支出力度（fisc），政府财政支出中的一部分用于环境污染的治理，财政支出力度有利于降低环境污染程度，采用人均一般政府公共支出衡量。

模型变量汇总如表6-2所示。

表6-2 **模型变量汇总表**

变量类型	变量名称	变量符号	变量说明
被解释变量	环境污染强度	epi	工业固液气三类污染物排放总量与工业增加值的比值
解释变量	环境规制强度	ier	已在第4章测算获得
	环境规制可持续性	ser	已在第4章测算获得
	环保支出	epe	第3章测算的环境经常性支出与环境资本性支出之和
控制变量	技术进步	tech	企业专利数量
	经济发展水平	pgdp	人均地区生产总值
	人口规模	pop	人口数
	城镇化	city	城镇人口数占总人口数比值
	财政支出力度	fisc	人均一般政府公共支出

6.2.3　实证结果分析

基于前面建立的空间杜宾模型，收集模型中变量的数据，为了使数据具有平稳性，对部分变量数据进行取对数处理，借助 Stata 14.0 软件①获得运行结果，如表6-3所示。

————————

① 运行空间杜宾模型的程序代码见附录2。

表 6 – 3　　　　　　　　　　空间杜宾模型检验结果

变量	系数	Z 值	P 值
ier	− 0. 5371514	− 3. 21	0. 001
ser	− 0. 0001612	− 1. 01	0. 315
epe	− 0. 0016675	− 0. 97	0. 333
lntech	0. 1160326	1. 95	0. 051
lnpgdp	− 0. 9877169	− 5. 17	0. 000
pop	− 0. 0002296	− 1. 21	0. 225
lncity	0. 0364733	0. 08	0. 938
lnfisc	− 0. 2146874	− 0. 95	0. 342
W · ier	0. 2453129	0. 81	0. 416
W · ser	0. 0008713	3. 58	0. 000
W · epe	0. 0054628	1. 84	0. 066
W · lntech	0. 0780985	0. 79	0. 429
W · pgdp	0. 6305821	2. 17	0. 030
W · pop	− 0. 0005879	− 1. 89	0. 059
W · city	− 0. 4702502	− 0. 59	0. 558
W · lnfisc	− 0. 2933656	− 0. 94	0. 348
rho	0. 2380226	3. 50	0. 000
sigma2_e	0. 0343198	12. 18	0. 000

　　由表 6 – 3 可知，被解释变量的空间自相关系数 rho 值为正，且通过 1% 水平的显著性检验，再次证明了环境污染在地区之间都具有显著的空间相关性。由于各种自然和社会相关因素的影响，导致地区环境污染与相邻地区污染呈现正相关的关系，即本地污染强度每升高 1% ，相邻地区的污染强度就会相应地升高 0.238% ，这也表明对于污染的治理，必须实施跨区域协同治理，不能只考虑本地区自身利益。

　　基于以上空间杜宾模型估计结果，利用直接估计与间接估计进一步分析各变量的直接影响和空间溢出效应，结果如表 6 – 4 所示。

表6-4　　　　　　　　直接效应与间接效应估计结果

变量	直接效应		间接效应		总效应	
	估计值	P值	估计值	P值	估计值	P值
ier	-0.522216	0.003	0.1736082	0.639	-0.3486078	0.415
ser	-0.000114	0.450	0.0010753	0.000	0.0009607	0.002
epe	-0.001199	0.471	0.0060253	0.094	0.0048264	0.244
lntech	0.122859	0.030	0.1455671	0.251	0.2684265	0.040
lnpgdp	-0.968020	0.000	0.4741346	0.117	-0.4938856	0.104
pop	-0.000260	0.178	-0.0007715	0.054	-0.0010311	0.034
lncity	0.010441	0.982	-0.5570318	0.573	-0.5465906	0.632
lnfisc	-0.246852	0.268	-0.4625197	0.222	-0.7093715	0.063

由表6-4可知，从环境规制强度、环境规制可持续性和环保支出三个解释变量对环境污染的影响效应看，环境规制强度对环境污染的直接效应通过了1%水平的显著性检验，影响系数为-0.522，说明本地区环境规制对本地区环境污染强度具有抑制作用，即本地区环境规制强度增加1%，环境污染强度将下降0.522%。然而，环境规制强度对环境污染强度的间接效应未通过显著性检验，说明本地区环境规制强度的变化对相邻地区的环境污染产生显著的影响，环境规制强度对环境污染未产生空间溢出效应。环境规制强度对环境污染的总效应未通过显著性检验。环境规制可持续性对环境污染的直接效应未通过显著性检验，但是加入空间邻接权重矩阵后，环境规制可持续性对环境污染的间接效应通过了1%水平的显著性检验，且间接影响系数为正值，说明环境规制对环境污染具有正向的空间溢出效应。环境规制可持续性对环境污染的总效应通过了1%水平的显著性检验，且影响系数也为正值，说明环境规制可持续性对环境污染的影响主要来源于间接效应。环保支出对环境污染的直接效应也未通过显著性检验，但是加入空间邻接权重矩阵后，环保支出对环境污染的间接效应通过了10%水平的显著性检验，且间接影响系数为正值，说明环保支出对环境污染具有正向的空间溢出效应，环保支出对环境污染的总效应未通过显著性检验。

　　从控制变量对环境污染的影响效应看，技术进步对环境污染的直接效应通过了 5% 水平的显著性检验，且直接影响系数为 0.123，说明我国技术水平并没有带来环境质量水平的提高，反而因过于追求经济水平的提升，忽略了环境保护，导致环境污染更加严重。技术进步对环境污染的间接效应未通过显著性检验，说明技术进步对环境污染未产生空间溢出效应，技术进步对环境污染的总效应通过了 5% 水平的显著性检验，影响系数为 0.268。经济发展水平对环境污染的直接效应通过了 1% 水平的显著性检验，直接影响系数为 −0.968，说明我国经济发展水平已经超过了环境库兹涅茨曲线的拐点，经济发展水平的提高有助于降低环境污染强度。经济发展水平对环境污染的间接效应未通过显著性检验，说明经济发展水平对环境污染未产生空间溢出效应。人口规模对环境污染的间接效应通过了 10% 水平的显著性检验，且间接影响系数为负值，说明本地区的人口规模增加有助于抑制相邻地区的环境污染，其总效应也通过了 5% 的显著性检验。城镇化对环境污染的直接效应、间接效应和总效应均未通过显著性检验，说明城镇化对环境污染并未产生显著的影响。财政支出力度对环境污染的总效应通过了 10% 水平的显著性检验，影响系数为 −0.709，说明财政支出力度的增加有助于抑制环境污染，然而财政支出力度对环境污染的直接效应和间接效应均未通过显著性检验，说明财政支出力度对环境污染也未具有空间溢出效应。

6.3　本章小结

　　本章首先运用莫兰指数分析环境污染的空间相关性，然后构建空间杜宾模型分析环境污染的空间溢出效应。通过莫兰指数分析可知，我国的全局和局部环境污染均存在显著的正相关性，呈现环境污染高的地区集聚在一起（即高—高集聚）或环境污染低的地区集聚在一起（即低—低集聚）的空间分布特征。通过空间杜宾模型分析可知，环境规制可持续性和环保支出对环境污染具有显著的空间溢出效应，即本地区的环境规制可持续性和环保支出对相邻地区的环境污染产生影响，而环境规制强度对环境污染未产生显著的空间溢出效应。因此，各地区的环境规制政策应该着重考虑其可持续性，而不应该仅考虑环境规制政策的强度。另外，各地区应该合理加大环保支出的投入，不仅可以缓解本地区的环境污染，而且对相邻地区的环境污染也具有抑制作用，因此各省级地方政府应该加强跨区域环境协同治理。

第7章 中国省级地方政府环境治理绩效的门槛效应分析

由前面评价结果可知，我国省级地方政府环境治理绩效存在显著的差异，为了进一步探讨地方政府环境治理绩效是否受到环保支出和环境规制门槛值的影响，本章进一步探究环保支出和环境规制对省级地方政府环境治理绩效的门槛效应。

7.1 面板门槛模型简介

门槛回归（Threshold Regression）也称为门限回归，用于探究当一个经济参数达到某个特定的数值后，是否会引起另外一个经济参数发生突然转向其他发展形式的情况，或者是引起另外一个经济参数对其他经济参数影响的改变，经济参数间存在这种现象的称为门槛效应，作为原因现象的临界值称为门槛值。门槛值的选择是由系统回归后内生得出，因此比起主观选择的结果而言更具有客观性。当门槛回归的对象是一个包含多个年度和个体的面板时，对应的门槛模型就变为面板门槛模型。

Hansen（1999）[163]发表的论文中首次提出了个体固定效应变截距的面板门槛模型的计量分析方法，该方法通过构造似然比检验统计量对门槛效应进行检验，若检验存在门槛效应，可以进一步对门槛值进行检验，该方法通过最小化模型的残差平方和确定门槛值，克服了主观设定结构突变点的偏误。根据门槛值存在的数量不同，门槛模型的表现形式会存在差异，当模型中只存在一个门槛值时称为单一门槛模型，基于 Hansen 的研究，可以得到单一面板门槛模型的基本表现形式如下：

$$y_{it} = \mu_i + \delta z_{it} + \beta_1 x_{it} I(q_{it} \leq \gamma) + \beta_2 x_{it} I(q_{it} > \gamma) + \varepsilon_{it} \qquad (7.1)$$

其中，i 代表个体样本，t 代表时间，y_{it} 为被解释变量，z_{it} 为不受门槛变量影响的解释变量，即控制变量，x_{it} 为核心解释变量，μ_i 为个体效应，ε_{it} 为随机扰动项，q_{it} 是门槛变量，γ 是门槛值，$I(\cdot)$ 为示性函数，当括号内的表达式成立时，$I(\cdot) = 1$ 否则 $I(\cdot) = 0$；β_1 和 β_2 分别为不同门槛区间下解释变量的系数，δ 是控制变量 z_{it} 的系数向量。实际上，该模型可以写成一个分段函数模型的形式。当 $q_{it} \leq \gamma$ 时，x_{it} 的系数是 β_1；当 $q_{it} > \gamma$ 时，x_{it} 的系数是 β_2。具体形式表示如下：

$$\begin{cases} y_{it} = \mu_i + \delta z_{it} + \beta_1 x_{it} + \varepsilon_{it}, & q_{it} \leq \gamma \\ y_{it} = \mu_i + \delta z_{it} + \beta_2 x_{it} + \varepsilon_{it}, & q_{it} > \gamma \end{cases} \qquad (7.2)$$

面板门槛模型估计的思想是通过式（7.1）两边对模型求组内平均，接着将式（7.1）减去求平均后的模型，消除个体固定效应，然后根据门槛值已知与否，分两种情况进行估计。若门槛值 γ 已知，则通过 OLS（普通最小二乘法）估计得到 β_1 与 β_2 的一致估计量；若门槛值 γ 未知，由于 γ 不能超过 q_{it} 的取值范围，因此可从 q_{it} 中选择使模型残差平方和最小的 γ，进而得到 β_1 与 β_2 的估计量，对应最小的模型残差平方和记为 $SSR(\gamma)$。在确定面板门槛模型参数的估计值之后，需要对变量的门槛效应进行检验，即通过以门槛值为划分，对划分后的样本估计参数的显著性进行检验，确定模型估计参数是否显著不同。由式（7.1）可知，β_1 为低于门槛值的模型估计参数，β_2 为高于门槛值的模型估计参数，则对于面板门槛模型是否存在"门槛效应"的基本假设可表述为：

$$H_0: \beta_1 = \beta_2; \quad H_1: \beta_1 \neq \beta_2 \qquad (7.3)$$

如果拒绝原假设，则说明存在门槛效应；反之，则接受原假设，说明不存在门槛效应。Hansen 通过构造式（7.4）的似然比检验统计量

（LR）对原假设进行检验：

$$LR = \frac{\left[SSR^* - SSR(\hat{\gamma}) \right]}{\hat{\sigma}^2} \tag{7.4}$$

其中，$\hat{\sigma}^2 = \left[SSR(\hat{\gamma}) \right]/(N(T-1))$ 为对扰动项方差的一致估计，N 为面板个体，T 为时间，SSR^* 记为在 "$H_0: \gamma = \hat{\gamma}$" 约束下得到的残差平方和，$SSR(\hat{\gamma})$ 为最优门槛值 $\hat{\gamma}$ 对应的残差平方和。由于在原假设 "$H_0: \beta_1 = \beta_2$" 成立的情况下，面板门槛模型不存在门槛效应，γ 的取值对模型没有影响，故参数 γ 不可识别[164]。因此，LR 统计量的渐进分布并不服从标准的 χ^2 分布，而是依赖于样本矩，无法直接获得其临界值，但可以通过 Bootstrap 法获得渐进分布，从而确定其临界值。如果对门槛效应的检验显示存在门槛效应，则需要进一步对门槛值进行检验。门槛值的原假设为 "$H_0: \gamma = \hat{\gamma}$"，对应似然比检验统计量定义如下：

$$LR(\gamma) = \frac{\left[SSR(\gamma) - SSR(\hat{\gamma}) \right]}{\hat{\sigma}^2} \tag{7.5}$$

由此，若不拒绝原假设，则可以通过 $LR(\gamma)$ 统计量计算得到门槛值的置信区间。类似地，多门槛的面板回归模型只是在模型形式上与单一面板门槛模型有所差别。以双门槛面板模型为例，其基本形式可表现如下：

$$y_{it} = \mu_i + \delta z_{it} + \beta_1 x_{it} I(q_{it} \leq \gamma_1) + \beta_2 x_{it} I(\gamma_1 < q_{it} \leq \gamma_2) +$$
$$\beta_3 x_{it} I(q_{it} > \gamma_2) + \varepsilon_{it} \tag{7.6}$$

其中，γ_1 与 γ_2 为双重面板门槛模型对应的两个门槛值。同理也存在三个及以上门槛值的面板门槛模型，在实际进行面板门槛回归时，需要检验模型是否存在多个门槛，门槛数量的确定应以不能拒绝门槛效应的原假设为止。同时，根据"定点法"的方式得到门槛值，即先确定第一个门槛值，并将其固定，再确定第二个门槛值，依次得到所有的门槛值。

7.2 模型变量设定与平稳性检验

在构建本书环保支出和环境规制与政府环境治理绩效的面板门槛模型之前，需要先对模型变量进行设定，对变量进行平稳性检验，以确保模型构建在实证研究中的合理性与准确性。

7.2.1 模型变量设定

面板门槛效应模型需要设定被解释变量、核心解释变量、门槛变量和控制变量，模型变量设定如下：

（1）被解释变量：政府环境治理绩效水平（egp），采用前面测算出的政府环境治理绩效综合指数。

（2）核心解释变量与门槛变量。

选取第 3 章测算的环保支出的量化指标，即经常性环保支出（ere）、资本性环保支出（ece），为了使环保支出指标相对化，经常性环保支出用经常性环保支出占政府一般公共支出的比值表示，同理资本性环保支出用资本性环保支出政府一般公共支出的比值表示；另外，选取第 4 章测算的环境规制的量化指标，即环境规制强度（ier）和环境规制可持续性（ser）。

在面板门槛模型的构建和分析中，建立不同变量对政府环境治理绩效的面板门槛模型时，从上述四个变量中选取门槛变量、核心解释变量以及控制变量。

（3）控制变量。

政府环境治理绩效的影响因素多种多样，为了使研究结果更加准确、严谨，排除其他因素干扰环保支出或环境规制对政府环境治理绩效的影响，选取环保政策议案数和排污税征收额作为控制变量。

①环保政策议案数（d_1），可以反映地区政府对于环境保护的重视程度，以地区发布和提案的环境保护政策的数量进行度量，对政府环境治理绩效具有影响，因此需要排除环保政策议案数的干扰。

②排污税征收额（d_2），即政府对企业污染排放征收的费用，其可以在一定程度上反映地区污染管理力度，对政府环境治理绩效具有影响，因此需要排除排污税征收额的干扰。

从 EPS 数据平台的中国环境数据库收集我国 2010～2019 年 30 个省区市环保政策议案数与排污税征收额的数据，由于指标部分数据缺失，采用平均插值法填补遗漏数据。又因为不同地区在这两个变量的取值上有很大的不同，为了缩小地区间的差距以及由于这些差异对于模型建立的影响，同时也为了消除变量可能存在的异方差问题，因此对环保政策议案数与排污税征收额变量取对数处理。

7.2.2　面板单位根检验

由于本书使用的变量数据为面板数据，为了确保实证结果的准确性以及避免模型出现"伪回归"的现象，在模型运行之前先对变量数据进行面板单位根检验，以保证变量数据具有平稳性。面板单位根检验的方法众多，常用的有 LLC 检验、IPS 检验、HT 检验和 Breitung 检验等，其检验原理和结果大同小异，此处仅选取最常用的 LLC 检验法进行面板单位根检验，运用 Stata 14.0 软件①得到的检验结果如表 7－1 所示。

表 7－1　　　　　　　　　面板单位根检验结果

变量	egp	ere	ece	ier	ser	lnd_1	lnd_2
检验 T 值	13.21 ***	7.35 ***	7.93 ***	2.74 ***	3.26 ***	14.49 ***	5.82 ***
P 值	0.00	0.00	0.00	0.00	0.00	0.00	0.00

注：表中 ***、** 和 * 分别表示在 1%、5% 和 10% 显著水平下通过检验。

———————————

①　平稳性检验和面板门槛模型的运行程序代码见附录 3。

信毅学术文库

表 7 - 1 显示了 LLC 检验的结果，表中显示的均是对仅包含个体固定效应项检验得到的结果，对于其他的项目类型，由于结果相近，限于篇幅此处不再显示。显著性方面统一给出了变量的 p 值和与之相对应的检验统计量的值。根据表 7 - 1 的结果可知，所有变量均通过了 LLC 检验，在 1% 的显著性水平下拒绝了原假设，因此可以认为所有面板变量数据具有较好的平稳性，可以用于面板门槛模型的实证研究。

7.3　环保支出对政府环境治理绩效的门槛效应分析

为了探究省级地方政府的环保支出对环境治理绩效的门槛效应，分别以环境规制的两个指标，即环境规制强度和环境规制可持续性分别作为门槛变量，分析环保支出对政府环境治理绩效的门槛效应。

7.3.1　环境规制强度为门槛变量

首先构建以环境规制强度为门槛变量时，环保支出对政府环境治理绩效的门槛效应模型，然后对门槛效应进行检验，最后对门槛效应结果进行分析。

（1）模型构建。

通过前面对于面板门槛模型的阐述，借鉴 Hansen 的思路以政府环境治理绩效作为被解释变量，以环境规制强度作为门槛变量，构建单一面板门槛模型的表达式如下：

$$egp_{it} = \mu_i + \delta z_{it} + \beta_1 ere_{it} I(ier_{it} \leq \gamma) + \beta_2 ere_{it} I(ier_{it} > \gamma) + \varepsilon_{it} \qquad (7.7)$$

$$egp_{it} = \mu_i + \delta z_{it} + \beta_1 ece_{it} I(ier_{it} \leq \gamma) + \beta_2 ece_{it} I(ier_{it} > \gamma) + \varepsilon_{it} \qquad (7.8)$$

其中，egp_{it} 为被解释变量，即政府环境治理绩效，z_{it} 为控制变量，环境规制强度 ier_{it} 为门槛变量，经常性环保支出 ere_{it} 和资本性环保支出

ece_{it} 分别为核心解释变量，其他变量均视为控制变量。式（7.7）和式（7.8）用以探究当环境规制强度达到某个特定的水平时，经常性环保支出与资本性环保支出对政府环境治理绩效的影响是否改变，即是否存在门槛效应。同理，可以得到式（7.7）和式（7.8）两个及以上面板门槛模型的表达式，但是限于篇幅不再一一列出；同时，由于在经济社会中一个变量对另一个变量的门槛效应存在三个及以上门槛值的概率较小，而且目前 Stata 14.0 软件对门槛模型的运行上限为三个门槛值，因此在实证分析中对模型的三重及以下门槛效应进行检验。

（2）门槛效应检验。

基于以环境规制强度作为门槛变量建立的面板门槛模型，探究环保支出对政府环境治理的门槛效应时，首先需要进行门槛效应检验，以确定最终的面板门槛模型及其门槛数量。根据式（7.7）与式（7.8）的模型结构，采用 Bootstrap 法反复抽取样本 300 次，最终得到的门槛效应检验结果如表 7-2 所示。

表 7-2　　　　　　　　　　门槛效应检验结果

模型	核心解释变量	门槛变量	门槛数量	F 值	BS 次数	P 值	临界值		
							10%	5%	1%
(7.7)	ere	ier	单一门槛	19.17*	300	0.07	16.85	21.09	31.43
			双重门槛	8.62	300	0.38	16.50	20.42	30.23
			三重门槛	8.03	300	0.66	20.41	25.64	29.64
(7.8)	ece	ier	单一门槛	13.79*	300	0.06	12.31	14.01	19.62
			双重门槛	10.38	300	0.26	16.44	19.12	26.96
			三重门槛	11.20	300	0.17	14.49	17.80	27.00

注：表中 ***、** 和 * 分别表示在 1%、5% 和 10% 显著水平下通过检验。

由表 7-2 可知，在以环境规制强度作为门槛变量，分别以经常性环保支出和资本性环保支出为核心解释变量的门槛模型中，单一门槛的 F 值仅在 10% 的显著性水平下显著，双重门槛和三重门槛的 F 值在 10% 的显著性水平下均不显著，意味着模型仅存在单一门槛效应，应当建立相应的单一面板门槛模型，进而分析单一门槛的水平。因此，结合表7-2门槛效应检验的结果，基于 Stata 14.0 软件可以进一步得到相应的门槛估计值及其显著性检验的结果，对应各个模型的门槛水平如表7-3所示。

表7-3 门槛值估计结果

模型	核心解释变量	门槛变量	门槛数量	门槛估计值	95%置信区间	
					下限	上限
(7.7)	ere	ier	单一	0.6454	0.6274	0.6531
(7.8)	ece	ier	单一	0.7643	0.688	0.7656

在表7-3中，以环境规制强度作为门槛变量，分别以经常性环保支出和资本性环保支出为核心解释变量建立单一面板门槛模型。通过表7-3可知，模型（7.7）对应环境规制强度的门槛估计为0.6454，模型（7.8）对应环境规制强度的门槛估计为0.7643。进一步结合似然比图，探究表7-3中门槛估计值的显著性，模型（7.7）和模型（7.8）的似然比图如图7-1和图7-2所示。

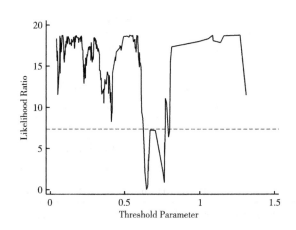

图7-1 模型（7.7）门槛估计值的似然比图

图7-1和图7-2对应表7-3中面板门槛模型中门槛估计值的似然比图，似然比图中的横轴表示门槛水平可能的取值，纵轴表示对应的似然比统计量 LR(γ) 的值，虚线代表95%的显著性临界水平，低于该

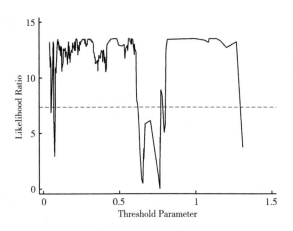

图 7 - 2　模型 (7.8) 门槛估计值的似然比图

水平的峰值说明附近存在一个门槛值使似然比为零，意味着在虚线以下的曲线对应门槛变量的取值是合适的。通过图 7 - 1 和图 7 - 2 可知，模型 (7.7) 和模型 (7.8) 对应环境规制强度的门槛估计值分别为 0.6454 和 0.7643，均在 95% 的显著性临界水平以下，说明模型 (7.7) 和模型 (7.8) 的门槛值显著。

（3）门槛结果分析。

通过上述门槛效应的检验与门槛值检验的结果，明确了当环境规制强度作为门槛变量时，经常性环保支出与资本性环保支出对政府环境治理绩效具有显著的门槛效应，通过 Stata 14.0 软件得到模型 (7.7) 和模型 (7.8) 的面板门槛回归结果如表 7 - 4 所示。

表 7 - 4　　　　　　　　　　面板门槛模型回归结果

模型	门槛变量	估计系数	标准差	t 值	p > |t|	95% 的置信区间	
						下限	上限
(7.7)	ier ≤ 0.6454	0.188	0.21	0.89	0.38	− 0.25	0.62
	ier > 0.6454	0.897 **	0.32	2.82	0.01	0.25	1.55
(7.8)	ier ≤ 0.7643	0.212 ***	0.07	3.13	0.00	0.07	0.35
	ier > 0.7643	0.652 ***	0.13	5.12	0.00	0.39	0.91

注：表中 ***、** 分别表示在 1%、5% 显著水平下通过检验。

根据表 7 – 4 可知，在模型（7.7）中，当省级地方政府的环境规制强度高于 0.6454 时，经常性环保支出的估计系数为正，且 p 值在 1% 水平下通过显著性检验，表明此时经常性环保支出对政府环境治理绩效有显著的促进效应；当环境规制强度低于 0.6454 时，经常性环保支出的估计系数为 0.188，且 p 值在 10% 水平下未通过显著性检验，表明此时经常性环保支出对政府环境治理绩效的作用不显著。在模型（7.8）中，当省级地方政府的环境规制强度低于 0.7643 时，资本性环保支出的估计系数为正，对应 p 值在 1% 水平下通过显著性检验，表明此时资本性环保支出对政府环境治理绩效有显著的促进效应；当环境规制强度高于 0.7643 时，资本性环保支出对政府环境治理绩效的促进效应显著提升。综合来看，当省级地方政府对于环境规制的强度达到较高的水平时，地方政府在环境治理方面的支出就更有利于环境的治理，所以政府在加大环保支出的前提下需要提高环境规制强度作为保障。

7.3.2　环境规制可持续性为门槛变量

首先构建以环境规制可持续性为门槛变量时环保支出对政府环境治理绩效的门槛效应模型，然后对门槛效应进行检验，最后对门槛效应结果进行分析。

（1）模型构建。

类似地，以环境规制可持续性为门槛变量，构建单一面板门槛模型的表达式如下：

$$egp_{it} = \mu_i + \delta z_{it} + \beta_1 ere_{it} I(ser_{it} \leq \gamma) + \beta_2 ere_{it} I(ser_{it} > \gamma) + \varepsilon_{it} \qquad (7.9)$$

$$egp_{it} = \mu_i + \delta z_{it} + \beta_1 ece_{it} I(ser_{it} \leq \gamma) + \beta_2 ece_{it} I(ser_{it} > \gamma) + \varepsilon_{it} \qquad (7.10)$$

式（7.9）和式（7.10）类似于式（7.7）和式（7.8），此时门槛变量变为环境规制可持续性 ser_{it}。式（7.9）和式（7.10）用以探究当环境规制可持续性达到某个特定的水平时，经常性环保支出与资本性环保支出对政府环境治理绩效的影响是否改变，即是否存在门槛效应。同样，这里仅列出单一面板门槛模型的表达式，以下将会对模型的三重及以下门槛效应进行检验。

（2）门槛效应检验。

与上述门槛效应检验的步骤类似，以环境规制可持续性为门槛变量，探究环保支出对政府环境治理的门槛效应时，根据模型（7.9）和模型（7.10），采用 Bootstrap 法反复抽取样本 300 次，最终得到的门槛效应检验结果如表 7-5 所示。

表 7-5　　　　　　　　　　门槛效应检验结果

模型	核心解释变量	门槛变量	门槛数量	F 值	BS 次数	P 值	临界值		
							10%	5%	1%
（7.9）	ere	ser	单一门槛	16.68**	300	0.01	10.25	12.28	17.50
			双重门槛	7.01	300	0.25	8.81	10.60	14.98
			三重门槛	14.30*	300	0.06	10.99	15.21	25.21
（7.10）	ece	ser	单一门槛	18.36***	300	0.00	8.97	10.79	14.50
			双重门槛	7.73	300	0.19	8.58	10.37	12.55
			三重门槛	12.61	300	0.12	13.64	19.36	26.98

注：表中 ***、** 和 * 分别表示在 1%、5% 和 10% 显著水平下通过检验。

由表 7-5 可知，以环境规制可持续性为门槛变量、经常性环保支出为核心解释变量时，显示三重门槛的 F 值在 10% 水平下通过显著性检验，双重门槛的 F 值在 10% 水平下未通过显著性检验，单一门槛的 F 值在 5% 水平下通过显著性检验，因此可以选择三重面板门槛模型；对于资本性环保支出作为核心解释变量，显示仅单一门槛的 F 值在 1% 的水平下通过显著性检验，应当建立单一面板门槛模型。因此，结合门槛效应检验的结果，进一步基于 Stata 14.0 软件得到相应的门槛估计值结果如表 7-6 所示。

表 7 - 6　　　　　　　　　　门槛值估计结果

模型	核心解释变量	门槛变量	门槛数量	门槛估计值	95% 置信区间	
					下限	上限
(7.9)	ere	ser	三重	263.4807	194.7718	265.6697
				908.4277	897.8248	910.392
				1052.342	1007.516	1069.767
(7.10)	ece	ser	单一	263.4807	195.316	265.6697

由表 7 - 6 可知，模型（7.9）是以环境规制可持续性为门槛变量、经常性环保支出为核心解释变量建立的三重面板门槛模型，对应环境规制可持续性的三个门槛估计值依次为 263.4807、908.4277、1052.342；模型（7.10）是以环境规制可持续性为门槛变量、资本性环保支出比为核心解释变量建立的单一面板门槛模型，对应环境规制可持续性的单一门槛估计值为 263.4807，在数值上与模型（7.9）的第一个门槛估计值相同。进一步结合似然比图，探究表 7 - 6 中门槛估计值的显著性，模型（7.9）和模型（7.10）的似然比图如图 7 - 3 和图 7 - 4 所示。

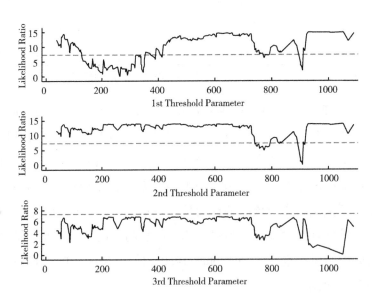

图 7 - 3　模型（7.9）门槛估计值的似然比图

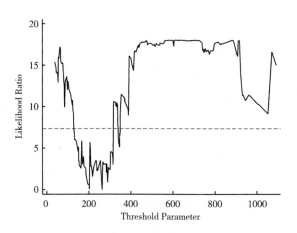

图7-4 模型（7.10）门槛估计值的似然比图

根据图7-3和图7-4可知，以环境规制可持续性为门槛变量，模型（7.9）和模型（7.10）的门槛估计值均处于95%的显著性水平线下方，说明面板门槛模型估计得到的门槛值显著。

（3）门槛结果分析。

通过上述门槛效应的检验与门槛值检验的结果，明确了当环境规制可持续性为门槛变量时，经常性环保支出与资本性环保支出对政府环境治理绩效具有显著的门槛效应，通过Stata 14.0软件得到模型（7.9）和模型（7.10）的面板门槛回归结果如表7-7所示。

表7-7　　　　　　　　　　面板门槛模型回归结果

模型	门槛变量	估计系数	标准差	t值	p > |t|	95%的置信区间	
						下限	上限
(7.9)	ser ≤ 263.4807	0.116	0.13	0.90	0.37	− 0.15	0.38
	263.4807 < ser ≤ 908.4277	0.356 **	0.15	2.44	0.02	0.06	0.65
	908.4277 < ser ≤ 1052.3424	0.883 ***	0.20	4.42	0.00	0.47	1.29
(7.10)	ser ≤ 263.4807	0.123 **	0.05	2.55	0.02	0.02	0.22
	ser > 263.4807	0.237 ***	0.05	5.07	0.00	0.14	0.33

注：表中 ***、** 和 * 分别表示在1%、5%和10%显著性水平下通过检验。

根据表 7－7 可知，在模型（7.9）中，当省级地方政府的环境规制可持续性低于 263.4807 时，经常性环保支出的估计系数为正，表明此时经常性环保支出对政府环境治理绩效有促进作用，但是并不显著。同样，当环境规制可持续性高于 1052.3424 时，经常性环保支出对政府环境治理绩效的促进作用也并不显著。只有当环境规制可持续性介于 1052.3424 与 263.4807 之间时，经常性环保支出才会对政府环境治理绩效有显著的促进效应，并且再以 908.4277 为分界点、环境经常性支出高于这个水平时对政府环境治理绩效的促进效应将会进一步提高。在模型（7.10）中，当省级地方政府的环境规制可持续性低于 263.4807 时，资本性环保支出的估计系数为正，且对应 p 值在 5% 水平下通过显著性检验，表明此时资本性环保支出对政府环境治理绩效有显著的促进效应。同时，当环境规制可持续性高于 263.4807 时，资本性环保支出对政府环境治理绩效的促进效应显著提升。综合来看，当省级地方政府更加重视环境规制的可持续性时，在环境治理上的支出才能达到更高水平的环境治理绩效，所以政府在加大环保支出的前提下需要提高环境规制的可持续性。

7.4　环境规制对环境治理绩效的门槛效应分析

为了探究省级地方政府的环境规制对环境治理绩效的门槛效应，分别以环保支出的两个指标，即环境经常性支出和环境资本性支出作为门槛变量，分析环境规制对政府环境治理绩效的门槛效应。

7.4.1　经常性环保支出为门槛变量

首先构建以经常性环保支出为门槛变量时，环境规制对政府环境治理绩效的门槛效应模型，然后对门槛效应进行检验，最后对门槛效应结果进行分析。

（1）模型构建。

基于前面对于面板门槛模型的阐述，以经常性环保支出为门槛变量，构建单一面板门槛模型的表达式如下：

$$egp_{it} = \mu_i + \delta z_{it} + \beta_1 ier_{it} I(ere_{it} \leqslant \gamma) + \beta_2 ier_{it} I(ere_{it} > \gamma) + \varepsilon_{it} \qquad (7.11)$$

$$egp_{it} = \mu_i + \delta z_{it} + \beta_1 ser_{it} I(ere_{it} \leqslant \gamma) + \beta_2 ser_{it} I(ere_{it} > \gamma) + \varepsilon_{it} \qquad (7.12)$$

其中，egp_{it} 为被解释变量，即政府环境治理绩效，z_{it} 为控制变量，经常性环保支出 ere_{it} 为门槛变量，环境规制强度 ier_{it} 和环境规制可持续性 ser_{it} 分别为核心解释变量，其他变量均视为控制变量。式（7.11）和式（7.12）探究当经常性环保支出达到某个特定的水平时，环境规制强度与环境规制可持续性对政府环境治理绩效的影响是否改变，即是否存在门槛效应。限于篇幅这里不再列出两个及以上的面板门槛模型，以下将会对模型的三重及以下门槛效应进行检验。

（2）门槛效应检验。

以经常性环保支出为门槛变量，探究环境规制对政府环境治理绩效的门槛效应时，首先需要进行门槛效应检验，以确定最终的面板门槛模型及其门槛数量。根据模型（7.11）和模型（7.12），采用 Bootstrap 法反复抽取样本 300 次，最终得到的门槛效应检验结果如表 7-8 所示。

表 7-8　　　　　　　　门槛效应检验结果

模型	核心解释变量	门槛变量	门槛数量	F 值	BS 次数	P 值	临界值		
							10%	5%	1%
(7.11)	ier	ere	单一门槛	29.84***	300	0.00	10.88	12.20	16.69
			双重门槛	5.31	300	0.51	10.32	12.20	19.49
			三重门槛	5.19	300	0.78	16.69	20.79	30.53
(7.12)	ser	ere	单一门槛	25.58***	300	0.00	10.90	12.47	16.47
			双重门槛	7.02	300	0.26	10.55	13.36	21.60
			三重门槛	8.71	300	0.65	24.41	28.16	54.50

注：表中 ***、** 和 * 分别表示在 1%、5% 和 10% 显著水平下通过检验。

由表 7-8 可知，在以经常性环保支出作门槛变量，分别以环境规制强度与环境规制可持续性为核心解释变量的门槛模型中，单一门槛的 F 值在 1% 水平下通过显著性检验，双重门槛和三重门槛的 F 值在 10% 水平下未通过显著性检验，意味着模型仅存在单一门槛效应，应当建立相应的单一面板门槛模型，进而分析单一门槛效应。因此，结合表 7 - 8 门槛效应检验的结果，基于 Stata 14.0 软件可以进一步得到相应的门槛估计值及其显著性检验的结果，如表 7 - 9 所示。

表 7 - 9　　　　　　　　　门槛值估计结果

模型	核心解释变量	门槛变量	门槛数量	门槛估计值	95% 置信区间	
					下限	上限
(7.11)	ier	ere	单一	0.4407	0.4236	0.4442
(7.12)	ser	ere	单一	0.4261	0.4173	0.4309

在表 7 - 9 中，模型（7.11）和模型（7.12）是以经常性环保支出作为门槛变量，分别以环境规制强度与环境规制可持续性为核心解释变量建立的单一面板门槛模型。通过表 7 - 9 可知，模型（7.11）对应经常性环保支出比的门槛估计为 0.4407，模型（7.12）对应经常性环保支出比的门槛估计为 0.4261，两个模型的门槛估计值相近。进一步结合似然比图，探究表 7 - 9 中门槛估计值的显著性，模型（7.11）和模型（7.12）的似然比图如图 7 - 5 和图 7 - 6 所示。

根据图 7 - 5 和图 7 - 6 可知，以经常性环保支出为门槛变量，模型（7.11）和模型（7.12）得到的门槛估计值均处于 95% 的显著性水平线下方，说明面板门槛模型估计得到的门槛值显著。

（3）门槛结果分析。

通过上述门槛效应的检验与门槛值检验的结果，明确了当环境经常性支出作为门槛变量时，环境规制强度与环境规制可持续性对政府环境治理绩效具有显著的门槛效应，通过 Stata 14.0 软件得到模型（7.11）和模型（7.12）的面板门槛回归结果如表 7 - 10 所示。

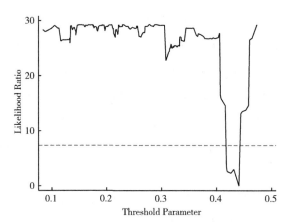

图7-5 模型（7.11）门槛估计值的似然比图

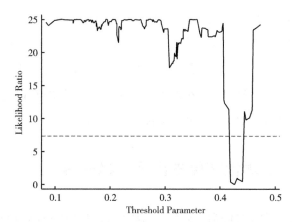

图7-6 模型（7.12）门槛估计值的似然比图

表7-10 面板门槛模型回归结果

模型	门槛变量	估计系数	标准差	t 值	p > |t|	95%的置信区间	
						下限	上限
(7.11)	ere ≤ 0.4407	-0.102562	0.09	-1.14	0.26	-0.29	0.08
	ere > 0.4407	0.1781873 **	0.08	2.13	0.04	0.01	0.35
(7.12)	ere ≤ 0.4261	0.0000732 ***	0.00	3.11	0.00	0.00	0.00
	ere > 0.4261	0.0005002 ***	0.00	4.77	0.00	0.00	0.00

注：表中 *** 、** 和 * 分别表示在1% 、5%和10%显著水平下通过检验。

根据表7-10可知，在模型（7.11）中，当省级地方政府的经常性环保支出占政府一般公共支出的比值高于0.4407时，环境规制强度的估计系数为正，且p值在5%水平下通过显著性检验，表明此时环境规制强度对政府环境治理绩效有显著的促进效应。当经常性环保支出占政府一般公共支出的比值低于0.4407时，环境规制强度的估计系数为负，且p值在10%水平下未通过显著性检验，表明此时环境规制强度对政府环境治理绩效的作用不显著。在模型（7.12）中，当省级地方政府的经常性环保支出占政府一般公共支出的比值低于0.4261时，环境规制可持续性的估计系数为正，且对应p值在1%水平下通过显著性检验，表明此时环境规制可持续性对政府环境治理绩效有显著的促进效应。当经常性环保支出占政府一般公共支出的比值高于0.4261时，环境规制可持续性对政府环境治理绩效的促进效应显著提升。综合来看，当省级地方政府在经常性环保支出占比达到比较高的水平时，地方政府通过环境规制对环境治理的效果更加显著，所以政府在制定境规制政策时需要以加大经常性环保支出为保障。

7.4.2　资本性环保支出为门槛变量

首先构建以资本性环保支出为门槛变量时环境规制对政府环境治理绩效的门槛效应模型，然后对门槛效应进行检验，最后对门槛效应结果进行分析。

（1）模型构建。

类似地，以资本性环保支出为门槛变量，构建单一面板门槛模型的表达式如下：

$$egp_{it} = \mu_i + \delta z_{it} + \beta_1 ier_{it} I(ece_{it} \leq \gamma) + \beta_2 ier_{it} I(ece_{it} > \gamma) + \varepsilon_{it} \quad (7.13)$$

$$egp_{it} = \mu_i + \delta z_{it} + \beta_1 ser_{it} I(ece_{it} \leq \gamma) + \beta_2 ser_{it} I(ece_{it} > \gamma) + \varepsilon_{it} \quad (7.14)$$

式（7.13）和式（7.14）类似于式（7.11）和式（7.12），此时门槛变量变为资本性环保支出 ece_{it}。式（7.13）和式（7.14）用以探究当资本性环保支出达到某个特定的水平时，环境规制强度与环境规制可持续性对政府环境治理绩效的影响是否改变，即是否存在门槛效应。同样，这里仅列出单一面板门槛模型的表达式，以下将会对模型的三重及以下门槛效应进行检验。

（2）门槛效应检验。

与上述门槛效应检验的步骤类似，以资本性环保支出作为门槛变量，探究环境规制对政府环境治理的门槛效应时，根据模型（7.13）和模型（7.14）的模型结构，采用 Bootstrap 法反复抽取样本 300 次，得到的门槛效应检验结果如表 7-11 所示。

表 7-11　　　　　　门槛效应检验结果

模型	核心解释变量	门槛变量	门槛数量	F 值	BS 次数	P 值	临界值		
							10%	5%	1%
（7.13）	ier	ece	单一门槛	4.71	300	0.49	9.37	11.13	14.10
			双重门槛	16.75 **	300	0.03	10.32	12.13	20.75
			三重门槛	5.41	300	0.50	19.10	25.26	54.44
（7.14）	ser	ece	单一门槛	24.60 ***	300	0.00	9.06	11.15	14.76
			双重门槛	8.77	300	0.13	9.57	13.82	26.44
			三重门槛	16.98 *	300	0.09	14.45	19.98	30.38

注：表中 ***、** 和 * 分别表示在 1%、5% 和 10% 显著水平下通过检验。

由表 7-11 可知，以资本性环保支出为门槛变量、环境规制强度为核心解释变量时，显示双重门槛的 F 值在 5% 水平下通过显著性检验，而单一门槛和三重门槛的 F 值在 10% 水平下未通过显著性检验；对于环境规制可持续性作为核心解释变量，显示单一门槛的 F 值在 1% 水平下通过显著性检验，双重门槛的 F 值在 10% 水平下未通过显著性检验，三重门槛的 F 值虽然在 10% 水平下通过显著性检验，但是对应 P 值较高，接近于 0.1。因此，综合考虑应建立资本性环保支出与环境规制强度的双重面板门槛模型，以及资本性环保支出与环境规制可持续性的单一面板门槛模型。结合门槛效应检验的结果，进一步基于 Stata 14.0 软件得到相应的门槛估计值的结果如表 7 – 12 所示。

表 7 – 12   门槛值估计结果

模型	核心解释变量	门槛变量	门槛数量	门槛估计值	95% 置信区间	
					下限	上限
(7.13)	ier	ece	双重	0.9441	0.9433	0.9636
				0.9255	0.8977	0.9267
(7.14)	ser	ece	单一	1.1245	1.0862	1.1404

由表 7 – 12 可知，模型（7.13）是以资本性环保支出为门槛变量、环境规制强度为核心解释变量建立的双重面板门槛模型，对应资本性环保支出的两个门槛估计值依次为 0.9441 和 0.9255；模型（7.14）是以资本性环保支出为门槛变量、环境规制可持续性为核心解释变量建立的单一面板门槛模型，对应环境规制可持续性的单一门槛估计值为 1.1245。进一步结合似然比图，探究表 7 – 12 中门槛估计值的显著性，模型（7.13）和模型（7.14）的似然比图如图 7 –7 和图 7 –8 所示。

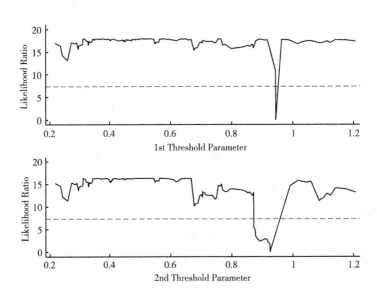

图 7 –7　模型（7.13）门槛估计值的似然比图

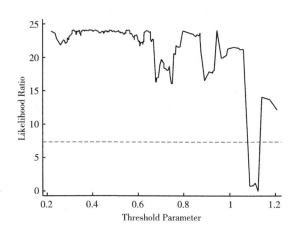

图 7-8　模型（7.13）门槛估计值的似然比图

根据图 7-7 和图 7-8 可知，以资本性环保支出为门槛变量时，模型（7.13）和模型（7.14）得到的门槛估计值均处于 95% 的显著性水平线下方，说明面板门槛模型估计得到的门槛值显著。

（3）门槛结果分析。

通过上述门槛效应的检验与门槛值检验的结果，明确了当环境资本性支出为门槛变量时，环境规制强度与环境规制可持续性对政府环境治理绩效具有显著的门槛效应，通过 Stata 14.0 软件得到模型（7.13）和模型（7.14）的面板门槛回归结果如表 7-13 所示。

表 7-13　　　　　　　　　面板门槛模型回归结果

模型	门槛变量	估计系数	标准差（Robust）	t 值	p > |t|	95% 的置信区间	
						下限	上限
(7.13)	ece ≤ 0.9255	- 0.149939 **	0.07	- 2.16	0.04	- 0.29	- 0.01
	0.9255 < ece ≤ 0.9441	0.1081437	0.08	1.39	0.17	- 0.05	0.27
	ece > 0.9441	- 0.203774 **	0.09	- 2.18	0.04	- 0.39	- 0.01
(7.14)	ece ≤ 1.1245	0.0001154 ***	0.00	4.38	0.00	0.00	0.00
	ece > 1.1245	0.0007941 ***	0.00	12.30	0.00	0.00	0.00

注：表中 ***、** 和 * 分别表示在 1%、5% 和 10% 显著水平下通过检验。

根据表7−13可知，在模型（7.13）中，当省级地方政府的资本性环保支出占政府一般公共支出的比值低于0.9255时，环境规制强度的估计系数为负，且在5%水平下通过显著性检验，表明此时环境规制强度对政府环境治理有显著的抑制作用。当资本性环保支出占政府一般公共支出的比值高于0.9441时，此时环境规制强度对政府环境治理有更进一步的抑制作用。当资本性环保支出占政府一般公共支出的比值介于0.9255与0.9441之间时，环境规制强度估计系数为正，表明对政府环境治理有促进效应，但是对应p值未通过显著性检验。在模型（7.14）中，当省级地方政府的资本性环保支出占政府一般公共支出的比值低于1.1245时，环境规制可持续性的估计系数为正，且在1%水平下通过显著性检验，表明此时环境规制可持续性对政府环境治理有显著的促进效应。当资本性环保支出占政府一般公共支出的比值高于1.1245时，环境规制可持续性对政府环境治理的促进效应显著提升。综合来看，当省级地方政府在资本性环保支出占政府一般公共支出的比值达到较高的水平时，环境规制对环境治理的效果更加显著。

7.5　本章小结

本章运用面板门槛模型分别探讨了环保支出和环境规制对政府环境治理绩效的门槛效应。研究结果表明，环保支出和环境规制对政府环境治理绩效具有"交互式"的门槛效应。当以环保支出或环境规制作为门槛变量、另一个作为核心解释变量时，所有指标对于环境治理绩效均存在门槛效应，而且只有当其中一个指标的值达到某个水平时，其他指标对于环境治理绩效才会有显著的促进效应，或者促进效应显著提高。例如以经常性环保支出为门槛变量，当经常性环保支出超过某个水平时，环境规制对政府环境治理绩效的促进效应就会显著提高。以环境规制强度为门槛变量，当环境规制强度超过某个水平时，环保支出对政府环境治理绩效的促进效应就会显著提高。只有当环保支出与环境规制都达到相对应的水平时才能更好地提高环境治理的效率。此外，在彼此作用的影响下，环境规制强度与经常性环保支出比对政府环境治理绩效的促进效应存在上限，因此注重环保支出与环境规制的相对水平对提高政府环境治理绩效有十分重要的意义。

第8章 中国省级地方政府环境治理绩效的影响因素分析

本章在前面获得中国省级地方政府环境治理绩效评价结果的基础上，进一步探究中国省级地方政府环境治理绩效的影响因素。选取的影响因素分别为环境分权、城镇化、政府环境补贴和公众参与，分别构建动态面板回归模型分析环境分权、城镇化、政府环境补贴和公众参与对中国省级地方政府环境治理绩效的影响效应。

8.1 环境分权对政府环境治理绩效的影响效应分析

在分析环境分权对政府环境治理绩效影响机理的基础上，本部分对环境分权影响政府环境治理绩效进行实证分析。

8.1.1 环境分权影响政府环境治理绩效的机理分析

环境分权是指中央政府将环境治理决策权下放给地方政府，导致地方政府在环境治理中拥有更多的自主权，更深层次体现在三种环境分权制度：一是环境行政分权，即中央政府将环境治理的行政主管权力，如制定环境法律法规、规章制度等公共服务事务方面的权力下放给地方政府；二是环境监测分权，即中央政府相关监测机构减少对地方环境质量的跟踪监视和监测，减少获取地方环境实际状况的数据，将获取更少地方环境污染状况和环境质量的信息；三是环境监察分权，即中央政府将环境治理的监察权力下放给地方政府，中央政府减少对地方政府环境治理行为的监督和检查，更多的是依靠地方政府的监察机构进行自我监督。

　　然而，环境分权是一把锋利的"双刃剑"。虽然环境分权一方面可以使地方政府根据所在地区实际情况制定更加适合本地区的环境治理决策，提升本地区的环境治理效果。另一方面，中央政府在赋予地方更多的环境管理权限的同时，也可能带来严重的负面效应。因为地方政府和官员在拥有更多环境管理权限时，容易滋生腐败现象，地方政府和官员为追求地方经济效益和个人利益，更易发生调整环境治理强度、放松企业排污标准、降低环境执法力度等行为，从而不利于区域政府环境治理绩效的提升。从更细的层面看，当地方政府环境行政权力越大，一方面可以使地方政府拥有更多的权力空间制定更适合本地区的环境治理法律法规和规章制度；另一方面也容易导致地方政府制定的环境规章制度以经济利益和政绩为导向，恶化环境治理效果。当地方政府环境监测权力越大，一方面可以拥有更充足的人手和资金开展环境监测活动，环境监测结果将可以辅助地方政府精准制定环境治理措施，促进区域政府环境治理绩效的提升；另一方面也容易导致地方政府和官员为了经济利益和政绩而伪造监测数据，从而使监测数据的真实性降低。当地方政府环境监察权力越大，一方面可以缓解中央政府在地方开展环境监察的阻力和矛盾，减少人力物力投入，地方政府开展监察活动相对中央政府更为精准和频繁，因此有助于当地政府环境治理绩效的提升；另一方面，地方环境监察机构在环境执法和环境监督过程中极易产生地方保护和包庇纵容，不利于区域政府环境治理绩效的提升。

　　综上所述，环境行政分权、环境监测分权和环境监察分权对地方政府环境治理绩效的影响由正面效应和负面效应共同决定，取决于何种效应占据主导作用。改善和提升政府环境治理绩效关键在制度层面，其中合理适度的环境分权尤为重要。如何既能充分调动地方政府的环境治理积极性，又能避免区域环境治理中的徇私舞弊行为，这对我国的环境体制改革提出了更高的要求。因此，本书后续构建计量经济模型对环境分权对政府环境治理绩效的影响机理进行实证分析，明确环境分权对政府环境治理绩效的影响方向，为完善我国的环境体制提供依据。

8.1.2　环境分权影响政府环境治理绩效的实证分析

为分析环境分权对政府环境治理绩效的影响效应，构建动态面板回归模型就环境分权对政府环境治理绩效的影响效应进行实证分析。

8.1.2.1　模型构建与变量设定

鉴于研究数据为时间维度为 2010～2019 年且空间维度为中国 30 个省区市的面板数据，同时为了验证政府环境治理绩效历史水平对当前水平的影响，因此选用动态面板回归模型进行实证分析，构建动态面板回归模型表达式如下[66]：

$$egp_{it} = \beta_0 + \beta_1 egp_{it-1} + \beta_2 ed_{it} + \sum_{k=1}^{n} \beta_k control_{it} + \varepsilon_{it} \tag{8.1}$$

$$egp_{it} = \beta_0 + \beta_1 egp_{it-1} + \beta_2 ead_{it} + \sum_{k=1}^{n} \beta_k control_{it} + \varepsilon_{it} \tag{8.2}$$

$$egp_{it} = \beta_0 + \beta_1 egp_{it-1} + \beta_2 esd_{it} + \sum_{k=1}^{n} \beta_k control_{it} + \varepsilon_{it} \tag{8.3}$$

$$egp_{it} = \beta_0 + \beta_1 egp_{it-1} + \beta_2 emd_{it} + \sum_{k=1}^{n} \beta_k control_{it} + \varepsilon_{it} \tag{8.4}$$

式（8.1）～式（8.4）中 egp_{it} 为第 i 个省级行政区第 t 年政府环境治理绩效水平，egp_{it-1} 为第 i 个省级行政区第 t 年滞后 l 期的政府环境治理绩效水平，ed_{it} 为第 i 个省级行政区第 t 年环境整体分权水平，ead_{it} 为第 i 个省级行政区第 t 年环境行政分权水平，esd_{it} 为第 i 个省级行政区第

t 年环境监测分权水平，emd_{it} 为第 i 个省级行政区第 t 年环境监察分权水平，$control_{it}$ 为第 i 个省级行政区第 t 年的控制变量，β_0 为常数项，β_k 为待估参数，ε_{it} 为随机干扰项。

为了进一步研究环境分权对政府环境治理绩效的影响是否受其他中间变量的影响，即是否存在中介效应，首先参考 Baron[165] 对中介效应理论进行梳理，进而构建本章的中介效应模型。中介效应是指一个变量对另一个变量影响的传导路径是否受到其他中间变量的影响。中介效应的检验步骤如下：首先在没有中介变量的情况下探究核心解释变量对被解释变量的影响，其次探究核心解释变量对中介变量的影响，最后加入中介变量之后，探究核心解释变量通过中介变量间接对被解释变量的影响。中介模型表达式如下：

$$Y = cX + \varepsilon_1 \tag{8.5}$$

$$M = aX + \varepsilon_2 \tag{8.6}$$

$$Y = c'X + bM + \varepsilon_2 \tag{8.7}$$

式（8.5）为核心解释变量 X 对被解释变量 Y 的直接效应，c 为影响系数，ε_1 为随机干扰项。式（8.6）中 M 为中介变量，核心解释变量 X 对中介变量 M 具有影响效应，影响系数为 a，ε_2 为随机干扰项。式（8.7）中同时包含核心解释变量 X 和中介变量 M，此时均作为解释变量，对被解释变量 Y 均具有影响效应，影响系数分别为 c' 和 b。

将中介效应理论与本章的研究相结合，构建本章的中介效应模型。限于篇幅，下面仅以环境整体分权为核心解释变量、产业机构为中介变量构建中介效应模型，模型表达式如下：

$$egp_{it} = \beta_0 + \beta_1 egp_{it-1} + \beta_2 ed_{it} + \sum_{k=1}^{n} \beta_k control_{it} + \varepsilon_{it} \tag{8.8}$$

$$struc_{it} = \alpha_0 + \alpha_1 ed_{it} + \varepsilon_{it} \tag{8.9}$$

$$egp_{it} = \gamma_0 + \gamma_1 egp_{it-1} + \gamma_2 ed_{it} + \gamma_3 struc_{it} + \sum_{k=1}^{n} \gamma_k control_{it} + \varepsilon_{it} \tag{8.10}$$

式（8.8）即为模型（8.1）的表达式，表示核心解释变量环境整体分权 ed_{it} 对被解释变量政府环境治理绩效 egp_{it} 的直接效应，影响系数为 β_2。式（8.9）为核心解释变量环境整体分权 ed_{it} 对中介变量产业结构 $struc_{it}$ 的影响效应，影响系数为 α_1。式（8.10）为核心解释变量环境整体分权 ed_{it} 和中介变量产业结构 $struc_{it}$ 同时对被解释变量政府环境治理绩效 egp_{it} 的影响效应，影响系数分别为 γ_2 和 γ_3。同理可以构建环境行政分权、环境监测分权和环境监察分权作为核心解释变量，以及技术进步和环境执法力度作为中介变量的中介模型。

下面对模型中的变量及其计算方法进行说明。

（1）被解释变量：政府环境治理绩效水平（egp），采用前面测算出的政府环境治理绩效综合指数。

（2）核心解释变量：环境整体分权水平（ead）、环境行政分权、环境监测分权和环境监察分权四个变量分别为上述动态面板回归模型（8.1）～模型（8.4）的核心解释变量。目前很多学者用财政分权代替环境分权，但财政分权是中央政府将财政管理权力下放给地方政府，其范围大于环境分权，如果简单地用财政代替环境分权缺乏合理性，因此本章借鉴祁毓等[166]的计算方法。

①环境整体分权（ed），用地方环保工作人员数占全国环保系统总人数占比表示，并且采用地方生产总值占全国生产总值比值作为调整系数，计算公式如下：

$$ed_{it} = \left(\frac{LEPP_{it}/POP_{it}}{LEPP_t/POP_t} \right) \times \left(1 - \frac{GDP_{it}}{GDP_t} \right) \tag{8.11}$$

其中，$LEPP_{it}$ 表示第 i 个省级行政区第 t 年环保系统工作人员数，$LEPP_t$ 表示全国第 t 年环保系统工作人员数，POP_t 表示第 t 年全国人口总数，GDP_{it} 表示第 i 个省级行政区第 t 年地区生产总值，GDP_t 表示第 t 年全国国内生产总值。

②环境行政分权（ead），同理于环境整体分权，计算公式如下：

$$ead_{it} = \left(\frac{LEAP_{it}/POP_{it}}{LEAP_t/POP_t} \right) \times \left(1 - \frac{GDP_{it}}{GDP_t} \right) \tag{8.12}$$

其中，$LEAP_{it}$表示第 i 个省级行政区第 t 年环境行政工作人员数，$LEAP_t$表示全国第 t 年环境行政工作人员数。

③环境监测分权（esd），同理于环境整体分权，计算公式如下：

$$esd_{it} = \left(\frac{LESP_{it}/POP_{it}}{LESP_t/POP_t} \right) \times \left(1 - \frac{GDP_{it}}{GDP_t} \right) \qquad (8.13)$$

其中，$LESP_{it}$表示第 i 个省级行政区第 t 年环境监测工作人员数，$LESP_t$表示全国第 t 年环境监测工作人员数。

④环境监察分权（emd），同理于环境整体分权，计算公式如下：

$$emd_{it} = \left(\frac{LEMP_{it}/POP_{it}}{LEMP_t/POP_t} \right) \times \left(1 - \frac{GDP_{it}}{GDP_t} \right) \qquad (8.14)$$

其中，$LEMP_{it}$表示第 i 个省级行政区第 t 年环境监测工作人员数，$LEMP_t$表示全国第 t 年环境监察工作人员数。

（3）中介变量：选取产业结构升级、技术进步和环境执法力度作为探究环境分权对政府环境治理绩效影响效应的中介变量。

①产业结构升级（struc），采用第二产业增加值与第三产业增加值比值表示，因为第三产业相对第二产业产生更少的环境污染物，用于衡量产业结构的升级程度。由于环境分权，即地方政府的环境治理决策权更多，一方面可以在产业方面制定相关政策，引导产业结构优化，减少环境污染，提高治理绩效；另一方面，如果地方政府在拥有更多环境管理权限时，容易滋生腐败现象，追求经济效益和政绩，则会引导一些经济效益高但环境污染严重的企业进入，导致产业结构降级，降低政府环境治理绩效，因此环境分权会通过引导产业结构的变动，进而影响政府环境治理绩效，存在中介效应。

②技术进步（tech），采用企业专利申请数表示，企业专利申请数代表企业的生产技术取得突破，用于衡量技术进步。由于环境分权，即地方政府获得的环境治理决策权越多，一方面如果地方政府加大企业的污染排放力度，则会引导企业加大技术研发，进而减少污染物排放，提升政府环境治理绩效；另一方面，如果地方政府获得更多环境治理决策

权而降低企业污染排放要求，则会引导企业弱化低污染技术的研发，技术退步，降低政府环境治理绩效。因此环境分权会通过引导技术进步或退步，进而影响政府环境治理绩效，存在中介效应。

③环境执法力度（law），采用环境政策议案数表示，环境政策议案数表示地方政府对环境治理的执行程度，用于衡量环境执法力度。由于环境分权，即地方政府获得的环境治理决策权越多，一方面会引导地方政府加大环境治理的执法力度，进而提高政府环境治理绩效；另一方面，如果地方政府拥有更多环境决策权而减轻压力，降低环境治理的执法力度，则会降低政府环境治理绩效。此环境分权会通过环境执法力度的改变，进而影响政府环境治理绩效，存在中介效应。

（4）控制变量。

政府环境治理绩效的影响因素多种多样，只研究环境分权对政府环境治理绩效的影响。为了使研究结果更加准确、严谨，排除其他因素的干扰，通过对相关文献的梳理，选取财政支出力度、城镇化、外商直接投资、经济发展水平作为控制变量。

选取财政支出力度、城镇化、对外开放程度和经济发展水平作为环境分权对政府环境治理绩效影响效应的控制变量。

①财政支出力度（fisc），财政支出力度也会影响政府环境治理绩效，采用人均一般政府公共支出衡量，因为人均一般政府公共支出越多，对环境治理的支出越多，则会提高政府环境治理绩效，因此需要控制各地方政府一般政府支出不变，否则会干扰环境分权对政府环境治理绩效的影响。

②城镇化（city），城镇化也会影响政府环境治理绩效，采用城镇率，即城镇人口占总人口比重衡量，因为城镇化过程中会产生大量的环境污染物，增加政府的环境治理难度，影响政府环境治理绩效，因此也需要排除城镇化的干扰。

③对外开放程度（fdi），对外开放程度也对政府环境治理绩效产生影响，采用对外直接投资占地区生产总值的比重衡量，因为地方经济对

外开放水平越高，则外贸规模越大，拉动当地的外需，地方则会加大生产规模，而且当前我国正处于全球价值链的中低端，外贸仍然以较为粗放的制造业为主，导致污染物的排放增加，影响政府环境治理绩效，因此也需要排除对外开放水平的干扰。

④经济发展水平（pgdp），经济发展水平也对政府环境治理绩效产生影响，采用人均地区生产总值衡量，因为经济发展与环境污染之间的矛盾已是公认的结论，根据环境库兹涅茨理论，在我国当前的经济发展阶段，经济发展与环境污染呈现正相关关系，影响政府环境治理绩效，因此也需要排除经济发展水平的干扰。

模型变量汇总如表 8 - 1 所示。

表 8 - 1　　　　　　　　　模型变量汇总表

变量类型	变量名称	变量符号	变量说明
被解释变量	政府环境治理绩效	egp	政府环境治理绩效综合指数
核心解释变量	环境整体分权	ed	地方环保工作人员数占全国环保系统总人数比值
	环境行政分权	ead	地方环保行政工作人员数占全国环保系统总人数比值
	环境监测分权	emd	地方环保监测工作人员数占全国环保系统总人数比值
	环境监察分权	esd	地方环保监察工作人员数占全国环保系统总人数比值
中介变量	产业结构升级	struc	第二产业增加值与第三产业的增加值比值
	技术进步	tech	企业专利申请数
	环境执法力度	law	环境政策议案数
控制变量	财政支出力度	fisc	人均一般政府公共支出
	城镇化	city	城镇人口数占总人口数比值
	对外开放程度	fdi	对外直接投资占地区生产总值比值
	经济发展水平	pgdp	人均地区生产总值

8.1.2.2　实证结果分析

基于前面建立的动态面板回归模型和中介效应模型，收集模型中变量的数据，数据主要来源于历年《中国统计年鉴》《中国环境统计年鉴》以及 ESP 数据库，借助 Stata 14.0 软件①获得运行结果。首先对模型变量变量数据进行面板单位根检验，进而分析环境分权对政府环境治理绩效的直接效应和中介效应。

（1）面板单位根检验。

为了与前面面板门槛模型一致，此处仍然仅选取常用的 LLC 检验法进行面板单位根检验。另外，为了降低变量数据的波动性，对所有变量数据取对数处理，得到检验结果如表 8 - 2 所示。

表 8 - 2　　　　　　　　　　　　面板单位根检验结果

变量	lnegp	lned	lnead	lnesd	lnemd	lnstruc
检验 T 值	− 17. 34 ***	− 42. 96 ***	− 24. 94 ***	− 64. 62 ***	− 34. 69 ***	− 5. 41 ***
变量	lntech	lnlaw	lnfisc	lncity	lnfdi	lnpgdp
检验 T 值	− 11. 15 ***	− 17. 88 ***	− 9. 17 ***	− 21. 75 ***	− 4. 85 ***	− 3. 84 ***

注：表中 *** 表示在 1% 显著水平下通过检验。

由表 8 - 2 可知，所有的变量取对数后均在 1% 的显著性水平下通过检验，说明所用变量的数据均为平稳性序列，适合进行后续的动态面板回归模型中介效应模型分析。

（2）环境分权影响环境治理的直接效应分析。

运用 Stata 14.0 软件分别运行模型（8.1）~模型（8.4），得到环境分权对政府环境治理绩效影响的直接效应结果如表 8 - 3 所示。为了探讨控制变量就环境分权对政府环境治理绩效直接效应的影响，分为纳入控制变量和不纳入控制变量的两种情况。为了控制变量之间可能存在内生性（相关性）问题，选用广义矩估计（GMM）方法进行参数估计。另外，为了检验模型扰动项是否存在序列相关性和工具变量是否具有有效性，因此分别对模型进行 AR（2）检验和 Sargan 检验，下同。

―――――――――――

① 程序运行代码见附录 4。

表 8 – 3　　　　　　环境分权对政府环境治理绩效的直接影响效应

变量	模型 (8.1)		模型 (8.2)		模型 (8.3)		模型 (8.4)	
	不含控制变量	含控制变量	不含控制变量	含控制变量	不含控制变量	含控制变量	不含控制变量	含控制变量
L_1	– 0.22 ***	– 0.12 ***	– 0.04 ***	– 0.27 ***	– 0.02 ***	– 0.12 ***	– 0.03 ***	– 0.14 ***
L_2				– 0.11 ***				
lned	0.38 ***	1.94 ***						
lnead			– 0.66 ***	– 0.39 *				
lnemd					0.20 **	0.47 ***		
lnesd							0.89 ***	1.85 ***
lnfisc		– 1.15 ***		– 0.74 ***		– 0.79 ***		– 0.91 ***
lncity		2.35		3.55 ***		3.79 ***		3.65 ***
lnfdi		– 0.03		– 0.28 ***		– 0.10 *		0.05
lnpgdp		– 0.01 *		0.72 **		0.23		0.27
常数项	– 1.66 ***	– 12.53 **	– 1.76 ***	– 18.03 ***	– 1.65 ***	– 17.44 ***	– 1.63 ***	– 16.74 ***
AR (2)	0.71	0.77	0.74	0.83	0.68	0.86	0.77	0.60
Sargan	29.48	25.76	29.69	26.27	29.07	27.02	29.33	27.29

注：表中 L_1 和 L_2 分别表示被解释变量滞后一阶和滞后二阶，数字表示模型的估计系数，"＊"、"＊＊"、"＊＊＊"分别表示在 10%、5% 和 1% 的显著性水平下通过检验，AR（2）报告的是 P 值，若均为拒绝原假设，说明扰动项不存在序列相关性，Sargan 报告的是检验统计量值，若均为拒绝原假设，说明工具变量有效。

　　由表 8 – 3 可知，模型（8.1）～模型（8.4）均通过了 AR（2）检验和 Sargan 检验，说明所有模型的扰动项均不存在序列相关性，并且工具变量，即控制变量均有效。

　　由模型（8.1）可知，当不包含控制变量时，环境整体分权对政府环境治理绩效的影响系数为 0.38，通过了 1% 水平的显著性检验，说明环境整体分权有助于政府环境治理绩效水平的提升，中央政府应该加大"放管服"的力度，将更多的环境治理决策权下放给地方政府，减少对地方政府环保政策的限制，释放地方政府实施环保政策的空间。当包含控制变量时，环境整体分权对政府环境治理绩效的影响系数增大至 1.94，也通过了 1% 水平的显著性检验，说明控制变量就环境整体分权对政府环境治理绩效的影响程度存在抑制作用，因为当排除控制变量的干扰时，环境整体分权对政府环境治理绩效的影响程度大幅增加，其中政府财政支出力度和经济发展水平对政府环境治理绩效具有显著负向作用，系数分别为 −1.15 和 −0.01，一方面由于我国政府的一般公共支出在投入环境治理方面占比较低，大部分投向了粗放高排放的行业，反而增加了环境治理的难度；另一方面我国目前的经济发展仍然以牺牲环境作为代价，也增加了政府参与环境治理的难度，此时城镇化和对外开放程度未产生显著性的影响。

由模型（8.2）可知，当不包含控制变量时，环境行政分权对政府环境治理绩效的影响系数为 −0.66，通过了 1% 水平的显著性检验，说明环境行政分权对政府环境治理绩效水平具有负向作用，说明我国环境行政分权的效果尚不明显，中央政府下放给地方政府环境行政管理权力使地方政府更多地为了经济利益和政绩降低高污染企业准入的门槛，降低了政府环境治理绩效水平。当包含控制变量时，环境行政分权对政府环境治理绩效的负向影响程度减小至 −0.39，通过了 10% 水平的显著性检验，说明排除了控制变量的干扰时环境行政分权对政府环境治理绩效的负向影响程度有所降低，其中政府支出力度和对外开放程度对政府环境治理绩效水平具有负向作用，影响系数分别为 −0.74 和 −0.28，均通过了 1% 水平的显著性检验，由于政府支出力度和对外开放程度均引导经济利益为导向的高污染经济发展，阻碍了政府环境治理的进程。城镇化和经济发展水平具有正向作用，影响系数分别为 3.55 和 0.72，分别通过了 1% 和 5% 水平的显著性检验，城镇化和经济发展有助于地区人口更加集聚，降低了政府环境治理难度。

由模型（8.3）可知，当不包括控制变量时，环境监测分权对政府环境治理绩效的影响系数为 0.20，通过了 5% 水平的显著性检验，说明环境监测分权有助于政府环境治理绩效水平的提升，中央政府应加大环境监测权力的下放给地方政府的力度，有利于引导地方政府环境监测技术的进步，完善当地环境监测设备，获得科学的环境监测信息，进而制定更加精准的环保政策，提升环境治理水平。当包括控制变量时，环境监测分权对政府环境治理绩效的影响系数增加至0.47，通过了1%水平的显著性检验，说明排除控制变量干扰时环境监测分权对政府环境治理绩效的正向影响程度有所提升，如同环境行政分权，政府财政支出力度和对外开放程度具有抑制作用，影响系数分别为－0.79和－0.10，分别通过了1%和10%的显著性检验，城镇化具有拉动作用，影响系数为3.79，通过了1%的显著性检验，此时经济发展水平未产生显著性影响。

由模型（8.4）可知，当不包括控制变量时，环境监察分权对政府环境治理绩效的影响系数为0.89，通过了1%水平的显著性检验，说明环境监察分权有助于政府环境治理绩效水平的提升，中央政府应加大环境监察权力的下放给地方政府的力度，因为地方政府相对中央政府开展监察活动更为精准和频繁，更有利于地方政府环境治理绩效水平提升。当包括控制变量时，环境监察分权对政府环境治理绩效的影响系数增加至1.85，通过了1%水平的显著性检验，说明排除控制变量干扰时环境监察分权对政府环境治理绩效的正向影响程度有所提升，其中政府财政支出力度具有抑制作用，影响系数为－0.91，通过了1%水平的显著性检验，城镇化具有拉动作用，影响系数为3.65，通过了1%的显著性检验，此时对外开放程度和经济发展水平未产生显著性影响。

综上所述，当不包含控制变量时，环境分权整体上有助于提升政府环境治理绩效水平，从细层次看，除了环境行政分权抑制政府环境治理绩效外，环境监测和环境监察分权有助于促进政府环境治理绩效。当排除了控制变量的干扰时，环境分权对政府环境治理的拉动程度会大幅度上升，且政府财政支出力度和对外开放程度有负向作用，城镇化则有正向作用。

（3）环境分权影响环境治理绩效的中介效应分析。

由于前面分析了环境分权对政府环境治理绩效影响的直接效应，即模型（8.8）的结论。根据中介效应模型，后续需要分析模型（8.9）和模型（8.10），即核心解释变量对中介变量的影响效应，同时包括核心解释变量和中介变量对被解释变量的影响效应。限于篇幅，中介效应分析仅选取环境整体分权为核心解释变量，环境整体分权包含环境行政分权、环境监测分权和环境监察分权三种情况的效应。

仍然借助 Stata 14.0 软件，运用 GMM 估计法对模型（8.9）进行参数估计，结果如表 8-4 所示。

表 8-4　　　　　　　　　　环境分权对中介变量的影响效应

变量	struc 为中介变量		tech 为中介变量		law 为中介变量	
	不含控制变量	含控制变量	不含控制变量	含控制变量	不含控制变量	含控制变量
L_1	1.03 ***	0.99 ***	0.77 ***	1.13 ***	0.37 ***	0.37 ***
L_2		-0.23 ***		-0.20 ***		0.09 ***
lned	0.34 ***	0.14 ***	-0.40 ***	-0.14 ***	-1.46 ***	-1.24 ***
lnfisc		0.15 ***		-0.13 ***		-0.38 ***
lncity		0.70 ***		0.28		-0.41
lnfdi		0.02		0.19 ***		0.01
lnpgdp		-0.15 **		-0.19 *		0.30
常数项	0.10 ***	-2.51 ***	2.20 ***	0.10	3.10 ***	3.95
AR（2）	0.26	0.08	0.96	0.69	0.59	0.94
Sargan	29.07	25.68	29.93	28.97	29.94	28.44

注：表中 L_1 和 L_2 分别表示被解释变量滞后一阶和滞后二阶，数字表示模型的估计系数，" * "、" ** "、" *** "分别表示在 10%、5% 和 1% 的显著性水平下通过检验，AR（2）报告的是 P 值，若均为拒绝原假设，说明扰动项不存在序列相关性，Sargan 报告的是检验统计量值，若均为拒绝原假设，说明工具变量有效。

由表 8-4 可知，除了在含控制变量并且产业结构为被解释变量的情况下，AR（2）检验未通过 10% 置信水平的检验，说明此情况下模型的扰动项存在相关性，其余情况下所有模型的 AR（2）检验均通过检验，扰动项均不存在相关性。另外，所有模型的 Sargan 检验均通过检验，说明所有模型的工具变量，即控制变量均有效。

当产业结构为被解释变量时，在不包括控制变量的情况下，环境分权对产业结构的影响系数为 0.34，通过了 1% 水平的显著性检验，说明环境分权对产业结构升级具有显著的正向推动作用，由于中央政府将更多的环境治理决策权下放给地方政府，地方政府可以减少中央政府的限制，可以利用环保政策引导第二产业向第三产业转型，优化产业结构。在包含控制变量的情况下，环境分权对产业结构的影响系数减少为 0.14，也通过了 1% 水平的显著性检验，说明排除了控制变量的影响环境分权对产业结构的影响产生较大程度下降。其中，政府财政支出力度和城镇化的影响系数分别为 0.15 和 0.70，均通过了 1% 水平的显著性检验，说明政府一般公共支出和城镇化有助于引导产业升级，因为政府可以通过公共支出干预经济活动，使经济发展从第二产业向第三产业转变，城镇化使城镇人口增加，也会拉动第三产业的发展。对外开放程度对产业结构未产生显著性的影响，经济发展水平的影响系数为 -0.15，通过了 5% 水平的显著性检验，说明经济发展水平对产业结构升级具有负向作用，因为第二产业比第三产业带来更高的经济产值，抑制产业升级。

当技术进步作为被解释变量时，在不包含控制变量的情况下，环境分权对技术进步的影响系数为 -0.40，通过了 1% 水平的显著性检验，说明环境分权对技术进步具有显著的负向作用，因为中央政府将更多的环境治理决策权下放给地方政府，则会降低地方政府在环境治理方面的压力，降低对企业的污染管制，导致企业也会降低减少污染排放压力，减少绿色生产技术和方式的研发，致使生产技术退步。在包含控制变量的情况下，环境分权对技术进步的影响系数变为 -0.14，也通过了 1% 水平的显著性检验，说明排除了控制变量的影响环境分权对技术进步的负向影响产生较大程度下降。其中，政府财政支出力度和经济发展水平对技术进步均具有负向效应，影响系数分别为 -0.13 和 -0.19，分别通过 1% 和 10% 水平的显著性检验，因为政府公共支出大部分用于民生工程的基础设施投资建设，而基础设施建设对企业研发的产品市场存在挤出效应，另外，技术研发需要较高的成本，导致经济利益较低，抑制企业技术进步。城镇化对技术进步未产生显著的影响，对外开放程度的影响系数为0.19，通过了1%水平的显著性检验，说明对外开放程度会促进企业技术进步，因为对外开放程度会增加本地高技术产品的需求，提高当地企业的科技竞争力，促进企业技术进步。

当环境执法力度为被解释变量时，在不包含控制变量的情况下，环境分权对环境执法力度的影响系数为-1.46，通过了1%水平的显著性检验，说明环境分权对环境执法力度具有显著的负向作用，因为中央政府将更多的环境治理决策权下放给地方政府，导致地方政府为追求地方经济效益和个人利益，甚至滋生地方官员的腐败，更易放松企业排污标准和降低环境执法力度。在包含控制变量的情况下，环境分权对环境执法力度的影响系数变为出现小幅度变化，变为-1.24，也通过1%水平的显著性检验，说明排除了控制变量的影响环境分权对环境执法力度的负向影响变化较小，主要来源于政府财政支出力度的影响，影响系数为-0.38，通过1%水平的显著性检验，城镇化、对外开放程度和经济发展水平均未产生显著的影响。

由前面分析可知，环境整体分权对政府环境治理绩效水平具有正向促进作用，在不包含控制变量和包含控制变量两种情况下影响系数分别为0.38和1.94。另外，环境整体分权对产业结构升级具有正向作用，在不包含控制变量和包含控制变量两种情况下影响系数分别为0.34和0.14；环境整体分权对技术进步具有负向作用，在不包含控制变量和包含控制变量两种情况下影响系数分别为-0.40和-0.14；环境整体分权对环境执法力度也具有负向作用，在不包含控制变量和包含控制变量两种情况下影响系数分别为-1.46和-1.24。下面探讨纳入中介变量时，环境整体分权和中介变量同时对政府环境治理绩效水平影响的变化，即对模型（8.10）进行分析，结果如表8-5所示。

表 8 - 5　环境分权和中介变量对政府环境治理绩效的影响效应

变量	struc 为中介变量		tech 为中介变量		law 为中介变量	
	不含控制变量	含控制变量	不含控制变量	含控制变量	不含控制变量	含控制变量
L_1	-0.04 ***	-0.10 ***	-0.34 ***	-0.28 ***	-0.03 ***	-0.20 ***
L_2			-0.16 ***	-0.12 **		-0.09
lned	0.65 ***	1.78 ***	1.50 ***	1.82 ***	0.59 ***	0.90 **
lnstruc	0.16 ***	-1.17 ***				
lntech			0.61 ***	0.28 **		
lnlaw					0.18 ***	0.12 **
lnfisc		-0.31		0.80 ***		-0.67 *
lncity		4.85 ***		3.64 **		1.57
lnfdi		0.18 **		-0.24 ***		0.00
lnpgdp		-0.05		0.12		0.66 *
常数项	-1.66	-20.80	-8.01	-19.69	-2.54	-10.39
AR (2)	0.77	0.99	0.84	0.74	0.71	0.35
Sargan	29.85	26.81	29.09	23.95	29.23	16.00

注：表中 L_1 和 L_2 分别表示被解释变量滞后一阶和滞后二阶，数字表示模型的估计系数，"*"、"**"、"***"分别表示在 10%、5% 和 1% 的显著性水平下通过检验，AR（2）报告的是 P 值，若均为拒绝原假设，说明扰动项不存在序列相关性，Sargan 报告的是检验统计量值，若均为拒绝原假设，说明工具变量有效。

由表 8 - 5 可知，所有情况下模型均通过了 AR（2）检验和 Sargan 检验，说明扰动项均不存在相关性，并且所有模型的工具变量，即控制变量均有效。

在纳入产业结构为中介变量且不包含控制变量的情况下，环境整体分权对政府环境治理绩效水平的直接促进作用有所增大，影响系数由 0.38 增加至 0.65，通过 1% 水平的显著性检验。产业结构升级对政府环境治理绩效水平存在正向作用，影响系数为 0.16，通过 1% 水平的显著性检验，表明环境分权可以促进产业结构升级，进而提高政府环境治理绩效水平，由于地方政府拥有更多的环境决策权时，有利于引导粗放高排放的第二产业向集约的第三产业转型，提升政府环境治理绩效。此外，城镇化和对外开放程度也产生了较大的促进作用，影响系数分别为4.85 和 0.18，分别通过了 1% 和 5% 水平的显著性检验，政府财政支出力度和经济发展水平未产生显著性影响。在控制了城镇化和对外开放程度的影响后，环境整体分权对政府环境治理绩效水平的促进作用却出现了小幅度的下降，影响系数由 1.94 降低至 1.78，主要由于此时产业结构对政府环境治理绩效水平产生了较大的负向影响，影响系数为 -1.17，通过 1% 水平的显著性检验，由于产业结构由第二产业向第三产业转型过程中导致环境污染风险由我国东部地区向西部生态脆落区转移，而且如交通运输业和住宿餐饮业等重要的第三产业行业污染排放不亚于第二产业，导致政府环境治理绩效水平反而下降[167]。从此方面看，中央政府应该适当地推进环境分权制度，加大地方政府环境治理的决策权力。

在纳入技术进步为中介变量且不包含控制变量的情况下，环境整体分权对政府环境治理绩效水平的直接促进作用大幅增加，影响系数由0.38 增加至 1.50，通过 1% 水平的显著性检验，且技术进步对政府环境治理绩效水平也存在正向作用，影响系数为 0.61，通过 1% 水平的显著性检验。虽然环境整体分权抑制了技术进步，技术进步也有助于政府环境治理绩效水平的提升，但是未排除城镇化和财政支出力度带来的影响，导致环境整体分权对政府环境治理绩效水平的直接促进作用反升不降，因为城镇化和财政支出力度两个因素产生较大程度促进政府环境治理绩效水平的作用，影响系数分别为 3.64 和 0.80，分别通过了 5% 和1% 水平的显著性检验，由于城镇化降低了政府环境治理的难度，政府公共支出中包括对环境治理的支出，因此提高了政府环境治理绩效水平。尽管此时对外开放程度具有抑制环境治理水平提升的作用，但是抑制程度较小，影响系数仅为 -0.24，也通过 1% 水平的显著性检验，经济发展水平未产生显著影响。在控制了城镇化、财政支出力度和对外开放程度的影响后，环境整体分权对政府环境治理绩效水平的促进作用小幅减小，影响系数由 1.94 减少至 1.82，通过 1% 水平的显著性检验，环境整体分权通过抑制企业技术进步，进而降低政府环境治理绩效水平，所以从此方面看，中央政府应该适当地削弱地方政府环境治理的决策权力。

在纳入环境执法力度为中介变量且不包含控制变量的情况下，环境整体分权对政府环境治理绩效水平的直接促进作用出现小幅增加，影响系数由 0.38 增加至 0.59，通过 1% 水平的显著性检验，且环境执法力度对政府环境治理绩效水平也存在正向作用，影响系数为 0.18，通过 1% 水平的显著性检验。虽然环境整体分权抑制了环境执法力度，但是未排除经济发展水平对政府环境治理绩效的影响，影响系数为 0.66，通过 10% 水平的显著性检验，也导致环境整体分权对政府环境治理绩效水平的直接促进作用反升不降。由于经济发展水平程度越高，当达到了一定的阈值时，对环境的污染将会逐渐下降，有利于提高政府环境治理绩效水平。在控制经济发展水平的影响后，环境整体分权对政府环境治理绩效水平的影响出现较大幅度的下降，影响系数由 1.94 下降至 0.90，通过了 5% 水平的显著性检验。环境整体分权通过降低地方政府环境执法力度，进而降低政府环境治理绩效水平，所以从此方面看，中央政府也应该适当地削弱地方政府环境治理的决策权力。

8.2 城镇化对政府环境治理绩效的影响效应分析

在分析城镇化对政府环境治理绩效影响机理的基础上，本部分对城镇化影响政府环境治理绩效进行实证分析。

8.2.1 城镇化影响政府环境治理绩效的机理分析

现阶段我国的城镇化不仅代表着城市人口越来越多，也是追求一种高质量的城镇化，而这其中就包括人口、产业、经济、建设等多方面的因素，不是用某一个水平简单衡量。因此，为了更加细致化地分析城镇化对政府环境治理绩效的影响，将城镇化分为四类，分别是户籍城镇化、产业城镇化、建设城镇化、经济城镇化。城镇化作为人口向城市集中、产业向城市扩散、城区建设不断扩大、财政收入越来越高、人民生活日渐得到保障的经济社会进程，必然会从多方面对环境治理产生不同程度的影响，例如，户籍城镇化程度越高，一方面政府的治理政策会越方便实行，并且人口聚集促使要素聚集，要素的使用效率得到提升，就对政府环境治理绩效产生正向影响；另一方面，人口基数增大也会导致环境污染更加容易产生，就对环境治理会产生负面影响。产业城镇化程度越高，一方面政府方便整合协调企业，协同进行环境治理；另一方面越来越多的企业可能会带来更多的环境污染问题。建设城镇化程度越高，一方面政府对于生活区规划日益完善，对绿化等问题会更加深入考虑，可以有效保障居民区环境；另一方面高楼林立也会对环境造成一定程度上的污染。经济城镇化程度越高，一方面政府有足够的资本进行资源优化配置，促进节能减排；另一方面经济的进步有时是以环境的污染和资源的消耗牺牲换来的。城镇化对环境治理绩效的影响不仅是简单的正面影响或负面影响，也是多方面作用，正负方向共同影响，最终城镇化对环境治理绩效如何影响，取决于哪方面的影响占据主导效应。因此，以下就城镇化对政府环境治理绩效的影响效应进行实证分析，探究城镇化对政府环境治理绩效的影响方向。

8.2.2　城镇化影响政府环境治理绩效的实证分析

为分析城镇化对政府环境治理绩效的影响效应，本部分类似前面构建动态面板回归模型进行实证分析。

8.2.2.1　模型构建与变量设定

首先探究城镇化对环境治理绩效的直接影响效应，采用 2010 ~

2019 年的中国省级面板数据，以环境治理绩效为被解释变量，户籍城镇化、产业城镇化、建设城镇化、经济城镇化为核心解释变量，构建如下所示的动态面板回归模型。

$$egp_{it} = \beta_0 + \beta_1 egp_{it-1} + \beta_2 reg_{it} + \sum_{k=1}^{n} \beta_k control_{it} + \varepsilon_{it} \qquad (8.15)$$

$$egp_{it} = \beta_0 + \beta_1 egp_{it-1} + \beta_2 ind_{it} + \sum_{k=1}^{n} \beta_k control_{it} + \varepsilon_{it} \qquad (8.16)$$

$$egp_{it} = \beta_0 + \beta_1 egp_{it-1} + \beta_2 bui_{it} + \sum_{k=1}^{n} \beta_k control_{it} + \varepsilon_{it} \qquad (8.17)$$

$$egp_{it} = \beta_0 + \beta_1 egp_{it-1} + \beta_2 eco_{it} + \sum_{k=1}^{n} \beta_k control_{it} + \varepsilon_{it} \qquad (8.18)$$

式（8.15）至式（8.18）中，egp_{it} 为第 i 个省级行政区第 t 年政府环境治理绩效水平，egp_{it-1} 为第 i 个省级行政区第 t 年滞后 1 期的政府环境治理绩效水平，reg_{it} 为第 i 个省级行政区第 t 年户籍城镇化，ind_{it} 为第 i 个省级行政区第 t 年产业城镇化，bui_{it} 为第 i 个省级行政区第 t 年建设城镇化，eco_{it} 为第 i 个省级行政区第 t 年经济城镇化，$control_{it}$ 为第 i 个省级行政区第 t 年的控制变量，β_0 为常数项，β_k 为待估参数，ε_{it} 为随机干扰项。

除了直接效应以外，各类城镇化可能通过中介变量对环境治理绩效产生间接影响。因此，设定了产业结构优化、技术进步和城市绿化程度为中介变量，考察不同类型的城镇化对政府环境治理绩效的具体作用路径。将中介效应基本理论与本章的研究情况相结合，构建中介效应模型，仅以户籍城镇化为核心解释变量、产业结构优化为中介变量为例构建中介效应模型，模型表达式如下：

$$egp_{it} = \beta_0 + \beta_1 egp_{it-1} + \beta_2 reg_{it} + \sum_{k=1}^{n} \beta_k control_{it} + \varepsilon_{it} \qquad (8.19)$$

$$struc_{it} = \alpha_0 + \alpha_1 reg_{it} + \varepsilon_{it} \qquad (8.20)$$

$$egp_{it} = \gamma_0 + \gamma_1 egp_{it-1} + \gamma_2 reg_{it} + \gamma_3 struc_{it} + \sum_{k=1}^{n} \gamma_k control_{it} + \varepsilon_{it}$$

$$(8.21)$$

式（8.19）即为模型（8.15）的表达式，表示核心解释变量户籍城镇化 reg_{it} 对被解释变量政府环境治理绩效 egp_{it} 的直接效应，影响系数为 β_2。式（8.20）为核心解释变量户籍城镇化 reg_{it} 对中介变量产业结构 $struc_{it}$ 的影响效应，影响系数为 α_1。式（8.21）为核心解释变量户籍城镇化 reg_{it} 和中介变量产业结构 $struc_{it}$ 同时对被解释变量政府环境治理绩效 egp_{it} 的影响效应，影响系数分别为 γ_2 和 γ_3。同理可以构建建设城镇化、产业城镇化和经济城镇化作为核心解释变量，以及技术进步和城市绿化覆盖程度作为中介变量的中介模型。

基于 2010～2019 年 30 个省区市的政府环境治理绩效，为了更细致化地分析城镇化对政府环境治理绩效产生的直接影响和间接影响，将城镇化细化成户籍城镇化、产业城镇化、建设城镇化、经济城镇化四个核心解释变量，还将设定产业结构优化、技术进步、城市绿化覆盖程度这三个中介变量来探究城镇化可能通过中介变量对地区环境治理绩效产生的间接影响。最后还设置了地区发展水平和财政支出力度两个控制变量，下面对模型变量及其计算方法进行说明。

（1）被解释变量。

政府环境治理绩效水平（egp），采用前面测算出的政府环境治理绩效综合指数。

（2）核心解释变量。

选取户籍城镇化、产业城镇化、建设城镇化和经济城镇化作为衡量城镇化的指标，探究城镇化对政府环境治理绩效的影响效应。

①户籍城镇化（reg），户籍城镇化是农村人口往城市迁移所导致的，是人口城镇化最直观的数据体现，改革开放以后，中国逐步放开了原有对人口流动的控制，大量农民工流向了城市，同时加快了城市化的进程。城镇化的本质就是人的城镇化，城镇化必须以人为核心，从而才会调动城镇化各要素，保障城镇化不断推进。随着人口的涌入，生产力大大提升，随即导致了产业化的调整，社会由以农业为主的传统乡村型社会向以第二产业和第三产业等非农产业为主的现代城市型社会逐渐转

变，从而带动了产业城镇化和建设城镇化。所使用的户籍城镇化是城市户籍人口占常住总人口的比值，用这个百分比还可衡量各个地区的户籍城镇化水平。

②产业城镇化（ind），产业城镇化是新型城镇化的重要特征，顺应城市建设新理念，打造面向未来的现代化城市，都离不开产业的城镇化。通过产业等要素的聚集，城镇群能够迅速提升区域的协同发展能力，能推进各个行业补"短板"，提升公共设施服务能力，还能通过扩大特色重点产业规模，加强产业和地区城市的融合，提升地区的经济实力和就业能力，全面提升地区的综合实力和承载能力。所使用的产业城镇化指标是该地区非农总产值占该地区总产值的比值，不仅从产业数量或从业人员数量，也从整个非农产业规模和所带来的经济效益方面来衡量各个地区的产业城镇化水平。

③建设城镇化（bui），建设城镇化是城区建设趋于完善，趋于现代化的硬件体现。一般来说，发展城镇的目的就是让越来越多的人口进入设备更加完善、资源更加丰富、资源更加便利的城市建成区去得到生产环境提升、机会增多和生活幸福感增加的机会。因此城市的基础设施建设显得尤为重要。并且要做好一个系统的工程，不仅要让新人口住得下，更要让新人口稳得住、能适应。合理的城市规划、科学的城市架构、完备的城市建设，都是为了打造新型城镇化服务的，为了让城市具有更强的容纳能力，让越来越多的城市人口能够工作生活，安居乐业。确保新人口可以完全融入城镇空间和城市社会。所使用的建设城镇化指标是该地区的建设区面积占市区面积的比值。这个比值能反映各个地区的公共基础设施的建设水平，从而来代表建设城镇化的程度。

④经济城镇化（eco），改革开放以来，随着中国经济的飞速腾飞，中国城镇化程度不断提高。城镇化的快速发展离不开财政的重要推动作用，政府在城市规划、城市发展、城乡融合中起着关键的作用，很多城镇化问题都必须通过财政手段来解决，以推动城镇化的健康持续发展。只有政府有充足的资金，才能在城镇化进程中更好地履行其职能，实施

各种政策和方针，为整个地区提供必要的公共物品和服务。并且，财政收入越丰裕，能提供的公共物品和服务的种类和数量就会越来越多。可由政府调配使用的财政基金越多，政府履行其职能的能力就越强。因此，选取政府的财政收入来代表经济城镇化的水平，将该地区政府财政收入占地区生产总值的比值作为衡量经济城镇化的变量。

（3）中介变量。

选取产业结构升级、技术进步和城市绿化程度作为探究城镇化对政府环境治理绩效影响效应的中介变量。

①产业结构升级（struc），采用第三产业产值和第二产业产值的占比来表示产业结构优化。随着城镇化的推进，大多数农民由农村转向城市生活，导致从事第一产业劳动力减少，而且增加城市第二产业和第三产业的劳动力的增加。因此，城镇化一般情况下抑制第一产业的发展，促进第二产业和第三产业的发展，并且产业结构升级尤其是第二产业对环境具有较大程度的污染，对政府环境治理绩效具有负面影响，因此存在中介效应。

②技术进步（tech），仍然采用企业专利申请数表示，由于城镇化的推进有助于聚集性生产的发展，为了提高生产成果，企业则会加快生产技术的研发，技术进步致使生产过程产生更少的环境破坏，提高政府环境治理绩效，因此存在中介效应。

③城市绿化程度（gre），采用城市绿化覆盖率表示，城市绿化覆盖程度是衡量城市居住区绿化状况的指标，因为城镇化的进程对城市绿化产生需求，城市绿化覆盖程度有助于净化环境，提高政府环境治理绩效，因此存在中介效应。

（4）控制变量。

政府环境治理绩效的影响因素多种多样，此部分只研究城镇化对政府环境治理绩效的影响。为了使研究结果更加准确、严谨，排除其他因素的干扰，通过对相关文献的梳理，选取财政支出力度和经济发展水平作为控制变量。

①财政支出力度（fisc），采用政府一般公共支出占地区生产总值比值来代表财政支出力度。由前面可知，人均一般政府公共支出越多，对环境治理的支出越多，则会提高政府环境治理绩效，需要控制各地方政府一般政府支出不变，否则会干扰环境分权对政府环境治理绩效的影响，因此需要排除财政支出力度的干扰。

②经济发展水平（pgdp），仍然采用各地区人均生产总值来衡量地区经济发展水平，各个地区的产业比例不同，发展特点也不一样，经济发展水平则不一样。第三产业虽然蓬勃发展，但有一些不太发达的地区还是很依赖制造加工业，污染程度也就不一样，因此需要排除经济发展水平的干扰。

模型变量汇总如表8-6所示。

表8-6　　　　　　　　　　模型变量汇总表

变量类型	变量名称	变量符号	变量说明
被解释变量	政府环境治理绩效	egp	政府环境治理绩效综合指数
核心解释变量	户籍城镇化	reg	城市户籍人口占常住总人口的比值
	产业城镇化	ind	非农总产值占该地区总产值的比值
	建设城镇化	bui	建设区面积占市区面积的比值
	经济城镇化	eco	政府财政收入占该地区生产总值的比值
中介变量	产业结构升级	struc	第二产业增加值与第三产业的增加值比值
	技术进步	tech	专利申请量
	城市绿化程度	gre	城市绿化覆盖率
控制变量	财政支出力度	fisc	政府一般公共支出占地区生产总值比值
	经济发展水平	pgdp	人均地区生产总值

8.2.2.2 实证结果分析

基于前面建立的动态面板回归模型和中介效应模型，收集模型变量的数据，数据主要来源于历年《中国统计年鉴》《中国人口统计年鉴》

《中国环境统计年鉴》以及国家统计局数据库，借助 Stata 14.0 软件①获得运行结果。首先对模型变量进行面板单位根检验，进而分析城镇化对政府环境治理绩效的直接效应和中介效应。

（1）面板单位根检验。

为了避免出现"伪回归"现象，防止异方差的问题，首先对数据进行平稳性检验，仍然选取了 LLC 检验进行面板单位根检验，得到的检验结果如表 8-7 所示。

表 8-7　　　　　　　　　面板单位根检验结果

变量	egp	reg	ind	bui	eco
检验 T 值	-17.50***	-15.18***	-10.03***	-9.41***	-5.88***
变量	struc	tech	gre	pgdp	fisc
检验 T 值	-10.88***	-6.58***	-10.09***	-8.21***	-8.14***

注：表中 L_1 和 L_2 分别表示被解释变量滞后一阶和滞后二阶，数字表示模型的估计系数，"*"、"**"、"***"分别表示在 10%、5% 和 1% 的显著性水平下通过检验，AR（2）报告的是 P 值，若均为拒绝原假设，说明扰动项不存在序列相关性，Sargan 报告的是检验统计量值，若均为拒绝原假设，说明工具变量有效。

由表 8-7 可知，所有的变量均在 1% 的显著性水平下通过检验，说明所用变量的数据均为平稳性序列，适合进行后续的动态面板回归模型和中介效应模型分析。

（2）城镇化对环境治理绩效的直接影响效应分析。

运用 Stata 14.0 软件分别运行模型（8.15）至模型（8.18），得到城镇化对政府环境治理绩效影响的直接效应结果，如表 8-8 所示。

表 8-8　　　　　城镇化对政府环境治理绩效的直接影响效应

变量	模型（8.15）		模型（8.16）		模型（8.17）		模型（8.18）	
	不含控制变量	含控制变量	不含控制变量	含控制变量	不含控制变量	含控制变量	不含控制变量	含控制变量
L_1	-0.14***	-0.32***	-0.19***	-0.32***	-0.15***	-0.28***	-0.14***	-0.30***
reg	0.64***	1.59***						

① 程序运行代码见附录 5。

续表

变量	模型 (8.15)		模型 (8.16)		模型 (8.17)		模型 (8.18)	
	不含控制变量	含控制变量	不含控制变量	含控制变量	不含控制变量	含控制变量	不含控制变量	含控制变量
ind			1.73 ***	2.52 ***				
bui					− 0.87 ***	− 0.64 ***		
eco							1.36 ***	1.04 ***
pgdp		− 0.04 ***		− 0.02 ***		− 0.00 ***		− 0.00 ***
fisc		− 1.22 ***		− 1.10 ***		− 1.42 ***		− 1.71 ***
常数项	− 0.1 ***	− 0.05	− 1.29 ***	− 1.57 ***	0.56 ***	0.90 ***	0.11 ***	0.66 ***
AR (2)	0.10	0.29	0.13	0.31	0.10	0.22	0.08	0.27
Sargan	26.34	25.36	29.59	25.65	28.77	25.76	27.13	26.09

注：表中 L_1 表示被解释变量滞后一阶，数字表示模型的估计系数，"***"表示在1%的显著性水平下通过检验，AR (2) 报告的是 P 值，若均为拒绝原假设，说明扰动项不存在序列相关性，Sargan 报告的是检验统计量值，若均为拒绝原假设，说明工具变量有效。

由表 8-8 可知，除了经济城镇化为核心解释变量且不包含控制变量的情况下，模型未通过 10% 置信水平的 AR (2) 检验，说明此情况下模型的扰动项存在相关性，其余情况下所有模型均通过 AR (2) 检验，说明其余情况下所有模型扰动项不存在相关性。此外，所有模型的 Sargan 检验均通过，说明所有模型的控制变量均有效。

通过模型 (8.15) 得出的结果可知，当不包含控制变量时，户籍城镇化对政府环境治理绩效的影响系数为 0.64，通过了 1% 水平的显著性检验，表明户籍城镇化对政府环境治理绩效产生了正向影响。这就说明随着人口向城市迁移，城市人口占比越来越大，环境治理绩效反而越来越好。虽然人口数量的增多可能会给城市带来更大的压力，让城市的承载能力受到冲击，但很可能人口向城市的聚集会使各种治理措施和政策能够更加集中执行，如果人口在农村和城市分布特别不均衡，很多方针措施不能很好下达，就不能高效率地执行，而城市人口的集中让政府能够更好地传递环境治理的信息，各种污染源也会更加集中方便系统协同地治理。相对于农村，城市对各种废水废料的处理措施相对完善，能够很好地保障污染治理设施运行，从而提升了该地区整体的环境治理绩效。当包含控制变量时，户籍城镇化对环境治理绩效的影响系数增大到了1.59，通过了1%显著水平的检验，说明在排除了控制变量的干扰之后户籍城镇化对环境治理绩效产生的影响大幅增加。这就说明了控制变量就户籍城镇化对环境治理绩效产生的正向影响具有抑制作用。其中经济发展水平和财政支出力度对环境治理绩效有显著的负面作用，影响系数分别为 -0.04 和 -1.22，均通过1%水平的显著性检验，由于我国目前的经济发展模式仍然较为粗放，加大了政府环境治理的难度，而且各省级政府对环境保护方面的支出普遍占财政支出的百分之一以下，且大多数仍然投向了粗放的高污染行业，也增加了政府环境治理的难度。

通过模型（8.16）得出的结果可知，当不包含控制变量时，产业城镇化对环境治理绩效的影响系数为1.73，通过了1%水平的显著性检验，表明产业城镇化对环境治理绩效有显著的正向影响关系。这说明随着非农产业的不断发展，非农产业所占比例越来越大，产生越来越大的经济效益，环境的治理绩效越来越好。随着科技的进步，以前一些低效率、高能耗、高污染的产业都被叫停甚至淘汰，而越来越提倡环保高效可持续发展的企业才能留下来不断发展。并且随着时代的技术进步的创新，第二、第三产业包括非农的第一产业的渔业牧业等，都有技术创新，伴随着环保技术的不断提高，就能从源头上提高资源能源的使用效率和环境污染的治理水平。在强调不能以付出环境的代价来换取经济的增长的绿色发展过程中，产业结构不断调整，特别是第二产业的工业产业结构升级，由以往依靠大量劳动力耗费大量资源的资源密集、劳动密集型产业向技术型产业发生转变，减少了资源的浪费，从而提升了该地区的整体环境治理绩效。当包含控制变量时，产业城镇化对环境治理绩效的影响系数增大到了2.52，通过了1%水平的显著性检验，在排除了控制变量的干扰之后产业城镇化对环境治理绩效产生的影响大幅增加，就说明了控制变量对产业城镇化对环境治理绩效产生的正向影响具有抑制作用，综上所述，经济发展水平和财政支出力度对环境治理绩效有显著的负面作用，影响系数分别为 -0.02 和 -1.10，结论与前面一致。

通过模型（8.17）得出的结果可知，当不包含控制变量时，建设城镇化对环境治理绩效的影响系数为 -0.87，通过了 1% 水平的显著性检验，表明产业城镇化对环境治理绩效有显著的负面影响关系。这说明在城区不断发展建设的过程中，随着各种城区项目建设，势必会导致森林类资源减少以追求经济的发展，这样就可能造成一定的资源破坏性，并且减少了大自然的天然屏障，甚至可能造成多方面的污染，如大气污染、垃圾污染、辐射污染和水污染。增大了污染排放，环境治理就会受到阻碍。城市地区土地覆盖类型中的耕地、林地等人类干涉相对较少的土地类型大幅减少，取而代之的是高密度的城市建设用地，城区不透水面积增加，自然绿地面积骤减，这些都被水泥沥青铺成的广场和道路所取代。因此建设城镇化对环境治理绩效产生了显著的负面影响。当包含控制变量时，建设城镇化对环境治理绩效的影响系数变成了 -0.64，通过了 1% 显著水平的检验，表明排除了控制变量的干扰使建设城镇化对环境治理绩效的负面影响程度有所降低。综上所述，经济发展水平和财政支出力度对环境治理绩效有显著的负面作用，影响系数分别为 -0.00 和 -1.42，也与之前模型得出的结论保持一致。

通过模型（8.18）得出的结果可知，当不包含控制变量时，经济城镇化对环境治理绩效的影响系数为 1.36，通过了 1% 水平的显著性检验，表明经济城镇化对环境治理绩效有显著的正向影响关系。各地方政府的财政收入是在履行当地职能，是实施政策和提高公共服务和产品的基础，是为了维持自身存在和发挥职能的基础。财政收入可以有效地处理一个地区的物质利益交换和统筹资源配置，这就可以提升政府实施政策的效率，在环境保护问题上也能更好地调动各方的积极性，加强该地区的区域协调，达到优化资源配置，以实现节能减排，充分利用资源，保护环境。并且，高污染脏乱差企业具有无工商登记、无环保手续、无治理措施等特征，这些企业对财政收入贡献非常低，叫停这些企业，对当地的税收收入影响不大，关停这些污染企业还有助于发展高质量环保企业，增加市场竞争的公平性，又能增加高质量健康的财政收入，这样就极大地激励了地方政府的环保积极性，从而提高了环境治理绩效。当包含控制变量时，经济城镇化对政府环境治理绩效的影响系数减少至1.04，促进效应有所下降，主要来源于政府财政支出力度的影响，财政支出力度对环境治理绩效有显著的负面作用，影响系数为 - 1.71，通过了1%水平的显著性检验，表明目前我国地方财政并未有效地推动环境治理问题，未形成财政支出对环境治理的有效支撑。经济发展的影响虽然也通过了1%水平的显著性检验，但是影响系数约为零，说明经济城镇化对政府环境治理绩效的影响受到经济发展水平的影响程度较低。

（3）城镇化对环境治理绩效的中介效应分析。

由于前面分析了城镇化对政府环境治理绩效影响的直接效应，后续需要分析模型（8.20）和模型（8.21），即核心解释变量对中介变量的影响效应和同时包括核心解释变量和中介变量对被解释变量的影响效应。限于篇幅，中介效应分析仅选取户籍城镇化为核心解释变量。

仍然借助 Stata 14.0 软件，运用 GMM 估计法对模型（8.20）进行参数估计，结果如表 8 - 9 所示。

表 8 - 9   城镇化对中介变量的影响效应

变量	struc 为中介变量		tech 为中介变量		gre 为中介变量	
	不含控制变量	含控制变量	不含控制变量	含控制变量	不含控制变量	含控制变量
L_1	0.91 ***	1.06 ***	0.99 ***	1.06 ***	0.76 ***	0.75 ***
reg	1.38 ***	1.34 ***	12.96 ***	- 4.05 ***	0.06 ***	0.09 ***
pgdp		- 0.02 ***		0.49 ***		0.00 ***
fisc		1.22 ***		- 22.72 ***		0.02 ***
常数项	- 0.62 ***	0.87 ***	- 6.27 ***	7.68 ***	0.06 ***	- 0.01
AR（2）	0.05	0.16	0.98	0.64	0.67	0.73
Sargan	29.88	27.06	29.54	27.54	27.83	25.94

注：表中 L_1 表示被解释变量滞后一阶，数字表示模型的估计系数，" *** "表示在1%的显著性水平下通过检验，AR（2）报告的是 P 值，若均为拒绝原假设，说明扰动项不存在序列相关性，Sargan 报告的是检验统计量值，若均为拒绝原假设，说明工具变量有效。

由表 8 - 9 可知，除了在不包含控制变量且产业结构升级为被解释变量情况下，模型未通过10%置信水平的AR（2）检验，表明此情况下模型的扰动项存在相关性，其余情况下所有模型均通过10%置信水平的AR（2）检验，说明其余情况下所有模型扰动项不存在相关性。此外，所有模型的Sargan检验均通过，说明所有模型的控制变量均有效。

当产业结构升级作为被解释变量时，在不包含控制变量的情况下，户籍城镇化对产业结构升级的影响系数为1.38，并且通过了1%显著性水平下的显著性检验，说明户籍城镇化对产业结构优化有显著的正向影响。宏观来说，人口往城市迁移的户籍城镇化过程就是农村剩余劳动力向第二产业和第三产业输送的过程，是农村剩余劳动力的转移过程，当城市人口越来越多，在城市的生活习惯和消费观念肯定发生了变化，比较明显的就是生活品质和个人享受的提升，就有着更高层次的消费需求，从而刺激了生产，推动了产业结构优化。同时，城市的经营方式、生产特点都更优于农村，劳动密集型向技术型发生转变，城市较为集中的人力资本能做到更好的资源的分配和合适的交易，并且在信息化大数据的大时代背景下，信息更加互通透明，服务业更加繁荣，推动其他新兴产业的形成和发展，更好地推动了第三产业的发展，推动了产业结构的优化[168]。在包含控制变量的情况下，户籍城镇化对产业结构升级的影响系数降为1.34，也通过了1%水平下的显著性检验，表明控制变量对产业结构优化有抑制作用，所以在包含控制变量之后户籍城镇化对产业结构升级的影响有小幅度下降。经济发展水平和财政支出力度的影响系数分别为−0.02和1.22，都通过了1%水平下的显著性检验。经济发展水平对产业结构优化有轻微的负面影响，可能是因为在大部分非一线城市，密集型制造业等产业还是主要的创造效益的方式，只有在较发达的城市，服务业和新兴产业才取得了更好的效果。而政府可以通过自身干预经济活动来发展第三产业，这样又可以促进产业结构优化。

当技术进步作为被解释变量时，在不包含控制变量的情况下，户籍城镇化对技术进步的影响系数为12.96，并且通过了1%显著性水平下的显著性检验，说明户籍城镇化对技术进步有显著的正向影响。我国一直在强调创新驱动发展战略，特别要坚持改革引领，创新驱动。城镇化过程伴随着人力资本的聚集，企业间交流促进也会增加，有助于形成新的区域链，为了实现更好的区域融合，就会衍生出更多的区域创新，创新将生产要素和生产条件的新组合代入现有生产体系的过程[169]，城镇化带来了条件，市场也有需求，这就有着更好的条件来推动技术进步和技术发明。在包含控制变量的情况下，户籍城镇化对技术进步的影响系数变为 -4.05，并且通过了 1% 水平下的显著性检验，在包含控制变量之后户籍城镇化对环境治理绩效的正向影响直接变为负面影响。经济发展水平和财政支出力度的影响系数分别为 0.49 和 -22.72，都通过了 1% 水平下的显著性检验。经济发展水平对技术进步产生了正向影响，经济发展水平提高，企业会加大生产技术的研发投入，技术进步又促进生产效率提高，获得更高的经济收益，形成了良性循环。而财政支出力度对技术进步产生了非常明显的负面影响，我国政府财政支出一方面投入基础设施的建设，另一方面把资本放在见效快、经济效益高的项目上，造成了更加严重的环境污染，而并未将政府财政支出资金用于鼓励企业生产技术的研发、提高生产效率方面，因此政府财政支出对政府环境治理绩效产生了大幅度的抑制作用。

当城市绿化程度作为被解释变量时，在不包含控制变量的情况下，户籍城镇化对城市绿化程度的影响系数为 0.06，并且通过了 1% 显著性水平下的显著性检验，说明户籍城镇化对城市绿化程度有显著的正向影响。现代化城市不仅仅指的是科技和经济的发展，在越来越强调生活水平的现代社会，城市生态生活的统筹发展才是被推崇的，中央多次提出尊重自然、顺应自然、保护自然的发展战略。这也是打造现代化城市的前提条件。城市绿化包括公共用地绿地、街道绿地、小区绿地等，这些绿化覆盖不仅能有效地提升城市的形象，更能解决城市的环境问题。城市绿化覆盖率已经成为衡量一个城市宜居水平和可持续发展能力的关键性指数。越来越多的人在城市工作生活，随之提升了绿化的需求，同时也为城市提供了足够的劳动力，这些也是城市绿化建设所需要的。在城市居民的居住环境中，开发商总会将绿化率作为衡量一个小区是否宜居的指标，在越来越多人口居住在城市的过程中，自然而然带动了这些产业伴随的绿化率的增长。在包含控制变量的情况下，户籍城镇化对城市绿化程度的影响系数变为 0.09，并且通过了 1% 水平下的显著性检验，在包含控制变量之后户籍城镇化对城市绿化程度的正向影响有所提升。经济发展水平和财政支出力度的影响系数分别为 0 和 0.02，并且都通过了 1% 水平下的显著性检验。经济发展水平对城市绿化程度产生了轻微的负面影响，而财政支出力度对城市绿化程度产生了轻微的正向影响。这可能是因为政府的绿化能力和建设能力可以很好地保障城市绿化覆盖率，但大众的生态保护意识还有所欠缺。

由前面分析可知，户籍城镇化对政府环境治理绩效水平具有正向促进作用，在不包含控制变量和包含控制变量两种情况下影响系数分别为 0.64 和 1.59。另外，户籍城镇化对产业结构升级具有正向作用，在不包含控制变量和包含控制变量两种情况下影响系数分别为 1.38 和 1.34；户籍城镇化对技术进步的影响效应在不包含控制变量的情况下具有正向作用，影响系数为 12.96，在包含控制变量的情况下具有负向作用，影响系数为 -4.05；户籍城镇化对城市绿化程度也具有正向促进作用，在不包含控制变量和包含控制变量两种情况下影响系数分别为 0.06 和 0.09。下面探讨纳入中介变量时，城镇化和中介变量同时对政府环境治理绩效水平影响的变化，即对模型（8.21）进行分析，结果如表 8-10 所示。

表 8-10　城镇化和中介变量对政府环境治理绩效的影响效应

变量	struc 为中介变量		tech 为中介变量		gre 为中介变量	
	不含控制变量	含控制变量	不含控制变量	含控制变量	不含控制变量	含控制变量
L_1	-0.16 ***	-0.30 ***	-0.17 ***	-0.32 ***	-0.14 ***	-0.32 ***
reg	1.03 ***	1.56 ***	1.17 ***	1.70 ***	0.85 ***	1.64 ***

信毅学术文库

续表

变量	struc 为中介变量		tech 为中介变量		gre 为中介变量	
	不含控制变量	含控制变量	不含控制变量	含控制变量	不含控制变量	含控制变量
struc	- 0. 05 ***	0. 02 *				
tech			0. 00 ***	0. 00 ***		
gre					- 0. 81 ***	- 0. 76 *
pgdp		- 0. 04 ***		- 0. 05 ***		- 0. 04 ***
fisc		- 0. 97 ***		- 1. 21 ***		- 1. 35 ***
常数项	- 0. 26 ***	- 0. 14	- 0. 35 ***	- 0. 09	0. 10 **	0. 23
AR（2）	0. 87	0. 93	0. 83	0. 88	0. 95	0. 83
Sargan	26. 10	26. 58	28. 21	23. 85	26. 26	25. 75

注：表中 L_1 表示被解释变量滞后一阶，数字表示模型的估计系数，" * "、" ** "、" *** "分别表示在10%、5%和1%的显著性水平下通过检验，AR（2）报告的是 P 值，若均为拒绝原假设，说明扰动项不存在序列相关性，Sargan 报告的是检验统计量值，若均为拒绝原假设，说明工具变量有效。

由表 8 - 10 可知，所有情况下模型均通过了 AR（2）检验，说明扰动项不存在相关性。此外，所有模型的 Sargan 检验均通过，说明所有模型的控制变量均有效。

在加入产业结构为中介变量且不包含控制的情况下，户籍城镇化对环境治理绩效的正向作用由 0.64 增加到 1.03，通过了 1% 水平下的显著性检验。产业结构优化对环境治理绩效存在负面作用，影响系数为 - 0.05，通过 1% 水平下的显著性检验，在包含控制变量的情况下，户籍城镇化对环境治理绩效的正向影响由 1.59 减小到 1.56，通过 1% 水平下的显著性检验。此时产业结构对环境治理绩效存在正向影响，影响系数为 0.02，通过 10% 水平下的显著性检验，控制变量经济发展水平和财政支出力度的影响系数分别为 - 0.04 和 - 0.97，均产生负面影响，通过 1% 水平下的显著性检验。综合来说，城镇化水平对产业结构优化和环境治理绩效都有促进作用，随着生产力生产要素的聚集，第三产业在产生经济效益的同时也不像传统制造业那样容易造成环境污染，但在转型过程中也应该注意产业结构的调整，因为部分第三产业产生的污染不亚于第二产业，政府应该多加引导，兼顾发展转型和环境保护。

在加入技术进步为中介变量且不包含控制的情况下，户籍城镇化对环境治理绩效的正向作用由 0.64 增加到 1.17，通过了 1% 水平下的显著性检验。技术进步对环境治理绩效存在负面作用，影响系数为 0.00，通过 1% 水平下的显著性检验，在包含控制变量的情况下，户籍城镇化对环境治理绩效的正向影响由 1.59 增加到 1.70，通过 1% 水平下的显著性检验。此时技术进步对环境治理绩效存在正向影响，影响系数为 0.003，通过 1% 水平下的显著性检验，控制变量经济发展水平和财政支出力度的影响系数分别为 -0.05 和 -1.21，均产生负面影响，通过 1% 水平下的显著性检验。综合来说，户籍城镇化有助于环境治理绩效的提升，但政府在环保投入上占比还较低，创新不足，政府应该加强技术创新，加强对环保的投入支出。

在加入城市绿化覆盖率为中介变量且不包含控制的情况下，户籍城镇化对环境治理绩效的正向作用由 0.64 增加到 0.85，通过了 1% 水平下的显著性检验。城市绿化覆盖率对环境治理绩效存在负面作用，影响系数为 -0.81，通过 1% 水平下的显著性检验，在包含控制变量的情况下，户籍城镇化对环境治理绩效的正向影响由 1.59 增加到 1.64，通过 1% 水平下的显著性检验。此时城市绿化覆盖率对环境治理绩效存在负面影响，影响系数为 -0.76，通过 10% 水平下的显著性检验，控制变量经济发展水平和财政支出力度的影响系数分别为 -0.04 和 -1.35，均产生负面影响，通过 1% 水平下的显著性检验。综合来说，户籍城镇化能提升环境治理绩效和城市绿化覆盖率，但城市绿化不仅是生态工程，也是综合了经济和社会的系统工程，需要考虑人口、自然等因素，遵循自然规律，政府应该在适合当地实际情况下发展绿化，避免浪费人力物力违背自然规律。

8.3 政府环境补贴对政府环境治理绩效的影响效应分析

在分析政府环境补贴对政府环境治理绩效影响机理的基础上，对政府环境补贴影响政府环境治理绩效进行实证分析。

8.3.1 政府环境补贴影响政府环境治理绩效的机理分析

政府环境补贴是指政府为了解决地方环保问题，或者出于政治、经济方面的原因而对企业进行的各种补贴，来帮助企业进行设备、工艺向更环保的方向改进的一种政府补贴行为，政府为鼓励企业进行环保投资，维护公共利益，促进可持续发展，给予企业开展环境治理活动、环境保护生产方式等相关的政府补贴。政府环境补贴主要采取的方式有直接向企业支付现金、提供税收激励和豁免、政府环境保护投资或政府以相对优惠的利率向企业提供贷款等。

为了实现自身的可持续发展，地方企业会尽可能地利用政府环境补贴来增加环境保护投资，提升企业的环境治理绩效。对于现代经济发展而言，环境污染是典型的外部性问题。同样，与企业的环境治理绩效相关的技术进步也具有较强的外部性，这可能会导致企业的利益损失。利益最大化原则使大多数的企业不愿意将大量的资金投入环境保护方面。此时，地方政府可通过现金支付、税收激励及利率优惠等相关补贴政策，直接或间接地鼓励企业减少其环境污染，弥补其环境保护资本投入的损失。企业在获得了政府的财政支持后，也会更加重视环境保护和污染治理，有助于提升政府环境治理绩效。

然而，就目前关于政府环境补贴的研究而言，政府环境补贴对环境治理绩效的影响是复杂的。首先，企业获得更加环保的生产技术，生产更加环保的产品必然离不开大量研发资金的投入，由于地方政府为企业提供环境补贴资金有助于有效地减轻企业环保技术研发的投入短缺和一定的经营负担，政府环境补贴会促进那些创新企业进行更加环保的生产技术研发。一方面引导企业向更加集约节约的环保产业转型，推动产业结构升级；另一方面促进企业技术进步，进而减少污染物的排放，提高环境治理绩效。然而政府环境补贴不一定会被企业用于研发更加环保的生产技术，也可能被企业用于其他的非创新研发部门上，这样就可能导致政府对企业技术进步的补贴间接地使市场部分要素价格产生变动，从而产生其相应的负面影响。从现在的实际情况看，虽然地方政府环境补贴是致力于激励企业提升环境治理能力和治理效率方面的，但是由于缺少环境补贴后的相应资金的使用监管而导致大量的政府环境补贴被挪用到企业的主营业务或其他非环保创新研发部门上，最终使环境治理绩效并没有得到显著提升。同时，环境补贴被挪用的情况是普遍存在的，这也说明地方政府环境补贴的作用效果并没有达到预期目标，地方政府应该更加关注环境补贴的事后资金使用方面的监管，从而有效发挥地方政府补贴的作用。

综上所述，政府环境补贴对政府环境治理绩效具有正向促进作用。但地方政府环境补贴能否充分发挥其作用还需要对补贴对象进行补贴资金使用方面的监管。目前可以确定的是，地方政府环境补贴的确能够促使企业加大环境保护方面的投入、减少环境污染、提升环境治理绩效。而地方政府环境补贴对环境治理绩效的影响程度究竟如何？还需要进一步分析。因此，本章后续构建计量经济模型就地方政府环境补贴对环境治理绩效的影响机理进行实证分析，明确地方政府环境补贴对环境治理绩效的影响方向，为完善地方政府环境补贴政策提供依据。

8.3.2 政府环境补贴影响政府环境治理绩效的实证分析

为分析政府环境补贴对政府环境治理绩效的影响效应，类似前面构建动态面板回归模型进行实证分析。

8.3.2.1 模型构建与变量设定

首先探究政府环境补贴对政府环境治理绩效的直接影响效应，采用 2010～2019 年的中国省级面板数据，仍然选用动态面板回归模型进行实证分析，构建动态面板回归模型表达式如下：

$$egp_{it} = \beta_0 + \beta_1 egp_{it-1} + \beta_2 esub_{it} + \sum_{k=1}^{n} \beta_k Control_{it} + \varepsilon_{it} \tag{8.22}$$

其中，egp_{it} 为第 i 个省级行政区第 t 年政府环境治理绩效水平，egp_{it-1} 为第 i 个省级行政区第 t 年滞后 l 期的政府环境治理绩效水平，$esub_{it}$ 为第 i 个省级行政区第 t 年政府环境补贴，$control_{it}$ 为第 i 个省级行政区第 t 年的控制变量，β_0 为常数项，β_k 为待估参数，ε_{it} 为随机干扰项。

除了直接效应以外，政府补贴可能通过中介变量对环境治理绩效产生间接影响。因此，设定了产业结构优化、技术进步为中介变量，考察政府环境补贴对政府环境治理绩效的具体作用路径。将中介效应基本理论与本研究情况相结合，构建中介效应模型，仅以政府环境补贴为核心解释变量、产业结构升级为中介变量为例构建中介效应模型，模型表达式如下：

$$egp_{it} = \beta_0 + \beta_1 egp_{it-1} + \beta_2 esub_{it} + \sum_{k=1}^{n} \beta_k control_{it} + \varepsilon_{it} \tag{8.23}$$

$$struc_{it} = \alpha_0 + \alpha_1 esub_{it} + \varepsilon_{it} \tag{8.24}$$

$$egp_{it} = \gamma_0 + \gamma_1 egp_{it-1} + \gamma_2 esub_{it} + \gamma_3 struc_{it} + \sum_{k=1}^{n} \gamma_k control_{it} + \varepsilon_{it}$$

$$\tag{8.25}$$

式（8.23）即为模型（8.22）的表达式，表示核心解释变量政府环境补贴 $esub_{it}$ 对被解释变量政府环境治理绩效 egp_{it} 的直接效应，影响系数为 β_2。式（8.24）为核心解释变量政府环境补贴 $esub_{it}$ 对中介变量产业结构 $struc_{it}$ 的影响效应，影响系数为 α_1。式（8.25）为核心解释变

量政府环境补贴 $esub_{it}$ 和中介变量产业结构 $struc_{it}$ 同时对被解释变量政府环境治理绩效 egp_{it} 的影响效应，影响系数分别为 γ_2 和 γ_3。同理可以构建技术进步作为中介变量的中介模型。

下面对模型中的变量及其计算方法进行说明。

（1）被解释变量。

政府环境治理绩效水平（egp），采用前面测算出的政府环境治理绩效综合指数。

（2）核心解释变量。

政府环境补贴（esub）。目前，还没有直接披露各省级地方政府在政府环境补贴方面的数据。使用各地方政府财政环境保护支出所占各省区市总财政支出比值作为政府环境补贴的代替指标[170]。

（3）中介变量。

选取产业结构升级和技术进步作为探究政府环境补贴对政府环境治理绩效影响效应的中介变量。

①产业结构升级（struc）。仍然选取各省区市第二产业的增加值与第三产业的增加值比值来表示。政府环境补贴致使企业摒弃粗放高污染的生产方式，导致从事第二产业的企业倾向于向集约节约且低污染低排放的第三产业转型，减少对环境的污染，提升政府环境治理绩效，因此存在中介效应。

②技术进步（tech）。仍然采用企业专利申请数表示，政府对地方的环境补贴的对象一方面是对企业，为企业提供资金补贴，企业获得资金补贴后，则会用于企业生产技术的研发投入，促使企业生产技术进步，进而导致其生产方式升级，减少对环境的污染，有助于政府环境治理绩效的提升，因此存在中介效应。

（4）控制变量。

政府环境治理绩效的影响因素多种多样，此部分只研究政府环境补贴对政府环境治理绩效的影响。为了使研究结果更加准确、严谨，排除其他因素的干扰，通过对相关文献的梳理，选取劳动力素质、城镇化、对外开放程度、经济发展水平作为控制变量。

①劳动力素质（edl）。采用大专及以上学历人口数所占年末常住人口的比值表示，政府环境补贴有助于鼓励接受过高等教育劳动人员提高环保意识，进而减少对环境的破坏，且会更加注重源头防治，这样就能在很大程度上减轻环境治理的工作难度，同时环境治理绩效也将会大幅提升，因此需要排除劳动力素质的干扰。

②城镇化（city）。采用城镇化也会影响政府环境治理绩效，仍然采用城镇率。即城镇人口占总人口比重衡量，因为各省区市的城镇化程度不同，而城镇化显然对环境治理绩效存在一定的影响。一方面，城镇化能够促进要素的聚集，使生产方式更加简便，分工更加明确，进而提高生产要素的使用效率，减少资源的浪费，同时产生较少的污染物的排放；另一方面，城镇化过程中会产生大量的环境污染物，增加政府的环境治理难度，影响政府环境治理绩效，因此也需要排除城镇化的干扰。

③对外开放程度（fdi）。仍然采用对外直接投资占地区生产总值的比重衡量，根据"污染避难所假说"中所提到的：污染密集型产业倾向转移到环境标准较低的国家，故外商直接投资可能会直接导致本国的环境污染问题加重。然而，外商直接投资同样也可以为国内带来更加严格的国际环境技术标准和更加先进的绿色创新技术，也会有利于国内的环境治理。因此，关于外商直接投资对环境治理绩效的作用方向有待进一步的检验，因此需要排除外商直接投资的干扰。

④经济发展水平（pgdp）。仍然采用人均地区生产总值表示，在我国当前的经济发展阶段，经济发展与环境污染呈正相关关系，影响政府环境治理绩效，因此也需要排除经济发展水平的干扰。而在考虑各省区市地方政府环境补贴对环境治理绩效的影响时，显然应该控制经济发展水平的干扰。

模型变量汇总如表 8－11 所示。

表8-11　　　　　　　　　　　模型变量汇总表

变量类型	变量名称	变量符号	变量说明
被解释变量	政府环境治理绩效	egp	政府环境治理绩效综合指数
核心解释变量	政府环境补贴	esub	地方财政环境保护支出所占财政支出比值
中介变量	产业结构升级	struc	第二产业增加值与第三产业的增加值比值
	技术进步	tech	企业申请专利数
控制变量	劳动力素质	edl	大专及以上的人口数所占年末常住人口的比值
	城镇化	city	城镇人口数占总人口数比值
	对外开放程度	fdi	对外直接投资占地区生产总值比值
	经济发展水平	pgdp	人均地区生产总值

8.3.2.2　实证结果分析

基于前面建立的动态面板回归模型和中介效应模型，收集模型中变量的数据，数据主要来源于历年《中国统计年鉴》《中国环境统计年鉴》以及 ESP 数据库，借助 Stata 14.0 软件①获得运行结果。首先对模型变量数据进行面板单位根检验，进而分析地方政府环境补贴对环境治理绩效的直接效应和中介效应。

（1）面板单位根检验。

为了避免出现"伪回归"现象，防止异方差的问题，首先对数据进行平稳性检验，仍然选取了 LLC 检验进行面板单位根检验，得到的检验结果如表8-12所示。

由表8-12可知，所有的变量取对数后均在1%的显著性水平下通过检验，说明所用变量的数据均为平稳性序列，适合进行后续的动态面板回归模型分析。

（2）地方政府环境补贴影响环境治理绩效的直接效应分析。

———————————

①　程序运行代码见附录6。

表 8 – 12 　　　　　　　　　　　面板单位根检验结果

变量	lnegp	lnesub	lnstruc	lntech
检验 T 值	– 17. 34 ***	– 11. 00 ***	– 10. 86 ***	– 64. 15 ***
变量	lnedl	lncity	lnfdi	lnpgdp
检验 T 值	– 14. 19 ***	– 15. 12 ***	– 4. 85 ***	– 3. 84 ***

　　注：表中 L1 和 L2 分别表示被解释变量滞后一阶和滞后二阶，数字表示模型的估计系数，"＊"、"＊＊"、"＊＊＊"分别表示在 10% 、5% 和 1% 的显著性水平下通过检验，AR（2）报告的是 P 值，若均为拒绝原假设，说明扰动项不存在序列相关性，Sargan 报告的是检验统计量值，若均为拒绝原假设，说明工具变量有效。

　　运用 Stata 14. 0 软件运行模型（8. 23），得到地方政府环境补贴对环境治理绩效影响的直接效应结果如表 8 – 13 所示。

表 8 – 13　地方政府环境补贴对政府环境治理绩效的直接影响效应

变量	L_1	lnesub	lnedl	lncity	lnfdi	lnpgdp	常数项	AR（2）	Sargan
无控制变量	– 0. 04 ***	1. 31 ***					2. 93 ***	0. 86	29. 94
有控制变量	– 0. 04 **	1. 11 ***	0. 15 **	2. 81 ***	– 0. 13 ***	– 0. 55 **	4. 91 ***	0. 97	28. 45

　　由表 8 – 13 可知，模型（8. 23）在包含控制变量和不包含控制变量的两种情形下均通过了 AR（2）检验和 Sargan 检验，说明模型（8. 23）的扰动项均不存在序列相关性，并且工具变量，即控制变量均有效。当模型中不包含控制变量时，地方政府环境补贴对环境治理绩效的影响系数为 1. 31，通过了 1% 水平下的显著性检验，说明地方政府环境补贴在某种程度上显著有助于环境治理绩效整体水平的提升，同时也说明中央政府应该积极引导地方政府，使地方政府完善各项与环境保护相关的政策以及激励措施。从而使地方政府加大对各企业的环境补贴力度。当模型中包含控制变量时，地方政府环境补贴对环境治理绩效的影响系数变化为 1. 11，也通过了 1% 水平下的显著性检验，说明控制变量在地方政府环境补贴对环境治理绩效的影响过程中存在一定的促进作用，因为在模型中加入控制变量，即排除控制变量的干扰时，地方政府环境补贴对环境治理绩效的影响程度小幅减小。在四个控制变量中，外商直接投资和经济发展水平在地方政府环境补贴对环境治理绩效的影响过程中具有

显著的负向作用，其影响系数分别为 -0.13 和 -0.55。根据我国现有经济体系不难看出，一方面由于我国部分行业的环境标准较低使其他较发达国家的污染密集型产业会更加倾向于转移到我国，故外商直接投资导致本国的环境污染问题加重；另一方面，由于我国目前的经济发展模式仍然较为粗放，许多企业依旧处在以牺牲环境为代价的发展过程中，在一定程度上也增加了政府参加环境治理的难度。城镇化和外商直接投资并未产生显著性的影响。

（3）地方政府环境补贴影响环境治理绩效的中介效应分析。

由于前面分析了地方政府环境补贴对环境治理绩效影响的直接效应，即模型（8.23）的结论。根据中介效应模型，后续需要分析模型（8.24）和模型（8.25），即核心解释变量对中介变量的影响效应和同时包括核心解释变量和中介变量对被解释变量的影响效应。

仍然借助 Stata 14.0 软件，运用 GMM 估计法对模型（8.24）进行参数估计，结果如表 8 - 14 所示。

表 8 – 14　　　　　　政府环境补贴对中介变量的影响效应

变量	struc 为中介变量		tech 为中介变量	
	不含控制变量	含控制变量	不含控制变量	含控制变量
L_1	0.92 ***	1.00 ***	1.02 ***	0.99 ***
L_2		-0.23 ***		0.08 ***
lnesub	-0.06 ***	0.02 *	-0.11 ***	0.11 ***
lnedl		0.06 ***		-0.07 ***
lncity		0.47 ***		-0.10 *
lnfdi		-0.02 ***		-0.01
lnpgdp		-0.03 **		-0.27 ***
常数项	-0.15 ***	0.55 ***	-0.52 ***	-0.20 ***
AR（2）	0.14	0.19	0.02	0.05
Sargan	29.77	23.26	29.78	27.02

注：表中 L_1 和 L_2 分别表示被解释变量滞后一阶和滞后二阶，数字表示模型的估计系数，"*"、"**"、"***"分别表示在10%、5%和1%的显著性水平下通过检验，AR（2）报告的是 P 值，若均为拒绝原假设，说明扰动项不存在序列相关性，Sargan 报告的是检验统计量值，若均为拒绝原假设，说明工具变量有效。

由表 8-14 可知，当技术进步为被解释变量时，在包括控制变量和不包括控制变量两种情况下模型均未通过 10% 水平下的 AR（2）检验，说明在技术进步为被解释变量时模型的扰动项存在相关性，而当产业结构升级作为被解释变量时，在包括控制变量和不包括控制变量两种情况下模型均通过 10% 水平下的 AR（2）检验，即扰动项均不存在相关性。此外，所有模型中的 Sargan 检验均通过了检验，说明所有模型的工具变量，即控制变量均有效。

当产业结构为被解释变量时，在不包含控制变量的情况下，地方政府环境补贴对产业结构的影响系数为 -0.06，通过了 1% 水平下的显著性检验，说明地方政府环境补贴对产业结构升级具有一定的负向抑制作用，但是此抑制作用并不强烈，由于部分企业并未将政府环境补贴资金用于自身向更加高级的产业转型，而是用于加大现有粗放生产的投入，甚至为了经济效益进一步进行更加粗放的产业转型。在包含控制变量的情况下，地方政府环境补贴对产业结构的影响系数变为 0.02，同时也通过了 10% 水平下的显著性检验。说明在排除了考虑在内的控制变量的影响时，地方政府环境补贴对产业结构的影响由负向的抑制作用转变为正向的促进作用。这表明总的来说，地方政府环境补贴对产业结构升级的影响还是正向的。在被考虑在内的控制变量中，劳动力素质水平、城镇化和外商直接投资的影响系数分别为 0.06、0.47 和 -0.02，均通过了 1% 水平下的显著性检验。这一结果说明，劳动力素质水平和城镇化是有助于引导产业结构升级的，因为产业结构的升级必定离不开人的活动，而在劳动人口素质提升的同时，人们的环保思想以及创新精神也渐渐有所提升，产业结构的升级也必将得到促进。而随着城镇化水平的提高，城镇人口不断增加，无疑会拉动高质量产业的发展。外商直接投资对产业结构升级的影响系数是一个较小的负数，说明外商直接投资对产业结构升级有略微的抑制作用，外商在直接投资我国市场的同时会对部分生产技术有所保留。经济发展水平的影响系数为 -0.03，通过了 5% 水平下的显著性检验，说明经济发展水平对产业结构升级具有负向作用，因为第二产业比第三产业带来更高的经济产值，抑制产业结构的升级。

当技术进步作为被解释变量时，在不包含控制变量的情况下，地方政府环境补贴对技术进步的影响系数为 -0.11，通过了 1% 水平下的显著性检验，说明地方政府环境补贴对技术进步具有显著的负向作用，这可能是因为在不排除其他影响因素的情况下，地方政府环境补贴下发之后缺少一定的事后监管，导致部分企业可能会将补贴资金用于其他非研发性部门，而最终使企业在技术进步方面并没有明显的提升。在将控制变量考虑在内的情况下，地方政府环境补贴对技术进步的影响系数变为 0.11，同时也通过了 1% 水平下的显著性检验，说明在排除了控制变量的影响时，地方政府环境补贴对技术进步的影响作用还是正向的促进作用。这说明地方政府环境补贴还是对企业的技术进步有一定激励作用，企业在得到补贴之后更有动力去进行创新技术的研发。其中劳动力素质水平和经济发展水平对技术进步均具有负向效应，影响系数分别为 -0.07 和 -0.27，均通过了置信水平为 1% 的显著性检验。因为技术研发需要较高的成本，导致经济利益较低，抑制企业技术进步。而劳动力素质水平的提升会略微抑制技术进步可能是因为随着技术进步研究的深入，部分研究到达瓶颈期，导致后续有所发展的难度加大。其他的控制变量中，外商直接投资对技术进步未产生显著的影响，城镇化的影响系数为 -0.10，通过了 10% 水平下的显著性检验，说明城镇化水平会抑制企业技术进步，这可能是因为对城镇化水平越高，企业竞争越大，企业技术成果会更加容易被其他企业获取，导致企业在技术进步上的投入收益会更小，使越来越多的企业更加不愿意加大在技术进步上的投入，从而进一步抑制技术进步。

由前面分析可知，地方政府环境补贴对环境治理绩效水平具有显著的正向作用，在不包含控制变量和包含控制变量两种情况下影响系数分别为 1.31 和 1.11。另外，在不包括控制变量的情况下，政府环境补贴对技术进步具有显著的负向作用，影响系数为 -0.06，在包括控制变量的情况下，政府环境补贴对技术进步具有显著正向作用，影响系数为0.02。下面探讨纳入中介变量时，地方政府环境补贴和中介变量同时对环境治理绩效水平影响的变化，即对模型（8.25）进行分析，结果如表8-15所示。

表8-15　　政府环境补贴和中介变量对政府环境治理绩效的影响效应

变量	struc 为中介变量		tech 为中介变量	
	不含控制变量	含控制变量	不含控制变量	含控制变量
L_1	-0.04 **	-0.06 ***	-0.33 ***	-0.29 ***
L_2			-0.18 ***	-0.17 ***
lned	1.22 ***	1.23 ***	0.95 ***	1.19 ***
lnstruc	0.12 **	-1.37 ***		
lntech			0.57 ***	0.51 ***
lnedl		0.09		0.03
lncity		4.10 ***		1.77 *
lnfdi		-0.07 *		-0.21 ***
lnpgdp		-0.05		-0.52 **
常数项	2.58 ***	5.40 ***	-7.2982 ***	-3.92 ***
AR（2）	0.85	0.91	0.82	0.83
Sargan	29.91	28.09	29.61	26.17

注：表中 L_1 和 L_2 分别表示被解释变量滞后一阶和滞后二阶，数字表示模型的估计系数，"*"、"**"、"***"分别表示在10%、5%和1%的显著性水平下通过检验，AR（2）报告的是 P 值，若均为拒绝原假设，说明扰动项不存在序列相关性，Sargan 报告的是检验统计量值，若均为拒绝原假设，说明工具变量有效。

由表8-15可知，所有情况下模型均通过了 AR（2）检验，说明扰动项不存在相关性。此外，所有模型的 Sargan 检验均通过，说明所有模型的控制变量均有效。

在将产业结构作为中介变量且不包含控制变量的情况下，地方政府环境补贴对环境治理绩效水平的直接促进作用略微降低，影响系数由1.31降低至1.22，通过1%水平下的显著性检验。且产业结构升级对环境治理绩效水平存在正向作用，影响系数为0.12，通过5%水平下的显著性检验，说明地方政府环境补贴可以促进产业结构升级，进而提高环境治理绩效水平。由于地方政府在对企业进行补贴后，有利于引导粗放高排放的第二产业向集约的第三产业转型，从而提升政府环境治理绩效。此外，城镇化水平和外商直接投资也产生了较为显著的作用，影响系数分别为4.10和-0.07，分别通过了1%和10%水平下的显著性检验，说明城镇化水平对环境治理绩效有显著的促进作用而外商直接投资对环境治理绩效有显著的抑制作用，但这一抑制作用并不强烈。劳动力素质和经济发展水平并未产生显著性影响。在控制了城镇化和外商直接投资的影响后，地方政府环境补贴对环境治理绩效水平的促进作用出现了小幅上升，影响系数由1.11增加至1.23。而此时产业结构对政府环境治理绩效水平产生了较大的负向影响，影响系数为-1.37，通过1%水平下的显著性检验，这可能是因为产业结构的升级过程中，第二产业向第三产业转型导致企业的环境污染风险逐渐由我国的东部向生态环境较为脆弱的西部区转移。例如，交通运输业和住宿餐饮业等重要的第三产业行业产生的污染排放并不亚于某些第二产业中的行业，从而导致环境治理绩效水平反而下降，所以地方政府应该针对部分第三产业中的重污染行业进行排查整治。

在将技术进步作为中介变量且不包含控制变量的情况下，地方政府环境补贴对环境治理绩效水平的直接促进作用有所降低，影响系数由1.3降低至0.95，通过1%水平下的显著性检验，且技术进步对环境治理绩效水平也存在正向作用，影响系数为0.57，通过1%水平下的显著性检验。根据前面的分析可知，在不包含控制变量的情况下地方政府环境补贴抑制了技术进步，技术进步有助于政府环境治理绩效水平的提升，但是未排除外商直接投资、城镇化和经济发展水平带来的影响，导致地方政府环境补贴对环境治理绩效水平的直接促进作用有所下降。而在考虑了控制变量的情况下，城镇化对环境治理绩效水平产生了较大程度的促进作用，影响系数为1.77，通过了10%的置信水平下的显著性检验。外商直接投资和经济发展水平这两个因素对环境治理绩效水平产生了一定程度的抑制作用，影响系数分别为-0.21和-0.52，分别通过了1%和5%置信水平下的显著性检验。

综上所述，不论是将产业结构升级或者技术进步作为中介变量，劳动力素质作为控制变量其影响作用均不显著。在控制了城镇化、经济发展水平和外商直接投资的影响后，地方政府环境补贴对环境治理绩效水平的促进作用小幅减小，影响系数由0.57减少至0.51，通过了1%水平下的显著性检验，所以地方政府环境补贴通过促进企业的技术进步，进而提高政府的环境治理绩效水平。

8.4 公共参与对政府环境治理绩效的影响效应分析

在分析公共参与对政府环境治理绩效影响机理的基础上，对公共参与影响政府环境治理绩效进行实证分析。

8.4.1 公共参与影响政府环境治理绩效的机理分析

公共参与是政府机构、集体单位和私人公司在项目决策和资源利用等方面做出决定过程前、过程中、过程后通过与公众连续的双向地交换意见，将项目、计划、规划或政策制定和评估活动中的有关情况及其含义随时完整地通报给公众以对问题的解决方法产生影响的一种行为。本章将公众参与环境治理的行为方式分为议政参与、信访参与和网电参与。议政参与是指在人大、政协大会上通过各代表收集的公众提出的环境治理议案，从而在立法方面对政府提出建议；信访参与是指受到环境问题的公众通过信件和现实上访的方式向有关部门提出建议和要求；网电参与是指公众在网络上建言或者是以举报电话的方法对有关部门和企业提出建议或进行抗议。本章除了分析公众参与对政府环境治理绩效产生的影响方向、程度和效果外，进一步考察在经济与政治大环境下公众参与对政府环境治理的影响途径，为创新环境治理方式提出建议。

公众可以通过自己的行为直接或者通过中介事务间接影响到政府、企业和社会的环境治理。公众一方面由于自身会直接受到环境变化带来的影响，对环境的态度和意识会影响到对环境的行为，从而对环境治理绩效产生直接影响；另一方面公众在环境治理体系中充当着监督者、建议者的角色，公众的想法和行为会促使政府的环境规制和企业的生产行为朝着环境友好的方向加深或转变，从而影响到政府环境治理绩效。在现行环境规制背景下政府主导的环境治理模式中，一般公众参与的间接途径主要有三种，分别为政府环境行政规制、政府环境法律规制和政府环境经济规制。在市场经济体制下，政府环境行政规制是指政府可以通过设立环境保护机构、增加从事环境保护的人员以及对环境污染的企业和个人进行行政处罚和教育来进行环境治理；政府环境法律规制是指政府的立法部门通过讨论环境方面的法律议案，制定相应的政策法规，强制性要求企业或个人做出适当的环境行为；政府环境经济规制则是指中央政府和地方政府利用环保投资、环境保护税、罚款等方式来提高区域环境治理效果。下面分别进行详细阐述。

一是公众通过政府环境行政规制影响政府环境治理绩效。公众在各级人大代表处反映的环境问题和建议都会集中在人大、政协大会上得到体现，从而对环境立法产生影响，同时也会对各级政府机构的规章制度和行为规范产生影响，集中体现在对环境行为的处罚力度发生改变。另外，公众对政府机构的投诉、信访和上访也会直接影响到政府对于环境问题的关注，从而改变自己的执法关注区域和行为，进而影响政府环境治理绩效。

二是公众通过政府环境法律规制影响政府环境治理绩效。公众的投诉信访案件一般都是对于特定区域、特定对象等造成的临时且对居民生活环境有直接影响的环境污染案件，公众的环境保护意见会被一步步送至相关部门，直至送至相关的立法机构，立法机构将其作为代表广大人民群众强烈意愿的立法参考依据，进而出台一系列考虑公众意愿的环境保护相关法律，有助于提高政府环境治理绩效。

三是公众通过政府环境经济规制影响政府环境治理绩效。公众参与环境保护的行为会对政府出台一些经济规制政策产生影响，由于地方政府倾向于将当地的经济发展放在发展决策目标的首位，忽略对环境的破坏成本。因此，公众向政府提出的环保意见有助于政府制定经济规制政策时充分考虑环境破坏成本，而不是仅以经济效益为主要目标，进而加大环境保护和污染治理的力度，提高政府环境治理绩效。

综上所述，公共参与对政府环境治理绩效具有正向促进作用，主要通过政府环境行政规制、政府环境法律规制和政府环境经济规制三种路径间接对政府环境治理绩效产生影响效应。因此，以下对公共参与对政府环境治理绩效的影响效应进行实证分析，探究公共参与对政府环境治理绩效的影响方向。

8.4.2 公共参与影响政府环境治理绩效的实证分析

为分析公共参与对政府环境治理绩效的影响效应，类似前面构建动态面板回归模型进行实证分析。

8.4.2.1 模型构建与变量设定

首先探究公共参与对政府环境治理绩效的直接影响效应，采用 2010～2019 年的中国省级面板数据，仍然选用动态面板回归模型进行实证分析，构建动态面板回归模型表达式如下：

$$\text{egp}_{it} = \beta_0 + \beta_1 \text{egp}_{it-1} + \beta_2 \text{npc}_{it} + \sum_{k=1}^{n} \beta_k \text{control}_{it} + \varepsilon_{it} \tag{8.26}$$

$$\text{egp}_{it} = \beta_0 + \beta_1 \text{egp}_{it-1} + \beta_2 \text{cpc}_{it} + \sum_{k=1}^{n} \beta_k \text{control}_{it} + \varepsilon_{it} \tag{8.27}$$

$$\text{egp}_{it} = \beta_0 + \beta_1 \text{egp}_{it-1} + \beta_2 \text{let}_{it} + \sum_{k=1}^{n} \beta_k \text{control}_{it} + \varepsilon_{it} \tag{8.28}$$

$$\text{egp}_{it} = \beta_0 + \beta_1 \text{egp}_{it-1} + \beta_2 \text{vit}_{it} + \sum_{k=1}^{n} \beta_k \text{control}_{it} + \varepsilon_{it} \tag{8.29}$$

$$egp_{it} = \beta_0 + \beta_1 egp_{it-1} + \beta_2 net_{it} + \sum_{k=1}^{n} \beta_k control_{it} + \varepsilon_{it} \qquad (8.30)$$

式（8.1）至式（8.4）中 egp_{it} 为第 i 个省级行政区第 t 年政府环境治理绩效水平，egp_{it-1} 为第 i 个省级行政区第 t 年滞后 1 期的政府环境治理绩效水平，npc_{it} 为第 i 个省级行政区第 t 年人大议案数，cpc_{it} 为第 i 个省级行政区第 t 年政协议案数，let_{it} 为第 i 个省级行政区第 t 年来访书信数，vit_{it} 为第 i 个省级行政区第 t 年来访人次，net_{it} 为第 i 个省级行政区第 t 年电话网络投诉数，$control_{it}$ 为第 i 个省级行政区第 t 年的控制变量，β_0 为常数项，β_k 为待估参数，ε_{it} 为随机干扰项。

为了进一步研究中介效应在公众参与环境治理绩效中的体现，选用环境行政规制、环境法律规制、环境经济规制作为中介变量。限于篇幅，仅以人大议案数为核心解释变量、环境行政规制为中介变量来构建中介效应模型：

$$egp_{it} = \beta_0 + \beta_1 egp_{it-1} + \beta_2 npc_{it} + \sum_{k=1}^{n} \beta_k control_{it} + \varepsilon_{it} \qquad (8.31)$$

$$eas_{it} = \alpha_0 + \alpha_1 npc_{it} + \varepsilon_{it} \qquad (8.32)$$

$$egp_{it} = \gamma_0 + \gamma_1 egp_{it-1} + \gamma_2 npc_{it} + \gamma_3 eas_{it} + \sum_{k=1}^{n} \gamma_k control_{it} + \varepsilon_{it}$$
$$(8.33)$$

式（8.31）即为模型（8.26）的表达式，表示核心解释变量人大议案数 npc_{it} 对被解释变量政府环境治理绩效 egp_{it} 的直接效应，影响系数为 β_2。式（8.32）为核心解释变量人大议案数 npc_{it} 对中介变量环境行政规制 eas_{it} 的影响效应，影响系数为 α_1。式（8.33）为核心解释变量人大议案数 npc_{it} 和中介变量环境行政规制 easit 同时对被解释变量政府环境治理绩效 egp_{it} 的影响效应，影响系数分别为 γ_2 和 γ_3。同理可以构建政协议案数、来访书信数、来访人次和电话网络投诉数作为核心解释变量，以及环境法律规制和环境经济规制作为中介变量的中介模型。

下面对模型变量及其计算方法进行说明。

（1）被解释变量。

政府环境治理绩效水平（egp），采用前面测算出的政府环境治理绩效综合指数。

（2）核心解释变量。

选取人大议案、政协议案、来访书信、来访人次和电话网络投诉五个指标衡量公共参与，探究公共参与对政府环境治理绩效的影响效应。

①人大议案（npc），是指环保部门本年度承办的人大会议提出的议案数总和，代表了公众通过人民代表大会制度参与议政，进而有助于提出环境治理的相关议案，有助于政府环境治理绩效提升。

②政协议案（cpc），是指环保部门本年度承办的政协会议提出的议案数总和，代表了公众通过政治协商制度参与议政，进而提出环境治理的相关议案，也有助于政府环境治理绩效提升。

③来访书信（let），是指环保部门接收的书面来信数，环保部门会由于公众书信中的投诉和建议，从而在环境治理实际措施中做出相应的改变，也有助于政府环境治理绩效提升。

④来访人次（vit），是指环保部门接待的上访人数，环保部门会由于公众的直接上访表达想法，从而在环境治理实际措施中做出相应的改变，也有助于政府环境治理绩效提升。

⑤电话网络投诉（net），是指环保部门环保举报热线电话和网络邮件总数或是公开举报电话和网络信箱的投诉总数，这代表了公众参与中的网电参与方式，现如今网络投诉由于其便捷性越来越成为环境污染问题反映的重要措施之一，政府环境部门可以通过电话网络投诉内容，制定更合适的环境治理政策，也有助于政府环境治理绩效提升。

（3）中介变量。

选取环境行政规制、环境法律规制和环境经济规制作为探究公共参与对政府环境治理绩效影响效应的中介变量。

①环境行政规制（eas），是指环保部门对环境污染主体的处罚程

度，用环境行政处罚案件数表示，公共参与促使政府环境行政部门制定更为精准的环境规制制度，有助于提升政府环境治理绩效，因此存在中介效应。

②环境法律规制（efs），是指环保部门对环境污染进行立法治理，用环境政策议案数表示，公共参与促使政府环境部门制定更为精准的环境法律制度，有助于提升政府环境治理绩效，因此存在中介效应。

③环境经济规制（ees），是指环保部门用于环境污染的经济投入，用环境污染治理投资与地区生产总值的比值表示，公共参与促使政府环境部门制定更为精准的环境经济制度，有助于提升政府环境治理绩效，因此存在中介效应。

（4）控制变量。

政府环境治理绩效的影响因素多种多样，此部分只研究公共参与对政府环境治理绩效的影响。为了使研究结果更加准确、严谨，排除其他因素的干扰，通过对相关文献的梳理，选取经济发展水平、城镇化和能源强度作为控制变量。

①经济发展水平（pgdp），采用人均地区生产总值衡量，由前面可知经济发展水平也对政府环境治理绩效产生影响，需要排除经济发展水平的干扰。

②城镇化（city），采用城镇率，即城镇人口占总人口比重表示，由前面可知城镇化也会影响政府环境治理绩效，因此需要排除城镇化的干扰。

③能源强度（eng），是指相同条件下能源的消耗程度，用单位地区生产总值能源消耗量表示，能源消耗导致环境污染，公共参与有助于政府环境部门识别能源强度过大的企业，进而采取更为有效的措施对该企业的污染情况进行监管，有助于政府环境治理绩效，因此需要排除能源消耗强度的干扰。

模型变量汇总如表 8 – 16 所示。

表 8-16   模型变量汇总表

变量类型	变量名称	变量符号	变量说明
被解释变量	政府环境治理绩效	egp	政府环境治理绩效综合指数
核心解释变量	人大议案	npc	环保部门人大议案数
	政协议案	cpc	环保部门政协议案数
	来访书信	let	环保部门接收的书面来信数
	来访人次	vit	环保部门接待的上访人数
	电话和网络投诉	net	环保部门接到的电话和网络投诉次数
中介变量	环境行政规制	eas	环境行政处罚案件数
	环境法律规制	efs	环境政策议案数
	环境经济规制	ees	环境污染治理投资与地区生产总值的比值
控制变量	经济发展水平	pgdp	人均地区生产总值
	城镇化	city	城镇人口数占总人口数比值
	能源强度	eng	单位地区生产总值能源消耗量

8.4.2.2 实证结果分析

基于前面建立的动态面板回归模型和中介效应模型，收集模型中变量的数据，数据主要来源于历年《中国统计年鉴》《中国环境统计年鉴》《中国能源统计年鉴》以及 ESP 数据库，由于部分变量数据仅可获得 2011~2015 年数据，因此仅选取 2011~2015 年变量数据进行实证分析。借助 Stata 14.0 软件①获得运行结果。首先对模型变量数据进行面板单位根检验，进而分析公共参与对政府环境治理绩效的直接效应和中介效应。

（1）面板单位根检验。

为了避免出现"伪回归"现象，防止异方差的问题，首先对数据进行平稳性检验，仍然选取了 LLC 检验进行面板单位根检验，得到的检验结果如表 8-17 所示。

---

① 程序运行代码见附录 7。

表 8 - 17　　　　　　　　　　　　面板单位根检验结果

变量	egp	npc	cpc	let	vit	net
检验 T 值	−27.78 ***	−27.13 ***	−22.68 ***	−28.61 ***	−15.25 ***	−12.35 ***
变量	eaa	efa	eea	egdp	city	eng
检验 T 值	−40.71 ***	−27.13 ***	−14.11 ***	−2.09 ***	−8.48 ***	−6.73 ***

注：表中 L_1 和 L_2 分别表示被解释变量滞后一阶和滞后二阶，数字表示模型的估计系数，"*"、"**"、"***"分别表示在 10%、5% 和 1% 的显著性水平下通过检验，AR（2）报告的是 P 值，若均为拒绝原假设，说明扰动项不存在序列相关性，Sargan 报告的是检验统计量值，若均为拒绝原假设，说明工具变量有效。

由表 8 - 17 可知，所有的变量均在 1% 的显著性水平下通过检验，说明所用变量的数据均为平稳性序列，适合进行后续的动态面板回归模型和中介效应模型分析。

（2）公共参与对环境治理绩效的直接影响效应分析。

运用 Stata 14.0 软件分别运行模型（8.26）至模型（8.30），得到公共参与对政府环境治理绩效影响的直接效应结果如表 8 - 18 所示。

表 8 - 18　　　　　公共参与对政府环境治理绩效的直接影响效应

变量	模型（8.26）		模型（8.27）		模型（8.28）		模型（8.29）		模型（8.30）	
	不含控制变量	含控制变量	不含控制变量	含控制变量	不含控制变量	含控制变量	不含控制变量	含控制变量	不含控制变量	含控制变量
L_1	−0.22 **	−0.08	−0.23 **	−0.09	−0.20 **	−0.13	−0.26 *	−0.10	−0.26 ***	−0.13
npc	1.50e−04 *	1.60e−04 *								
cpc			2.00e−05 *	2.00e−05 **						
let					−6.17e−06 ***	−6.63e−06 ***				
vit							6.52e−06 **	8.35e−06 ***		
net									−3.51e−07 *	−4.88e−07 **

续表

变量	模型 (8.26)		模型 (8.27)		模型 (8.28)		模型 (8.29)		模型 (8.30)	
	不含控制变量	含控制变量	不含控制变量	含控制变量	不含控制变量	含控制变量	不含控制变量	含控制变量	不含控制变量	含控制变量
pgdp		−0.02		−0.03		−0.03		−0.03		−0.03
city		0.01*		0.02**		0.02*		0.02**		0.02**
eng		0.01		0.05		0.10		0.02		0.10
常数项	0.20**	−0.42	0.24***	−0.59	0.27	−0.56	0.24***	−0.61	0.27***	−0.83*
AR (2)	0.52	0.16	0.36	0.15	0.29	0.30	0.56	0.16	0.60	0.37
Sargan	13.54	16.43	12.20	14.38	11.50	13.74	10.47	12.35	11.87	13.82

注：表中 L_1 表示被解释变量滞后一阶，数字表示模型的估计系数，"*"、"**"、"***"分别表示在 10%、5% 和 1% 的显著性水平下通过检验，AR (2) 报告的是 P 值，若均为拒绝原假设，说明扰动项不存在序列相关性，Sargan 报告的是检验统计量值，若均为拒绝原假设，说明工具变量有效。

表 8 - 18 显示了公共参与影响政府环境治理绩效的全样本 GMM 估计结果，所有模型均通过了 AR（2）检验和 Sargan 检验，说明所有模型的扰动项均不存在序列相关性，且所有模型的工具变量，即控制变量均有效。

由模型（8.26）可知，当不含控制变量时，人大的环境议案数对政府环境治理绩效的影响系数为 1.50e - 04，通过了 10% 水平下的显著性检验，说明人大的环境议案数能有效提升政府环境治理绩效，政府应鼓励公众积极参与到人大代表搜集民意的环节中，同时人大代表将民意和环境现状整理成报告，综合汇总在人大会议上提出相应环境议案。当包含控制变量时，人大的环境议案数对政府环境治理绩效的影响系数增大至 1.60e - 04，也通过了 10% 水平下的显著性检验，说明控制变量就人大的环境议案数对政府环境治理绩效的影响程度存在抑制作用，因为当排除控制变量的干扰时，人大的环境议案数对政府环境治理绩效的影响程度有略微增加，其中城镇化水平对政府环境治理绩效具有显著正向作用，说明由于城镇化水平的提高，人们对环境的关注和保护意识也会提高，政府也易于管理居民的生活垃圾，从而避免造成更大污染。经济发展水平对政府环境治理绩效影响系数为负值，但未通过显著性检验，能源强度对政府环境治理绩效影响系数为正值，也未通过显著性检验，可能是因为经济发展水平这个因素由于影响过于广泛从而表现出数据显著性降低，能源强度中的煤炭消耗会由于区域发展状况产生差异。综合来看，经济发展水平对环境的影响仍然是最关键的一环，在目前的科技水平下，随着经济水平的提高仍会不可避免地加重对环境的负担。

由模型（8.27）可知，当不含控制变量时，政协的环境议案数对政府环境治理绩效的影响系数为 $2.00e-05$，通过了 10% 水平下的显著性检验，说明政协与人大一样，其环境议案数也能有效提升政府环境治理绩效，在我国政府决议体系中，政协也是重要的一部分，公众可以将环境问题反映至政协机构或政协代表处，通过政协会议的议案数对环境立法等产生影响，进而提高政府的环境治理绩效。当包含控制变量时，政协的环境议案数对政府环境治理绩效的影响系数也为 $2.00e-05$，通过了 5% 水平下的显著性检验，显著性有所提高，说明控制变量就政协的环境议案数对政府环境治理绩效的影响程度很小，其中城镇化对政府环境治理绩效的影响具有正向促进作用，影响系数为 0.02，通过了 5% 水平下的显著性检验，结论与前面一致。经济发展水平和能源强度对政府环境治理绩效未产生显著的影响。

由模型（8.28）可知，当不含控制变量时，环保部门关于公众的来访书信数对政府环境治理绩效的影响系数为 $-6.17e-06$，且通过了 1% 水平下的显著性检验，说明环保部门关于公众的来访书信数对政府环境治理绩效的实际影响不明显且未达到预期，政府环保部门应加强对公众来访书信的重视，将公众反映的合理环境诉求整理好并置于日常环境事务中，也可能使书信无法及时传递到政府部门，环境问题不能及时改善，反而陷入了环境问题恶化且投诉书信增加的恶性循环。当包含控制变量时，环保部门关于公众的来访书信数对政府环境治理绩效的影响系数为 $-6.63e-06$，也通过了 1% 水平下的显著性检验，说明控制变量就公众来访书信对政府环境治理绩效的影响程度很小。同样，城镇化水平能显著影响政府环境治理绩效，控制后使公众的来访书信数对政府环境治理绩效的影响系数数值增大，经济发展水平和能源强度对政府环境治理绩效未产生显著的影响。

由模型（8.29）可知，当不含控制变量时，环保部门关于公众的来访人次对政府环境治理绩效的影响系数为 $6.52e-06$，通过了 5% 水平下的显著性检验，说明环保部门关于公众的来访人次能有效提升政府环境治理绩效，相比公众的书信投诉，公众的直接上访能更直接地影响政府机构的环境行为，政府应该鼓励公众的直接上访，实际的讨论能将环境问题分析得更为透彻，居民对周围环境保护的高认知度也能帮助政府采取更合理的环境行为方式治理环境。当包含控制变量时，环保部门关于公众的来访人次对政府环境治理绩效的影响系数增大至 $8.35e-06$，通过了 1% 水平下的显著性检验，说明控制变量就环保部门关于公众的来访人次对政府环境治理绩效的影响程度存在抑制作用，因为当排除控制变量的干扰时，公众的来访人次对政府环境治理绩效的影响程度有略微增加，主要来源于城镇化的影响，影响系数为 0.02，通过了 5% 水平下的显著性检验，经济发展水平和能源强度对政府环境治理绩效未产生显著的影响。

由模型（8.30）可知，当不含控制变量时，环保部门接到的电话和网络投诉次数对政府环境治理绩效的影响系数为 $-3.51e-07$，通过了 10% 水平下的显著性检验，说明环保部门接到的电话和网络投诉次数会对政府环境治理绩效产生负面效果。当包含控制变量时，环保部门接到的电话和网络投诉次数对政府环境治理绩效的影响系数为 $-4.88e-07$，也通过了 5% 水平下的显著性检验，说明环保部门接到的电话和网络投诉次数对政府环境治理绩效的实际影响不明显且未达到预期，政府环保部门应加强对电话和网络投诉的重视，合理采纳公众的意见，对公众在电话网络的投诉也应积极回复，避免由于忽略使环境问题不能得到良好的解决而恶化。在控制变量中，同样是城镇化水平能显著影响政府环境治理绩效，控制后使公众的来访书信数对政府环境治理绩效的影响系数数值增大，经济发展水平和能源强度对政府环境治理绩效未产生显著的影响。

由以上分析结果可知,人大议案、政协议案、来访书信、来访人次、电话网络投诉五个指标均对环境治理绩效有显著影响,且影响方向、程度和效果均略有差异。在实际结果体现中,人大议案、政协议案和来访人次对环境治理绩效产生了显著的正面效果,且至少通过了10%水平下的显著性检验,而来访书信和电话网络投诉对环境治理绩效产生了显著的负面效果,且至少通过了10%水平下的显著性检验。分析其内在原因,人大和政协由于其官方性,与政府的环境治理措施有直接关联,当人大或政协提出环境治理方案时,在立法和政府行政处理等方面均产生了与环境治理的正向影响,进而提高了环境治理绩效;来访人次对环境治理绩效产生了正向影响,是因为环境机构积极听取民众对环境问题的真实诉求,从而采取各种行为措施对环境治理产生了向上的影响,但是来访书信和电话网络投诉对环境治理绩效却产生了显著的负面效果,仔细剖析其缘由,可能是来访书信无法及时、准确和全面阐述具体的环境问题,而电话网络投诉由于其简易性和便利性,公众容易产生无效投诉和无效的环境问题,从而使环境机构对环境问题的解决无法落到实处,环境治理绩效也随之降低。人大议案和政协议案其影响系数相差不大,说明人大和政协在环境方面对我国的环境治理都有着相近的权力效果,都在自己的权力范围内对环境治理做出贡献,来访书信、来访人次和电话网络投诉三个指标的影响系数都较小,说明公众对政府的行为影响还不够强,政府对公众的意见采纳方面做得还不够完善,使公众的诉求还无法直接而强烈地对环境治理产生影响。在控制变量中,人均地区生产总值和能源强度与环境治理绩效均显示不显著相关,城市化水平与环境治理绩效显示有显著的正向影响。可能原因是人均地区生产总值与能源强度的涉猎范围太广泛,内容包括环境、经济和日常生活的方方面面,所以没有显示显著性,而城市化水平提高对环境治理绩效有显著提升,说明随着城镇人口比重的增高,公众对环境的关注度在提高,环境保护意识也许更高,对环境保护政策更加敏感和支持。

（3）公共参与影响环境治理绩效的中介效应分析。

选用环境经济规制、行政规制、法律规制三个指标作为中介变量进行实证检验。将公众参与方式分为议政参与、信访参与和网电参与三种，限于篇幅，在中介效应分析中，议政参与选取政协议案，信访参与选取来访人次，再选取网络电话投诉，分析其通过环境行政规制、法律规制、经济规制三个中介变量对环境治理绩效的影响效应。

①议政参与对中介变量的影响效应分析。

运用 GMM 估计法对模型进行参数估计，得到议政参与对中介变量的影响效应，结果如表 8 – 19 所示。

表 8 – 19　　　　　　　议政参与对中介变量的影响效应

变量	eas 为中介变量		efs 为中介变量		ees 为中介变量	
	不含控制变量	含控制变量	不含控制变量	含控制变量	不含控制变量	含控制变量
L_1	− 0.21 ***	− 0.30 ***	− 0.12 **	− 0.07 **	0.16 **	− 1.58e − 03
cpc	0.75 **	0.31 ***	0.12 **	0.12 **	− 1.80e − 04 ***	− 1.60e − 04 **
pgdp		− 2477.31 **		0.81		0.30
city		891.53 ***		7.79		0.12
eng		− 2082.45		212.98 *		0.97
常数项	3089.44 ***	− 32084.02 **	184.84 ***	− 449.84	1.26 ***	− 7.57
AR（2）	0.15	0.101	0.36	0.67	0.34	0.48
Sargan	17.44	13.58	22.78	22.50	18.87	12.21

注：表中 L_1 表示被解释变量滞后一阶，数字表示模型的估计系数，" * "、" ** "、" *** "分别表示在 10%、5% 和 1% 的显著性水平下通过检验，AR（2）报告的是 P 值，若均为拒绝原假设，说明扰动项不存在序列相关性，Sargan 报告的是检验统计量值，若均为拒绝原假设，说明工具变量有效。

由表 8 – 19 可知，所有模型的 AR（2）检验均通过检验，扰动项均不存在相关性。另外，所有模型的 Sargan 检验均通过了检验，说明所有模型的工具变量，即控制变量均有效。

当环境行政规制作为被解释变量时，在不包括控制变量的情况下，议政参与对环境行政规制的影响系数为 0.75，通过了 5% 水平下的显著性检验，说明议政参与对环境行政规制具有显著的正向作用，人大和政协的环境政策议案增多，会增加政府的行政处罚力度，因为人大和政协会在全国性会议中将环境保护加入法律的章程中，从而使政府对环境行为的限制更加严格。在包含控制变量的情况下，议政参与对环境行政规制的影响系数减小为0.31，通过了1%水平下的显著性检验，说明排除了控制变量的影响，议政参与对环境行政规制的影响产生较大程度下降，但显著性提高。其中经济发展水平的影响系数为 − 2477.31，通过了5%水平下的显著性检验，城镇化的影响系数为891.53，通过了1%水平下的显著性检验，说明经济发展水平的提高会显著减少政府环境的行政处罚案件，城镇化水平提高促进了政府环境行政处罚案件数的增加，能源强度未对政府环境治理绩效产生显著的影响。

当环境法律规制作为被解释变量时，在不包括控制变量的情况下，议政参与对环境法律规制的影响系数为0.12，通过了5%水平下的显著性检验，说明议政参与对环境法律规制具有显著的正向作用。作为全国政策方针的"领头羊"，人大和政协会影响到省级地方政府的各种政策制定，对环境的讨论和因地制宜实施的环境保护法规也会增加。在包含控制变量的情况下，议政参与对环境法律规制的影响系数大致不变，也通过了5%水平下的显著性检验，说明排除了控制变量的影响议政参与对环境法律规制的影响较小，其中能源强度对环境法律规制的影响系数为212.98，通过了10%水平下的显著性检验，说明能源强度的提高会增加地方法律规制强度，即能源强度一般与一些污染性较强的工业有关联，能源强度越高可能使工业污染越严重，环境问题严重后导致政府的环境法律规制增强。

当环境经济规制作为被解释变量时，在不包括控制变量的情况下，议政参与对环境经济规制的影响系数为 − 1.80e − 04，通过了1%水平下的显著性检验，说明议政参与对环境经济规制具有显著的负向作用，议政参与会略微降低环境污染投资占人均地区生产总值的比例，可能是由于法律法规的完善，使环境治理投资的投入方式更加合理，能更加高

信毅学术文库

效地解决污染问题，从而使环境污染投资比例降低。在包含控制变量的情况下，议政参与对环境经济规制的影响系数数值减小为 $-1.60e-04$，通过了 5% 水平下的显著性检验，说明排除了控制变量的影响议政参与对环境经济规制的影响产生较小程度下降，且显著性下降。

综合来看，当不含控制变量时，议政参与对环境行政规制和环境法律规制有显著正向影响，对环境经济规制有显著负向影响，但系数较小。在加入控制变量后，议政参与对环境行政规制的显著性有所提高，议政参与对环境行政规制、环境法律规制和环境经济规制的影响系数有所减小，经济发展水平对环境行政规制有显著负向影响，城镇化对环境行政规制有显著正向影响，能源强度对环境法律规制有显著正向影响。这说明控制变量的加入使议政参与和环境行政规制的关系更加紧密，但由于包含了经济发展水平、城镇化和能源强度的影响，控制后使议政参与对环境行政规制、环境法律规制和环境经济规制的影响程度减小了。当经济水平发展、环境治理的投资增加后，环境污染得到改善，使政府的行政处罚案件减少；当城镇化人口增加时，可能是环境意识还没有得到良好的培养或是城镇中对环境污染的要求更高，使环境污染的行政处罚增加了；当能源强度提高后，设立法律法规的部门会对环境问题的关注加深，出台更多政策来进行环境规制。

②信访参与对中介变量的影响效应分析。

运用 GMM 估计法对模型进行参数估计，得到信访参与对中介变量的影响效应，结果如表 8-20 所示。

表 8-20　　　　　　信访参与对中介变量的影响效应

变量	eas 为中介变量		efs 为中介变量		ees 为中介变量	
	不含控制变量	含控制变量	不含控制变量	含控制变量	不含控制变量	含控制变量
L_1	-0.21^{***}	-0.29^{***}	-0.11^{**}	-0.03	0.18^{*}	0.01
vit	0.79^{***}	0.33	0.02^{***}	0.03^{***}	$3.00e-05$	$1.00e-05$
pgdp		-3036.72^{***}		-0.65		0.30

续表

变量	eas 为中介变量		efs 为中介变量		ees 为中介变量	
	不含控制变量	含控制变量	不含控制变量	含控制变量	不含控制变量	含控制变量
city		901.16***		14.45*		0.12
eng		-3491.18		345.96***		0.87
常数项	1112.75*	-29305.90***	151.23***	-979.31**	1.07***	-7.60*
AR (2)	0.76	0.14	0.93	0.51	0.59	0.57
Sargan	19.76	14.45	19.20	13.15	19.50	12.70

注：表中 L_1 表示被解释变量滞后一阶，数字表示模型的估计系数，"*"、"**"、"***"分别表示在10%、5%和1%的显著性水平下通过检验，AR（2）报告的是 P 值，若均为拒绝原假设，说明扰动项不存在序列相关性，Sargan 报告的是检验统计量值，若均为拒绝原假设，说明工具变量有效。

由表8-20可知，所有模型的 AR（2）检验均通过检验，扰动项均不存在相关性。另外，所有模型的 Sargan 检验均通过了检验，说明所有模型的工具变量，即控制变量均有效。

当环境行政规制作为被解释变量时，在不包括控制变量的情况下，信访参与对环境行政规制的影响系数为0.79，通过了1%水平下的显著性检验，说明环保部门关于公众的来访人次对环境行政规制具有显著的正向作用，环保部门关于公众的来访人次增多，会增加政府的行政处罚力度，环保部门会吸纳公众关于环境问题的建议，从而使政府对环境行为的限制更加严格。在包含控制变量的情况下，政协的环境议案数对环境行政规制的影响系数减小为0.33，且显著性降低，说明排除了控制变量的影响政协的环境议案数对环境行政规制的影响产生较大程度下降，且此影响变为不明显，其中经济发展水平的影响系数为-3036.72，通过了1%水平下的显著性检验，城镇化的影响系数为901.16，通过了1%水平下的显著性检验，进一步说明经济发展水平的提高会显著减少政府环境的行政处罚案件，城镇化水平提高促进了政府环境行政处罚案件数的增加，能源强度对环境行政规制未产生显著的影响。

当环境法律规制作为被解释变量时，在不包括控制变量的情况下，信访参与对环境法律规制的影响系数为0.02，通过了1%水平下的显著性检验，说明环保部门关于公众的来访人次对环境法律规制具有显著的正向作用，随着政府对公众诉求的重视不断加深，公众直接上访会增加政府机构对环境的讨论和因地制宜实施的环境保护法规数。在包含控制变量的情况下，环保部门关于公众的来访人次对环境法律规制的影响系数增大为0.03，也通过了1%水平下的显著性检验，说明控制变量就环保部门关于公众的来访人次对环境法律规制的影响程度存在抑制作用，因为当排除控制变量的干扰时，环保部门关于公众的来访人次对环境法律规制的影响程度会增加。其中城镇化对环境经济规制的影响系数为14.45，通过了10%水平下的显著性检验，能源强度对环境经济规制的影响系数为345.96，通过了1%水平下的显著性检验，说明城镇化水平和能源强度的提高会增加地方法律规制强度，城镇化水平的提高会使环境相关法律需要不断完善，能源强度越高可能使工业污染越严重，导致政府的环境法律规制增强，经济发展水平对环境法律规制未产生显著的影响。

当环境经济规制作为被解释变量时，在不包括控制变量的情况下，信访参与对环境经济规制未产生显著的影响，影响系数为$3.00\mathrm{e}-05$。在包含控制变量的情况下，环保部门关于公众的来访人次对环境法律规制的影响系数为$1.00\mathrm{e}-05$，也未通过显著性检验，可能是环保部门关于公众的来访人次对环境经济规制的影响中间需要较长的过程，即环境部门接待公众上访后，需要经历整理公众意见、不断讨论问题、得到规制方案、向上级部门申请审批等步骤，最终才能在环境的投资方面做出相应改变措施，从而使环保部门关于公众的来访人次和环境经济规制没有显现显著的关系。另外，三个控制变量也未对环境经济规制产生显著的影响效应。

综合来看，在不含控制变量时，信访参与对环境行政规制和环境法律规制有显著正向影响，均通过了1%水平下的显著性检验，说明当公众来访向有关部门反映环境问题后，会促使政府加大行政处罚力度以及增加环境保护政策法规的提出。但是信访参与对环境经济规制的影响未通过显著性检验，说明信访参与对政府环境经济方面未能产生显著的影响效应。加入控制变量后，信访参与对环境行政规制的影响由显著变为不显著，其中经济发展水平产生了显著的负面影响，城镇化虽然产生了正面影响，但是影响程度大幅小于经济发展水平，能源强度未产生显著的影响。信访参与对环境法律规制的影响小幅增加，影响系数由经济发展水平对环境行政规制和环境法律规制都有显著的负向影响，城市化对环境行政规制、环境法律规制和环境经济规制都有显著的正向影响。这说明信访参与和行政规制的关联与这三个变量的控制效果较差；当人们的收入增加时，对环境保护的意识和态度有可能得到了提高和改善，从而减少了环境相关的行政处罚案件和环境法律的约束，城镇人口的增加加重了环境的负担，从而使政府加强环境规制。

③网电参与对中介变量的影响效应分析。

运用 GMM 估计法对模型进行参数估计，得到网电参与对中介变量的影响效应，结果如表 8 - 21 所示。

表 8 - 21　　　　　　　网电参与对中介变量的影响效应

变量	eas 为中介变量		efs 为中介变量		ees 为中介变量	
	不含控制变量	含控制变量	不含控制变量	含控制变量	不含控制变量	含控制变量
L_1	-0.17 ***	-0.21 ***	-0.08 **	-0.02	0.15 *	0.01
net	0.05 ***	0.06 ***	2.29e-03 ***	1.99e-03 ***	-5.20e-06 ***	-6.24e-06 ***
pgdp		-493.75		20.05		0.61 ***
city		24.62		-6.62		0.20 ***
eng		-8504.91		-18.52		4.05 *
常数项	786.67 *	9606.18	122.88 ***	417.39	1.44 ***	-16.18 ***
AR (2)	0.11	0.12	0.25	0.22	0.98	0.35
Sargan	4.96	3.79	17.30	18.82	22.26	11.60

　　注：表中 L_1 表示被解释变量滞后一阶，数字表示模型的估计系数，"＊"、"＊＊"、"＊＊＊"分别表示在10%、5%和1%的显著性水平下通过检验，AR (2) 报告的是 P 值，若均为拒绝原假设，说明扰动项不存在序列相关性，Sargan 报告的是检验统计量值，若均为拒绝原假设，说明工具变量有效。

由表 8-21 可知，所有模型的 AR（2）检验均通过检验，扰动项均不存在相关性。另外，所有模型的 Sargan 检验均通过了检验，说明所有模型的工具变量，即控制变量均有效。

当环境行政规制作为被解释变量时，在不包括控制变量的情况下，网电参与对环境行政规制的影响系数为 0.05，通过了 1% 水平下的显著性检验，说明网电参与对环境行政规制具有显著的正向作用，环保部门接到的电话和网络投诉次数增多，会增强政府对环境违规行为的处罚，环保部门会吸纳公众关于环境问题的建议，从而使政府对环境行为的限制更加严格。在包含控制变量的情况下，网电参与对环境行政规制的影响系数增大为 0.06，也通过了 1% 水平下的显著性检验，说明排除了控制变量的影响政协的环境议案数对环境行政规制的影响产生较小程度上升，控制变量中都没有表现出显著性，可能是由于网络和电话对环境行政规制的影响范围太广泛，加入后使控制变量对环境行政规制的影响变得不明显。三个控制变量均未对环境行政规制产生显著的影响效应。

当环境法律规制作为被解释变量时，在不包括控制变量的情况下，网电参与对环境法律规制的影响系数为 $2.29e-03$，通过了 1% 水平下的显著性检验，说明网电参与对环境法律规制具有显著的正向作用，随着政府越来越重视公众的意见，电话和网络投诉次数会增加政府机构对环境的讨论和因地制宜实施的环境保护法规数。在包含控制变量的情况下，网电参与对环境法律规制的影响系数减小为 $1.99e-03$，也通过了 1% 水平下的显著性检验，说明控制变量就网电参与对环境法律规制的影响程度存在促进作用，因为当排除控制变量的干扰时，网电参与对环境法律规制的影响程度会减小，控制变量中也没有表现出显著性，由于网电参与对环境法律规制的影响范围太广泛，加入后使控制变量对环境行政规制的影响变得不明显，致使三个控制变量均未对环境法律规制产生显著的影响效应。

当环境经济规制作为被解释变量时，在不包括控制变量的情况下，网电参与对环境经济规制的影响系数为 $-5.20e-06$，通过了 1% 水平下的显著性检验，说明网电参与对环境经济规制具有显著的负向作用，环保部门接到的电话和网络投诉次数会略微降低环境污染投资占人均地区生产总值的比例，可能是由于电话网络投诉在对环境影响效果方面的作用还未受到政府的重视，从而使环境污染投资比例降低。在包含控制变量的情况下，网电参与对环境经济规制的影响系数数值增大为 $-6.24e-06$，通过了 1% 水平下的显著性检验，说明排除了控制变量的影响，网电参与对环境经济规制的影响产生较小程度上升，其中经济发展水平的影响系数为 0.61，通过了 1% 水平下的显著性检验，城镇化的影响系数为 0.20，通过了 1% 水平下的显著性检验，能源强度对环境经济规制的影响系数为 4.05，通过了 10% 水平下的显著性检验，说明经济发展水平、城镇化水平和能源强度均对环境经济规制产生显著的正向影响效应。

综合来看，无论是否含有控制变量，网电参与对环境行政规制和环境法律规制均有显著正向影响，对环境经济规制有显著负向影响，但影响程度较小，说明政府机构会通过听取公众在网络上和电话投诉里的建议和意见，从而加强环境行政规制和法律规制，表现为环境行政处罚案件和环境政策法规议案的增加。公众的网络电话投诉增加会轻微降低污染投资在地区生产总值的比重，可能是因为公众的此类行为对政府环境投资收效不高，亟待加强。在控制变量的影响中，加入网电参与，只有经济发展水平、城镇化和能源强度对环境经济规制具有正向影响，由于经济发展水平的提升、城镇化的提高以及能源强度的增强都会提高环境污染治理投资水平。

由前面分析可知，政协议案对政府环境治理绩效具有正向促进作用，在不包含控制变量和包含控制变量两种情况下影响系数均为 $2.00e-05$；来访人次对政府环境治理绩效也具有正向促进作用，在不包含控制变量和包含控制变量两种情况下影响系数分别为 $6.52e-06$ 和 $8.35e-06$；电话和网络投诉对政府环境治理绩效具有负向抑制作用，在不包含控制变量和包含控制变量两种情况下影响系数分别为 $-3.51e-07$ 和

$-4.88e-07$。议政参与对环境行政规制具有正向促进作用，在不包含控制变量和包含控制变量两种情况下影响系数分别为0.75和0.31，对环境法律规制具有正向促进作用，在不包含控制变量和包含控制变量两种情况下影响系数均为0.12，对环境经济规制具有负向抑制作用，在不包含控制变量和包含控制变量两种情况下影响系数分别为$-1.80e-04$和$-1.60e-04$；信访参与对环境行政规制具有正向促进作用，在不包含控制变量和包含控制变量两种情况下影响系数分别为0.79和0.33，对环境法律规制具有正向促进作用，在不包含控制变量和包含控制变量两种情况下影响系数分别为0.02和0.03，对环境经济规制未产生显著的影响。网电参与对环境行政规制具有正向促进作用，在不包含控制变量和包含控制变量两种情况下影响系数分别为0.05和0.06，对环境法律规制具有正向促进作用，在不包含控制变量和包含控制变量两种情况下影响系数分别为$2.29e-03$和$1.99e-03$，对环境经济规制具有负向抑制作用，在不包含控制变量和包含控制变量两种情况下影响系数分别为$-5.20e-06$和$-6.24e-06$。下面探讨纳入中介变量时，议政参与、信访参与、网电参与三个解释变量和中介变量同时纳入对政府环境治理绩效水平影响的变化，即对模型（8.33）进行分析。

①议政参与和中介变量对环境治理绩效的影响效应分析。

运用GMM估计法对模型进行参数估计，得到议政参与和中介变量对政府环境治理绩效的影响效应，结果如表8-22所示。

表8-22　议政参与和中介变量对政府环境治理绩效的影响效应

变量	eas为中介变量		efs为中介变量		ees为中介变量	
	不含控制变量	含控制变量	不含控制变量	含控制变量	不含控制变量	含控制变量
L_1	-0.22^*	-0.10	-0.19^*	-0.01	-0.18^*	-0.01
cpc	$2.00e-05^{**}$	$2.00e-05^{**}$	$1.00e-05^{**}$	$2.00e-05^{***}$	$2.00e-05^{**}$	$2.00e-05^{***}$
eas	$9.65e-07$	$1.03e-06$				
efs			$1.30e-04$	$2.00e-04^{**}$		

续表

变量	eas 为中介变量		efs 为中介变量		ees 为中介变量	
	不含控制变量	含控制变量	不含控制变量	含控制变量	不含控制变量	含控制变量
ees					− 0.02	− 0.03
pgdp		− 0.03		− 0.04		− 0.02
city		0.02 ***		0.02 **		0.02 ***
eng		0.07		− 0.14		− 0.02
常数项	0.24 ***	− 0.64 **	0.21 **	− 0.35	0.27 **	− 0.59
AR（2）	0.27	0.16	0.29	0.06	0.16	0.01
Sargan	12.23	14.15	13.76	10.73	13.55	14.95

注：表中 L_1 表示被解释变量滞后一阶，数字表示模型的估计系数，"＊"、"＊＊"、"＊＊＊"分别表示在10%、5%和1%的显著性水平下通过检验，AR（2）报告的是 P 值，若均为拒绝原假设，说明扰动项不存在序列相关性，Sargan 报告的是检验统计量值，若均为拒绝原假设，说明工具变量有效。

由表 8 − 22 可知，除了包括控制变量，且环境法律规制和环境经济规制情况下模型未通过 AR（2）检验外，说明此情况下模型干扰项存在相关性，其余情况下模型均通过 AR（2）检验，模型干扰项不存在相关性。另外，所有模型均通过了 Sargan 检验，说明控制变量有效。

在纳入环境行政规制为中介变量且不包含控制变量的情况下，议政参与对政府环境治理绩效水平的直接促进作用基本不变，影响系数仍为 2.00e − 05，通过 5% 水平下的显著性检验。环境行政规制对政府环境治理绩效水平的影响不显著，在控制变量中，城镇化水平产生了一定的促进作用，影响系数为 0.02，通过了 1% 水平下的显著性检验，说明在控制了城镇化的影响后，议政参与对政府环境治理绩效水平的促进作用基本不变，说明议政参与通过环境行政规制影响政府环境治理绩效水平的效应不明显，议政参与对政府环境治理绩效水平的促进效应较为直接，未通过此中介途径影响政府环境治理绩效水平。

在纳入环境法律规制为中介变量且不包含控制变量的情况下，议政参与对政府环境治理绩效水平的直接促进作用大幅度减小，影响系数由

2.00e − 05 减小至 1.00e − 05，通过 5% 水平下的显著性检验，但环境法律规制对政府环境治理绩效水平影响不显著。在控制了经济发展水平、城镇化水平和能源强度的影响后，议政参与对政府环境治理绩效水平的促进作用小幅增大，影响系数由 1.00e − 05 增大至 2.00e − 05，通过 1% 水平下的显著性检验，环境法律规制对政府环境治理绩效水平有促进作用，影响系数为 2.00e − 04，通过了 5% 水平下的显著性检验，排除城镇化带来的影响，导致议政参与对政府环境治理绩效水平的直接促进作用反升不降。城镇化因素对政府环境治理绩效水平产生了较大的促进作用，影响系数为 0.02，通过了 5% 水平下的显著性检验。综合说明议政参与既直接对环境治理产生了正向影响，又通过政府的法律规制对环境治理绩效产生了间接的正向影响。由于城镇化水平提高，人们对环境的关注和保护意识也会提高，政府也易于管理居民的生活垃圾，从而避免造成更大污染，因此政府环境治理绩效水平由此提高。

在纳入环境经济规制为中介变量且不包含控制变量的情况下，议政参与对政府环境治理绩效水平的直接促进作用基本不变，影响系数仍为 2.00e − 05，通过 5% 水平下的显著性检验。环境经济规制对政府环境治理绩效水平的影响不显著，在控制变量中，城镇化水平产生了一定的促进作用，影响系数为 0.02，通过了 1% 水平下的显著性检验，在控制了城镇化的影响后，议政参与对政府环境治理绩效水平的促进作用基本不变，说明议政参与通过环境经济规制影响政府环境治理绩效水平的效应不明显，议政参与对政府环境治理绩效水平的促进效应较为直接，未通过此中介途径影响政府环境治理绩效水平。

②信访参与和中介变量对环境治理绩效的影响效应分析。

运用 GMM 估计法对模型进行参数估计，得到信访参与和中介变量对政府环境治理绩效的影响效应，结果如表 8 − 23 所示。

由表 8 − 23 可知，除了包括控制变量，且环境经济规制情况下模型未通过 AR（2）检验外，说明此情况下模型干扰项存在相关性，其余情况下模型均通过 AR（2）检验，模型干扰项不存在相关性。另外，所有模型均通过了 Sargan 检验，说明控制变量有效。

表 8 – 23 信访参与和中介变量对政府环境治理绩效的影响效应

变量	eas 为中介变量		efs 为中介变量		ees 为中介变量	
	不含控制变量	含控制变量	不含控制变量	含控制变量	不含控制变量	含控制变量
L_1	– 0. 26 **	– 0. 10	– 0. 23 **	– 0. 08	– 0. 23 **	– 0. 04
vit	5. 74e – 06 *	7. 47e – 06 **	5. 55e – 06	7. 29e – 06 *	5. 10e – 06 *	7. 65e – 06 **
eas	– 9. 76e – 08	– 5. 62e – 07				
efs			6. 00e – 05	3. 00e – 05		
ees					– 0. 01	– 0. 02
pgdp		– 0. 03 *		– 0. 03 *		– 0. 03
city		0. 02 ***		0. 02 ***		0. 02 ***
eng		0. 02		0. 01		0. 01
常数项	0. 24 ***	– 0. 65 *	0. 23 ***	– 0. 60 **	0. 26 ***	– 0. 76 *
AR (2)	0. 58	0. 11	0. 50	0. 15	0. 49	0. 07
Sargan	10. 84	13. 28	12. 54	14. 27	12. 58	14. 97

注：表中 L_1 表示被解释变量滞后一阶，数字表示模型的估计系数，" * "、" ** "、" *** "分别表示在 10% 、5% 和 1% 的显著性水平下通过检验，AR （2）报告的是 P 值，若均为拒绝原假设，说明扰动项不存在序列相关性，Sargan 报告的是检验统计量值，若均为拒绝原假设，说明工具变量有效。

在纳入环境行政规制为中介变量且不包含控制变量的情况下，信访参与对政府环境治理绩效水平存在直接促进作用，影响系数为 5.74e – 06，通过 10% 水平下的显著性检验，环境行政规制对政府环境治理绩效水平的影响不显著。加入控制变量后，信访参与对政府环境治理绩效水平的直接促进作用增大，影响系数由 5.74e – 06 增大为 7.47e – 06，通过 5% 水平下的显著性检验，环境行政规制对政府环境治理绩效水平的影响不显著，经济发展水平产生了一定的抑制作用，影响系数为 – 0.03，通过了 10% 水平下的显著性检验，城镇化水平产生了一定的促进作用，影响系数为 0.02，通过了 1% 水平下的显著性检验，在控制了经济发展水平、城镇化和能源强度的影响后，信访参与通过环境行政规制影响政府环境治理绩效水平的效应不明显，说明信访参与对政府环境治理绩效

信毅学术文库

水平的促进效应较为直接，未通过此中介途径影响政府环境治理绩效水平。

在纳入环境法律规制为中介变量且不包含控制变量的情况下，信访参与对政府环境治理绩效水平存在直接促进作用，影响系数为 $5.55e-06$，未通过显著性检验，环境法律规制对政府环境治理绩效水平的影响不显著。加入控制变量后，信访参与对政府环境治理绩效水平的直接促进作用增大，影响系数由 $5.55e-06$ 增大为 $7.29e-06$，通过 10% 水平下的显著性检验，环境法律规制对政府环境治理绩效水平的影响不显著，经济发展水平产生了一定的抑制作用，影响系数为 -0.03，通过了 10% 水平下的显著性检验，城镇化水平产生了一定的促进作用，影响系数为 0.02，通过了 1% 水平下的显著性检验，在控制了经济发展水平、城镇化和能源强度的影响后，信访参与通过环境法律规制影响政府环境治理绩效水平的效应不明显，说明信访参与对政府环境治理绩效水平的促进效应较为直接，未通过此中介途径影响政府环境治理绩效水平。

在纳入环境经济规制为中介变量且不包含控制变量的情况下，信访参与对政府环境治理绩效水平存在直接促进作用，影响系数为 $5.10e-06$，通过了 10% 水平下的显著性检验，环境经济规制对政府环境治理绩效水平的影响不显著。加入控制变量后，信访参与对政府环境治理绩效水平的直接促进作用增大，影响系数由 $5.10e-06$ 增大为 $7.65e-06$，通过 5% 水平下的显著性检验，环境经济规制对政府环境治理绩效水平的影响不显著，城镇化产生了一定的促进作用，影响系数为 0.02，通过了 1% 水平下的显著性检验，在控制了经济发展水平、城镇化和能源强度的影响后，信访参与通过环境经济规制影响政府环境治理绩效水平的效应不明显，说明信访参与对政府环境治理绩效水平的促进效应较为直接，未通过此中介途径影响政府环境治理绩效水平。

③网电参与和中介变量对环境治理绩效的影响效应分析。

运用 GMM 估计法对模型进行参数估计，得到网电参与和中介变量对政府环境治理绩效的影响效应，结果如表 8-24 所示。

表8-24　网电参与和中介变量对政府环境治理绩效的影响效应

变量	eas 为中介变量		efs 为中介变量		ees 为中介变量	
	不含控制变量	含控制变量	不含控制变量	含控制变量	不含控制变量	含控制变量
L_1	-0.26***	-0.16	-0.19*	-2.86e-03	-0.19*	-2.86e-03
net	-4.53e-07*	-5.61e-07***	-7.34e-07***	-9.38e-07***	-7.37e-07***	-9.38e-07***
eas	1.76e-06	1.63e-06				
efs			3.30e-04***	3.20e-04***		
ees					3.20e-04***	3.20e-04***
pgdp		-0.03		-0.04*		-0.04*
city		0.02**		0.02**		0.02**
eng		0.10		0.04		0.04
常数项	0.27***	-0.81*	0.22***	-0.96**	0.22***	-0.96*
AR（2）	0.61	0.44	0.19	0.10	0.20	0.10
Sargan	11.19	12.97	14.49	14.20	13.42	14.20

注：表中 L_1 表示被解释变量滞后一阶，数字表示模型的估计系数，"*"、"**"、"***"分别表示在10%、5%和1%的显著性水平下通过检验，AR（2）报告的是 P 值，若均为拒绝原假设，说明扰动项不存在序列相关性，Sargan 报告的是检验统计量值，若均为拒绝原假设，说明工具变量有效。

由表8-24可知，所有模型的 AR（2）检验均通过检验，扰动项均不存在相关性。另外，所有模型的 Sargan 检验均通过了检验，说明所有模型的工具变量，即控制变量均有效。

在纳入环境行政规制为中介变量且不包含控制变量的情况下，网电参与对政府环境治理绩效水平存在直接抑制作用，影响系数为 -4.53e-07，通过10%水平下的显著性检验，环境行政规制对政府环境治理绩效水平的影响不显著。加入控制变量后，网电参与对政府环境治理绩效水平的直接抑制作用增大，影响系数由 -4.53e-07 增大为 -5.61e-07，通过1%水平下的显著性检验，环境行政规制对政府环境治理绩效水平的影响不显著，城镇化产生了一定的促进作用，影响系数为0.02，通过了5%水平下的显著性检验，在控制了经济发展水平、城镇化水平和能源强度的影响后，网电参与通过环境行政规制影响政府环境治理绩效水平的效应不明显，说明网电参与对政府环境治理绩效水平的促进效应较为直接，未通过此中介途径影响政府环境治理绩效水平。

在纳入环境法律规制为中介变量且不包含控制变量的情况下，网电参与对政府环境治理绩效水平存在直接抑制作用，影响系数为 $-7.34e-07$，通过 1% 水平下的显著性检验，环境法律规制对政府环境治理绩效水平有促进作用，影响系数为 $3.30e-04$，通过了 1% 水平下的显著性检验。在控制了经济发展水平、城镇化和能源强度的影响后，网电参与对政府环境治理绩效水平的抑制作用小幅增大，影响系数由 $-7.34e-07$ 增大至 $-9.38e-07$，通过 1% 水平下的显著性检验，环境法律规制对政府环境治理绩效水平有促进作用，影响系数为 $3.20e-04$，通过了 1% 水平下的显著性检验，排除城镇化带来的影响，导致网电参与对政府环境治理绩效水平的直接促进作用反升不降。经济发展水平产生了一定的抑制作用，影响系数为 -0.04，通过了 10% 水平下的显著性检验，城镇化因素产生较大程度促进政府环境治理绩效水平的作用，影响系数为 0.02，通过了 5% 水平下的显著性检验，由于城镇化水平提高，人们对环境的关注和保护意识也会提高，政府也易于管理居民的生活垃圾，从而避免造成更大污染，因此政府环境治理绩效水平由此提高。综合说明网电参与使法律规制加强后，法律规制通过制定相关环境法律对政府、企业和个人的行为进行约束，从而提高了环境治理绩效，而在中介效应模型中公众自身的电话网络投诉对环境治理绩效的直接影响是负值，可能是由于剔除了能影响法律规制的那部分优良投诉后，剩下的投诉没有抓住环境问题的要点，对政府环境治理起到了反向的效果。

在纳入环境经济规制为中介变量且不包含控制变量的情况下，网电参与对政府环境治理绩效水平存在直接抑制作用，影响系数为 $-7.37e-07$，通过 1% 水平下的显著性检验，环境经济规制对政府环境治理绩效水平有促进作用，影响系数为 $3.20e-04$，通过了 1% 水平下的显著性检验。在控制了经济发展水平、城镇化和能源强度的影响后，网电参与对政府环境治理绩效水平的抑制作用小幅增大，影响系数数值由 $-7.37e-07$ 增大至 $-9.38e-07$，通过 1% 水平下的显著性检验，环境经济规制对政府环境治理绩效水平有促进作用，影响系数为 $3.20e-04$，通过了 1% 水平下的显著性检验，排除城镇化带来的影响，导致网电参与对政府环境治理绩效水平的直接促进作用反升不降。经济发展水平产生了一定的抑制作用，影响系数为 -0.04，通过了 10% 水平下的显著性检验，城镇化因素产生较大程度促进政府环境治理绩效水平的作用，影响系数为 0.02，通过了 5% 水平下的显著性检验。综合说明经济规制对环境治理绩效是有显著正向影响的，网电参与影响经济规制强度后，政府提高了治理环境污染的投资，从而使环境治理绩效提高，而在中介效应模型中，网电参与对经济规制和环境治理绩效的影响系数均为负值，可能是由于网络监督和投诉还不够受到重视，公众的此类行为还未得到重视，从而对政府环境治理绩效的影响出现了偏差。

8.5 本章小结

本章构建动态面板回归模型分别分析了环境分权、城镇化、政府环境补贴和公众参对中国省级地方政府环境治理绩效的直接影响效应和中介效应。

基于环境分权对政府环境治理绩效的影响效应分析结果，从直接效应看，环境整体分权、环境监测分权和环境监察分权均对政府环境治理绩效水平具有促进作用，而环境行政分权则具有抑制作用。从中介效应看，当中介变量为被解释变量时，环境分权对产业结构具有促进作用，对技术进步和环境执法力度均具有抑制作用。当模型同时纳入环境分权和中介变量时，环境分权一方面通过优化产业结构，进而提升政府环境治理绩效水平；另一方面环境分权通过抑制企业技术进步和环境执法力度，进而降低政府环境治理绩效水平，而且环境分权对政府环境治理绩效水平的影响在较大程度上受到当地政府财政支出力度、城镇化和对外开放程度，以及经济发展水平的影响。

基于城镇化对政府环境治理绩效的影响效应分析结果，从直接影响效应看，户籍城镇化、产业城镇化和经济城镇化对政府环境治理绩效有促进作用，而建设城镇化对政府环境治理绩效具有抑制作用。从中介效应看，当中介变量为被解释变量时，在不包括控制变量的情况下城镇化对政府环境治理绩效均具有促进作用，而当包括控制变量时，尤其是纳入政府财政力度这一控制变量时，城镇化对政府环境治理绩效则具有一致作用。当模型同时纳入城镇化和中介变量时，城镇化通过促进产业结构升级、技术进步和城市绿化程度间接促进政府环境治理绩效水平，而且城镇化对政府环境治理绩效的影响效应在一定程度上受到政府财政支出力度和经济发展水平的影响。

基于政府环境补贴对政府环境治理绩效的影响效应分析结果，从直接效应看，地方政府环境补贴对环境治理绩效水平具有显著的促进作用。从中介效应看，以中介变量为被解释变量且包含控制变量时，地方政府环境补贴对产业结构以及技术进步均具有促进作用。当同时纳入地方政府环境补贴和中介变量且包含控制变量时，地方政府环境补贴一方面通过抑制产业结构的升级，进而降低环境治理绩效水平；另一方面地方政府环境补贴通过促进企业的技术进步，进而提升环境治理绩效水平。此外，地方政府环境补贴对环境治理绩效水平的影响在较大程度上受到当地经济发展水平、城镇化水平和外商直接投资的影响，而劳动力素质在地方政府环境补贴对环境治理绩效水平的影响程度较小。

基于公共参与对政府环境治理绩效的影响效应分析结果，从直接效应看，人大、政协中提出环境保护的议案能有效提升政府环境治理绩效，公众的直接上访反映环境问题也能较好地提升政府环境治理绩效，而公众信访和网络电话投诉在提高政府环境治理绩效问题上的表现差强人意。从中介效应看，议政参与对环境行政规制和环境法律规制具有正向促进作用，对环境经济规制具有负向抑制作用；信访参与也对环境行政规制和环境法律参与具有正向促进作用，对环境经济规制未产生显著的影响；网电参与对环境行政规制和环境法律规制具有正向促进作用，对环境经济规制具有负向抑制作用。议政参与、信访参与、网电参与三个核心解释变量通过环境行政规制、环境法律规制和环境经济规制三个中介变量对政府环境治理绩效的影响效应均不明显，在控制变量中，城镇化对公共参与对政府环境治理绩效的影响较大，经济发展水平和能源强度的影响效应较小。

第9章 绿色金融发展对政府环境治理绩效的影响效应分析

为了进一步分析绿色金融发展水平对省级地方政府环境治理绩效的影响效应，在对绿色金融发展水平进行测度的基础上，本章分析绿色金融发展水平对政府环境治理绩效的作用路径和空间溢出效应。

9.1 绿色金融发展水平的测度

9.1.1 绿色金融发展水平的测度方法

国内外有关绿色金融发展的研究成果较多，但关于绿色金融发展测度的研究并未得到权威一致的结论。在现有文献中，对银行等金融机构的分析大多侧重于定性分析。事实上，通过具体的数据表示不具体或模糊的因素才有利于达到测度分析的目的，即采用量化分析的方式才能实现绿色金融由理念向实践的转变，能为政府及监管者的决策提供科学依据。因此，为了综合评价近年来我国绿色金融发展水平，需要构建科学的绿色金融评价指标体系。

（1）指标选取。

2016 年，国家七部委出台《关于构建绿色金融体系的指导意见》

（以下简称《意见》），《意见》中明确规定绿色金融工具包括但不限于绿色信贷、绿色债券、绿色保险、绿色投资、碳金融等。其中碳金融在我国发展时间较短，我国的碳排放权交易市场也尚未稳定成熟，因此碳金融对我国绿色金融发展的贡献程度相对较小，同时学者们对碳金融的衡量也存在分歧，在 2012 年之前学者们主要以清洁发展机制项目交易量作为碳金融的代理指标，而在 2012 年之后则主要以我国碳交易试点中的碳排放权交易量作为碳金融的代理指标，其指标选取缺乏统一性。根据科学性、客观性、可操作性以及可比性等原则，结合我国现有绿色金融服务的主要对象，将从绿色信贷、绿色债券、绿色保险、绿色投资四个维度出发构建绿色金融发展水平评价体系（见表 9－1）。

表 9－1　　　　　　　　绿色金融发展评价指标体系

一级指标	二级指标	表征指标	指标定义	指标属性
绿色金融发展水平	绿色信贷	高耗能工业利息支出占比	高耗能工业产业利息支出/工业产业利息总支出	负向
	绿色债券	高耗能行业市值占比	高耗能企业 A 股市值/上市企业 A 股总市值	负向
	绿色保险	农业保险规模占比	农业保险收入/保险总收入	正向
	绿色投资	环保投资占比	环境污染治理投资额/地区 GDP	正向

　　绿色信贷选用各省区市六大高耗能产业利息支出占工业产业利息总支出的比率来表示。在我国，行业间的利率差额较小，利息的支出可以反映贷款规模，因此高耗能产业利息支出占工业产业利息支出的比率可以间接表达高能耗产业贷款规模占比，而六大高耗能工业产业作为国家限制发展的重点领域，具有高消耗、高污染和产能过剩的特点。因此高耗能产业贷款规模占比的降低则是绿色信贷逆向控制高污染、高消耗产业发展的表现。

　　绿色债券采用高耗能企业 A 股市值占上市企业 A 股总市值比重来表示。国家发改委发布的《绿色债券发行指引》中指出，绿色债券是指，募集资金主要用于支持节能减排技术改造、绿色城镇化、能源清洁高效利用、新能源开发利用，循环经济发展、水资源节约和非常规水资源开发利用，污染防治、生态农林业、节能环保产业、低碳产业、生态文明先行示范实验、低碳试点示范等绿色循环低碳发展项目的企业债券。其中的节能减排技术改造项目、污染防治项目等不乏高污染、高耗能企业债券。

绿色投资选择环境污染治理投资占 GDP 比重来表示。环境污染治理投资包括城市环境基础设施建设投资、"三同时"环保投资和工业污染源治理投资三大板块，环境污染治理投资额占比的增加可以直观反映绿色环保产业发展规模，反映全社会对绿色产业发展的重视程度。

绿色保险指标采用农业保险收入占保险总收入比重来表示。我国的绿色保险主要是企业环境责任保险，然而我国 2013 年才开始强制推行企业环境责任险，缺乏连贯的统计资料。而农业是受自然环境影响较大的产业，可以近似表达绿色保险的发展情况，因此我们选用农业保险作为反映绿色保险发展的指标。

（2）测度方法。

在综合评价运用的实践中，有多种评价方法，根据确定权重的不同，分为主观赋权评价法和客观赋权评价法。采用客观赋权法中的熵值法，并通过熵值法来确定权重，以更客观准确地评价绿色金融发展水平。具体计算步骤如下：

n 为观测值，m 为指标数，Z_{ij} 为第 i 个样本、第 j 个指标的数值（i=1，2，3，…，n；j=1，2，3，…，m）。

第一步，标准化。由于各指标的量纲不同，容易造成计算结果的误差，因此需要对指标数据进行标准化。

正向指标标准化：

$$f_{ij} = \frac{z_{ij} - z_{min}}{z_{max} - z_{min}} \tag{9.1}$$

负向指标标准化：

$$f_{ij} = \frac{z_{max} - z_{ij}}{z_{max} - z_{min}} \tag{9.2}$$

第二步，计算观测值占指标的比重：

$$P_{ij} = \frac{f_{ij}}{\sum\limits_{i=1}^{n} f_{ij}} \tag{9.3}$$

第三步，计算每个指标的熵值：

$$e_i = -k \sum\limits_{i=1}^{n} P_{ij} \ln(P_{ij}) \tag{9.4}$$

其中，$k = 1/\ln(n)$。

第四步，计算各项指标的权重：

$$W_j = \frac{1 - e_i}{\sum\limits_{j=1}^{n} (1 - e_i)} \tag{9.5}$$

第五步，计算各样本综合得分：

$$w_i = \sum\limits_{j=1}^{m} W_j f_{ij} \tag{9.6}$$

（3）测度结果。

基于数据可得性，采用熵值法对 2009～2018 年全国 30 个省区市（除西藏和港澳台）的绿色金融发展水平进行计算。指标数据来源于 2009～2018 年的《中国工业统计年鉴》《中国环境统计年鉴》、各省区市《统计年鉴》《中国保险年鉴》以及 Wind 数据库。根据熵值法计算而得的 30 个省区市的绿色金融发展指数见表 9-2。

表 9-2　　　　2009～2018 年各省区市绿色金融发展指数

地区	2009 年	2010 年	2011 年	2012 年	2013 年	2014 年	2015 年	2016 年	2017 年	2018 年
北京	0.370	0.406	0.441	0.479	0.516	0.551	0.627	0.692	0.759	0.748
天津	0.182	0.200	0.217	0.233	0.249	0.265	0.280	0.289	0.291	0.331
河北	0.081	0.088	0.095	0.103	0.111	0.120	0.126	0.130	0.138	0.150
山西	0.110	0.110	0.109	0.117	0.126	0.124	0.126	0.129	0.143	0.141
内蒙古	0.081	0.087	0.094	0.104	0.114	0.118	0.115	0.121	0.121	0.134
辽宁	0.117	0.128	0.139	0.151	0.163	0.166	0.167	0.160	0.166	0.188
吉林	0.092	0.095	0.099	0.107	0.115	0.121	0.127	0.143	0.144	0.142

续表

地区	2009 年	2010 年	2011 年	2012 年	2013 年	2014 年	2015 年	2016 年	2017 年	2018 年
黑龙江	0.090	0.098	0.105	0.110	0.115	0.116	0.124	0.129	0.134	0.138
上海	0.206	0.214	0.223	0.234	0.246	0.267	0.285	0.314	0.334	0.354
江苏	0.165	0.195	0.225	0.242	0.259	0.253	0.280	0.281	0.289	0.319
浙江	0.164	0.185	0.206	0.231	0.256	0.258	0.284	0.294	0.301	0.322
安徽	0.082	0.094	0.106	0.119	0.133	0.136	0.144	0.156	0.159	0.165
福建	0.113	0.128	0.143	0.154	0.166	0.176	0.194	0.210	0.214	0.214
江西	0.082	0.090	0.097	0.104	0.110	0.116	0.123	0.132	0.143	0.152
山东	0.141	0.155	0.168	0.184	0.201	0.210	0.220	0.229	0.240	0.267
河南	0.089	0.097	0.105	0.114	0.123	0.135	0.142	0.156	0.166	0.174
湖北	0.102	0.106	0.109	0.127	0.144	0.157	0.172	0.190	0.198	0.190
湖南	0.092	0.099	0.106	0.118	0.131	0.141	0.151	0.163	0.176	0.188
广东	0.216	0.233	0.251	0.270	0.289	0.300	0.336	0.359	0.395	0.384
广西	0.112	0.122	0.132	0.144	0.156	0.172	0.178	0.181	0.187	0.203
海南	0.129	0.141	0.153	0.157	0.162	0.163	0.165	0.180	0.181	0.192
重庆	0.113	0.123	0.132	0.145	0.157	0.166	0.178	0.204	0.205	0.202
四川	0.114	0.121	0.128	0.139	0.150	0.159	0.169	0.182	0.193	0.202
贵州	0.088	0.091	0.094	0.104	0.115	0.118	0.121	0.132	0.149	0.141
云南	0.079	0.085	0.091	0.100	0.109	0.116	0.124	0.127	0.142	0.135
陕西	0.115	0.125	0.135	0.153	0.170	0.175	0.185	0.199	0.199	0.208
甘肃	0.092	0.092	0.093	0.104	0.115	0.122	0.124	0.143	0.155	0.146
青海	0.086	0.094	0.102	0.108	0.114	0.127	0.127	0.136	0.138	0.144
宁夏	0.058	0.060	0.062	0.074	0.085	0.099	0.080	0.103	0.088	0.099
新疆	0.064	0.066	0.067	0.071	0.075	0.081	0.083	0.088	0.089	0.093
均值	0.121	0.131	0.141	0.153	0.166	0.174	0.185	0.198	0.208	0.216

9.1.2 绿色金融发展水平时空演变趋势分析

（1）绿色金融发展水平的时空演变趋势分析。

为了更好地从整体上判断我国绿色金融发展水平的时间趋势变化，

将 2009 ~ 2018 年全国 30 个省区市的绿色金融发展指数取年平均值，以此代表当年全国的绿色金融发展水平，如图 9 - 1 所示，并对 30 个省区市的绿色金融发展指数进行排名，结果如图 9 - 2 所示。

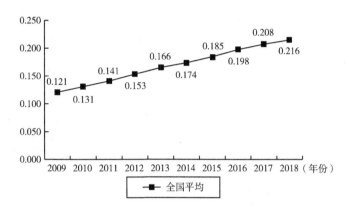

图 9 - 1 2009 ~ 2018 年我国绿色金融发展指数演变趋势

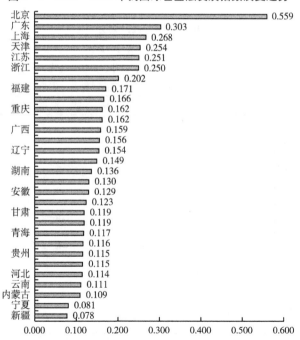

图 9 - 2 各省区市绿色金融发展指数均值排名

根据图 9 - 1 和图 9 - 2 可知，全国 30 个省区市的绿色金融发展指数在2009～2018年有一定的提升，年平均值由2009年的0.121上升至2018年的0.216。从各省区市来看，如图9-2所示，根据各省区市的绿色金融发展指数均值排名情况可以看到，前五名分别为北京、广东、上海、天津和江苏，这五个省市均为东部地区，后五名分别为河北、云南、内蒙古、宁夏和新疆，这五个省区中，除河北，其他四个省区均为西部地区，此外，从图9-2中不难发现，排名前十的大多属于东部地区。可见，我国绿色金融发展虽稳步上升，但由于不同省区市之间资源和经济发展水平的差异，我国绿色金融发展水平在不同省区市之间存在一定的差距。

为了更直观地进行区域差异分析，将30个省区市按照经济发展水平划分为东部地区、中部地区和西部地区，分别考察分析绿色金融发展情况（省级行政区划分的具体情况见表9-3），得到区域绿色金融发展指数变化趋势如图9-3所示。

表9-3	区域省级行政区划分
区域	省级行政区
东部地区	北京、天津、河北、辽宁、上海、江苏、浙江、福建、山东、广东、海南
中部地区	山西、吉林、黑龙江、安徽、江西、河南、湖北、湖南
西部地区	内蒙古、广西、重庆、四川、贵州、云南、陕西、甘肃、青海、宁夏、新疆

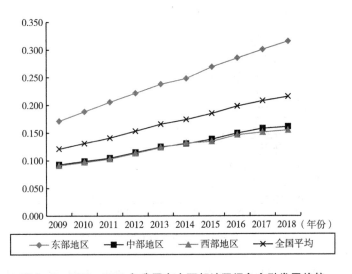

图9-3　2009～2018年我国东中西部地区绿色金融发展趋势

从各个地区来看，如图 9 - 3 所示的我国东中西部三个地区的绿色金融发展趋势，东部地区总体增长幅度最大，均值由 2009 年的 0. 171 上升至 2018 年的 0. 315，并高于全国平均水平，中部和西部地区的绿色金融发展趋势相近，差异不大，但 2009 ~ 2018 年均低于全国平均水平。由此可知，东部地区的绿色金融发展水平相对较高，西部地区的绿色金融发展水平相对较低，部分原因在于西部地区地理位置深处内陆，经济发展水平较低，金融环境相对落后。此外，从图 9 - 3 中也可以看出，东、中、西部三个地区的绿色金融发展水平 2009 ~ 2018 年总体都存在上升的趋势，这有可能是因为在这段时间内我国的绿色金融开始起步，相关法律法规逐步出台，国家加大对环境保护工作的重视力度，绿色金融引导资金开始向绿色产业和环境保护产业涌入，因此 2009 ~ 2018 年我国的绿色金融发展水平逐步升高。

综上所述，无论是从静态角度还是动态角度来看，东部地区的总体绿色金融发展水平都要高于其他地区，并且平均增速更高，增长势头更为迅猛。

（2）绿色金融发展水平的空间演变趋势分析。

为了更深入和直观地探究我国绿色金融发展水平在空间上的差异和区域分布特征，将我国 30 个省区市 2019 ~ 2018 年的绿色金融发展指数以三年作为一个时间节点，运用 ArcGis 软件绘制了 2009 年、2012 年、2015 年和 2018 年 30 个省区市环境规制强度的空间分布图。

从整体来看，2009 ~ 2018 年我国东部地区的绿色金融发展指数明显高于其他地区，沿海地区经济相对发达，绿色金融发展水平较高，因此绿色金融发展指数处在高等水平的省区市均处在沿海地区，而我国西北和西南地区几乎均处于低等或中等水平，原因可能是这些地区经济相对落后，金融环境相对落后，绿色金融起步较晚。从 2009 年、2012 年、2015 年和 2018 年的绿色金融发展指数空间分布图还可以看出，绿色金融发展指数较高的地区都连在一起，绿色金融发展指数相对较低的地区也都连成一片，由此可以看出我国绿色金融发展水平存在空间异质性。

9.2 绿色金融影响政府环境治理
绩效的作用路径分析

在测算绿色金融发展水平的基础上，本部分将技术创新水平作为中介变量，通过中介效应的实证研究来检验"绿色金融—技术创新—政府环境治理绩效"路径的有效性，分析绿色金融对政府环境治理绩效的直接效应和间接效应。

9.2.1 变量选取与模型设定

（1）变量选取。

本节的核心目标是检验绿色金融对环境治理绩效的作用路径，以绿色金融发展指数为解释变量，政府环境治理绩效为被解释变量，引入技术创新水平作为中介变量，除此之外，还需加入一些其他可能影响政府环境治理绩效的因素作为控制变量，一同纳入回归模型当中进行分析。各变量的具体说明如下：

被解释变量：政府环境治理绩效水平。采用第 5 章中测算出的各省级地方政府环境治理绩效综合指数作为因变量。

解释变量：绿色金融发展指数。采用 9.1 节测算出的各地区绿色金融发展指数作为核心解释变量。

中介变量：技术创新水平。技术创新在一定程度上能够改进原有技术，从而有利于环境治理，选取了各地区人均专利申请授权数来表征技术创新水平。

控制变量：

①经济发展水平。经济发展初期，经济发展将加大能源消耗、加重环境污染，当经济发展到一定程度时，由于开始注重节能减排，经济发

展将不再依赖能源和环境的消耗。全国各省区市处于不同的经济发展阶段，经济发展与政府环境治理绩效的关系也不同，同时各省区市人口差距较大，因此选取人均地区生产总值来表示。

②对外开放程度。一般来说，地区对外开放程度越高，外商直接投资越容易将先进的生产力和技术引进来，降低地区的要素价格成本，有助于地区间资源的有效配置，促进政府环境治理绩效的提高。用外商直接投资总额占 GDP 的比重来表示，并将单位美元用当年实际汇率换算成人民币。

③人口密度。人口密度高的地区，经济密度在一定程度上也相对较高，由此对能源的需求也相对较高，如果增长量超过环境的更新量，则有可能会导致环境污染加剧。选用单位面积的人口数来衡量人口密度。

④产业结构。合理化和高级化两个维度产业结构的调整会影响工业污染源的结构布局，进而有利于提高环境治理。采用第三产业增加值占地区 GDP 的比重来表示产业结构。

⑤能源消费结构。各类能源可以大致分为清洁型能源和污染型能源两大类，清洁型能源包括太阳能、生物能和天然气等，污染型能源包括煤炭、焦炭和石油等。各类能源的使用情况不同，其对环境所造成的污染程度也不同，因此选取能源消费结构作为控制变量，以煤炭消费量占能源消费总量的比重作为代理指标。

由于西藏地区数据缺失严重，加上港澳台不予考虑，因此，选取2009～2018 年全国 30 个省区市的相关数据进行研究。原始数据主要来源于《中国环境统计年鉴》《中国统计年鉴》以及 EPS 数据库、国家统计局官网、各省统计年鉴。为消除原始数据特征对实证结果的影响，对原始数据绝对量进行对数处理，并采用 LLC 检验法和 IPS 检验法对样本数据进行检验，结果显示样本数据为一阶单整。所有的变量定义及说明如表 9 - 4 所示。

表 9 - 4　　　　　　　　　　　　变量定义及说明

变量类型	变量名称	变量含义	变量符号
被解释变量	政府环境治理绩效	政府环境治理绩效综合指数	y
解释变量	绿色金融发展水平	绿色金融发展指数	x
中介变量	技术创新水平	人均专利申请授权数	nti
控制变量	经济发展水平	人均 GDP	gdp
	对外开放程度	外商直接投资/地区 GDP	fdi
	人口密度	各地区单位面积人口数	dp
	产业结构	第三产业增加值/地区 GDP	ins
	能源消费结构	煤炭消费量/能源消费总量	ecs

（2）模型设定。

借鉴温忠麟等[172]的中介效应检验程序，其中介效应的作用原理为：在对 X 和 Y 进行实证检验时，发现自变量 X 会通过变量 M 作用于因变量 Y，则称 M 为 X 和 Y 的中介变量。具体为：

$$Y = cX + e_1 \tag{9.7}$$

$$M = aX + e_2 \tag{9.8}$$

$$Y = c'X + bM + e_3 \tag{9.9}$$

其中，c 为 X 直接对 Y 回归得到的效应系数，a 表示 X 对 M 的效应系数，c′ 表示加入中介变量 M 后的直接效应系数，a×b 表示间接效应系数，e 为误差项。

根据中介效应检验程序，构建以下三个模型：

第一步，验证绿色金融对政府环境治理绩效水平的直接影响，模型（9.7）具体如下：

$$y = \alpha_0 + \alpha_1 x + \alpha_2 Control + \varepsilon \tag{9.10}$$

第二步，将技术创新水平（nti）作为被解释变量，绿色金融发展指数作为解释变量，来探究绿色金融对技术创新水平的影响，模型（9.8）具体如下：

$$nti = \beta_0 + \beta_1 x + \beta_2 Control + \varepsilon \tag{9.11}$$

第三步，将政府环境治理绩效作为被解释变量，绿色金融发展指数作为解释变量，同时引入中介变量技术创新水平（nti），模型（9.9）具体如下：

$$y = \gamma_0 + \gamma_1 x + \gamma_2 nti + \gamma_3 Control + \varepsilon \qquad (9.12)$$

式（9.10）、式（9.11）、式（9.12）中，y 表示政府环境治理绩效，x 表示绿色金融发展指数，nti 表示技术创新水平，Control 表示一系列的控制变量，ε 表示误差项。

9.2.2　实证结果分析

对上述构建的模型（9.7）至模型（9.9）均通过 Stata 软件操作采用 Hausman 检验来确定最适用的回归模型，检验结果显示 P 值均等于 0.000，所以统一采用固定效应模型进行检验，具体的回归结果如表 9 - 5 所示。

表 9 - 5　　　　　　　　　　技术创新中介检验

变量	模型（9.7）	模型（9.8）	模型（9.9）
	y	nti	y
x	1.875 *** (0.309)	1.295 ** (0.523)	1.390 ** (0.519)
nti	—	—	0.680 ** (0.124)
gdp	0.199 ** (0.086)	1.006 *** (0.146)	0.148 ** (0.093)
fdi	0.063 ** (0.018)	0.007 (0.030)	0.045 ** (0.018)
dp	-0.006 (0.054)	-0.009 (0.092)	-0.006 (0.054)
ins	0.007 *** (0.003)	0.017 *** (0.004)	0.008 *** (0.003)

续表

变量	模型 (9.7)	模型 (9.8)	模型 (9.9)
	y	nti	y
ecs	−0.001 (0.001)	−0.003 (0.001)	−0.001 (0.001)
常数项	3.899 *** (1.316)	−7.817 *** (2.245)	3.503 *** (1.343)
N	300	300	300

注：括号内为标准误差，*、**、*** 分别表示10%、5%和1%的显著性水平。

模型（9.7）是检验绿色金融对政府环境治理绩效的总影响。从表9−5中可知模型（9.7）中，绿色金融的回归系数为1.875，且已经通过了1%的显著性水平检验，说明我国的绿色金融对政府环境治理绩效存在显著的正向促进作用，即绿色金融发展水平越高，政府环境治理绩效就越高。此外，在控制变量中，经济发展水平、对外开放程度、产业结构与政府环境治理绩效正相关，这表明我国经济发展不再停留在"重发展，轻环保"阶段，随着经济的增长，一方面经济结构有向环保绿色方向发展的趋势；另一方面促使社会中更多的资金投入环境保护中去，改善环境质量问题，提高政府环境治理绩效。对外开放程度越高，对外投资水平和引进外资水平越高，环境污染治理理念和治理水平能够得到有效改善和提高。随着第三产业占比增加，产业结构优化，带来经济发展方式向低碳化和高级化转变，实现政府环境治理绩效的提升，这些都与预期的符号方向一致。人口密度与能源消费结构对政府环境治理绩效的直接影响在这里还不明显。

模型（9.8）主要是检验绿色金融对技术创新水平的影响，第二步回归结果第二列显示，当技术创新水平作为被解释变量时，绿色金融的回归系数为1.295，且通过了5%的显著性水平检验，证明绿色金融发展水平的提高可以促进技术创新，满足中介效应存在的第二个条件。

模型（9.9）是检验在模型（9.7）中加入技术创新变量后，绿色金融发展水平对政府环境治理绩效的影响变化，从第三列回归结果可以看出，技术创新满足中介效应存在的第三个条件，在技术创新水平对政府环境治理绩效具有显著正向影响的情况下，绿色金融的回归系数下降，说明绿色金融可以通过提高技术创新来提高政府环境治理绩效，该结果符合验证了对于"绿色金融—技术创新—政府环境治理绩效"这条路径的假设。

9.2.3 稳健性检验

稳健性检验是为了考察选取的模型、实证结果及方程解释能力的稳定性，同时为了证明实证研究结果的可靠性和非随机性，如果改变某些参数、模型或者评价方法和指标，结果依然与之前选取的模型保持比较一致、稳定的解释，那么就说明最初选取的模型的稳健性较好。反之，如果改变某个特定的参数或者模型，进行重复实验，若是实证结果的符号和显著性发生了变化，说明最初选取的模型不够稳健，便需要原模型寻找问题的所在。

表9-6　　　　　　　　　　　稳健检验结果表

变量	模型 (9.7)	模型 (9.8)	模型 (9.9)
	不加控制变量	面板固定效应模型	面板随机效应模型
x	2.565 *** (0.188)	1.390 ** (0.519)	1.439 *** (0.281)
nti	—	0.680 ** (0.124)	0.586 * (0.131)
gdp	—	0.148 ** (0.093)	0.128 * (0.067)
fdi	—	0.045 ** (0.018)	0.037 ** (0.016)
dp	—	−0.006 (0.054)	0.025 (0.048)

续表

变量	模型 (9.7)	模型 (9.8)	模型 (9.9)
	不加控制变量	面板固定效应模型	面板随机效应模型
ins	—	0.008 *** (0.003)	0.011 *** (0.002)
ecs	—	−0.001 (0.001)	−0.002 (0.001)
常数项	0.259 *** (0.062)	3.503 *** (1.343)	1.306 (1.126)
R^2	0.415	0.499	0.489
观测量	300	300	300

注：括号内为标准误差，*、**、***分别表示10%、5%和1%的显著性水平。

　　通过 Hausman 检验选择面板固定效应模型进行回归分析，探索绿色金融对政府环境治理绩效的影响，并且验证了假设。为验证回归结果的稳定性，本章采取了两种稳健性检验法：一是替换估计法。采用面板随机效应模型进行回归，将所有变量再次进入面板随机效应模型，并得出相应回归结果，如表9-6所示。在模型 (9.9) 中，回归结果与原模型回归结果基本一致，绿色金融对环境污染治理效率的影响方向与原模型相同，系数大小与显著性水平不一致。二是增加控制变量法，对比加入控制变量模型与不加入控制变量的模型。两种稳健性检验结果与面板固定效应模型所得结果保持一致，证明原模型和实证结果的稳健性都较为可靠，得出的结论也具有一定借鉴意义。

9.3　绿色金融影响政府环境治理绩效的空间溢出效应研究

　　在前面探究了绿色金融通过间接因素影响政府环境治理绩效的基础上，本部分将继续深入探究绿色金融通过空间溢出效应对政府环境治理绩效的影响。首先对绿色金融发展水平和政府环境治理绩效进行空间相关性分析，然后检验和选择最适用的空间计量模型，考察绿色金融影响政府环境治理绩效的空间溢出效应。

9.3.1　空间相关性分析

（1）全局空间相关性。

在分析绿色金融对政府环境治理绩效的空间影响之前，首先要检验其空间相关性是否显著。地理学第一定律表明不同的经济活动在地理空间位置上存在相关性。如果高值和高值发生聚集，低值和低值发生聚集，空间上则呈现正相关；反之，如果高值和低值发生集聚，则为空间负相关。为研究我国 30 个省区市绿色金融发展水平和政府环境治理绩效在空间上是否存在相关性，选用能够判定区域属性值是否存在集聚、离散和随机分布的"莫兰指数 I"（Moran's I 指数）进行检验。

首先构建空间邻接权重矩阵，空间相邻关系采用 Rock 邻接原则，其设定如下：

$$W_{ij} = \begin{cases} 1 & i \text{ 与 } j \text{ 相邻} \\ 0 & i = j \text{ 或 } i \text{ 与 } j \text{ 不相邻} \end{cases} \tag{9.13}$$

全局 Moran's I 指数的计算公式是：

$$I = \frac{\sum\limits_{i=1}^{n} \sum\limits_{j=1}^{n} W_{ij}(x_i - \bar{x})(x_j - \bar{x})}{S^2 \sum\limits_{i=1}^{n} \sum\limits_{j=1}^{n} W_{ij}} \tag{9.14}$$

其中，$S^2 = \dfrac{1}{n} \sum\limits^{n} (x_i - \bar{x})^2$，$\bar{x} = \dfrac{1}{n} \sum\limits^{n} x_i$，$x_i$ 和 x_j 表示第 i 个地区和第 j 个地区的样本观测值，n 表示地区总量，W_{ij} 是空间权重矩阵。I 是全局 Moran's I 指数，测度各个地区间的绿色金融发展水平和政府环境治理绩效的总体空间相关程度。I 的取值范围 [−1，1]，当 I 值高于 0 时，说明总体上呈现正空间相关性；当 I 值低于 0 时，说明总体上看呈现负空间相关性；当 I 的值为 0 时，说明不存在空间相关性。

表 9 - 7 结果显示，2009 ~ 2018 年我国绿色金融发展指数的全局 Moran's I 指数值 2016 年和 2017 年通过了 5% 的显著性水平检验，其余年份均通过了 1% 的显著性水平检验，说明我国绿色金融发展水平整体上有明显的正空间相关性，即绿色金融呈现为一个绿色金融发展指数高的地区与另一个绿色金融发展指数高的地区集聚在一起（高—高集聚）或一个绿色金融发展指数低的地区与另一个绿色金融发展指数低的地区集聚在一起（低—低集聚）的空间分布特征。而政府环境治理绩效的全局 Moran's I 指数值除了 2010 年不显著之外，其余年份均出现显著的特征。其中，除了 2009 年和 2016 年通过了 10% 的显著性水平检验和 2011 年通过了 1% 的显著性水平检验，其余年份均通过了 5% 的显著性水平检验。在显著的年份中，环境规制强度的全局 Moran's I 指数值均大于 0，说明我国 30 个省区市的政府环境治理绩效同样具有明显的正向空间相关性。

表 9 - 7　　　绿色金融和政府环境治理绩效的全局空间 Moran's I 指数值

年份	绿色金融发展指数		政府环境治理绩效综合指数	
	Moran's I	P 值	Moran's I	P 值
2009	0.210	0.009	0.134	0.082
2010	0.237	0.005	0.119	0.105
2011	0.255	0.003	0.236	0.008
2012	0.237	0.005	0.174	0.042
2013	0.223	0.007	0.184	0.037
2014	0.220	0.006	0.208	0.024
2015	0.210	0.007	0.241	0.012
2016	0.184	0.012	0.142	0.077
2017	0.156	0.021	0.174	0.045
2018	0.222	0.005	0.176	0.045

（2）局部空间相关性。

利用局部 Moran's I 散点图进行局部空间自相关分析，根据 Moran's I 散点图的四个象限将区域间的空间相关性分为高—高（H - H）、低—高（L - H）、低—低（L - L）、高—低（H - L）四种空间集聚类型，进一步判断绿色金融与政府环境治理绩效在局部地区的分布特征及其空间相关性。局部 Moran's I 指数的计算公式是：

$$I_i = \frac{(x_i - \overline{x})}{S^2} \sum_{j=1}^{n} W_{ij}(x_j - \overline{x}) \qquad (9.15)$$

其中，I_i 表示局部 Moran's I 指数，考察地区 i 与其相邻范围地区的空间相关程度，其他变量的设定均与全局 Moran's I 指数的设定相同。当 I_i 值高于 0 时，说明地区 i 的绿色金融和政府环境治理绩效分布与周边地区呈现正空间相关性；当 I_i 值低于 0 时，说明地区 i 的绿色金融和政府环境治理绩效分布与周边地区呈现负空间相关性。

2009 年、2012 年、2015 年和 2018 年绿色金融发展指数局部 Moran's I 散点图如图 9 - 4 ~ 图 9 - 7 所示，2009 年、2012 年、2015 年和 2018 年政府环境治理绩效局部 Moran's I 散点图如图 9 - 8 ~ 图 9 - 11 所示。

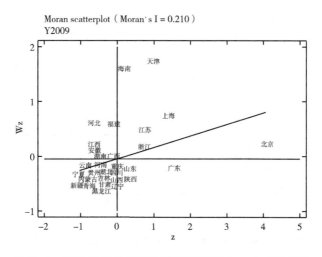

图 9 - 4 2009 年绿色金融发展指数局部 Moran's I 散点图

从绿色金融发展指数的局部 Moran's I 散点图以及绿色金融发展水平和政府环境治理绩效空间聚集表（见表 9 - 8）中可以看出，相较于 2009 年，2018 年绿色金融发展的空间集聚性有所降低，2009 年大多数

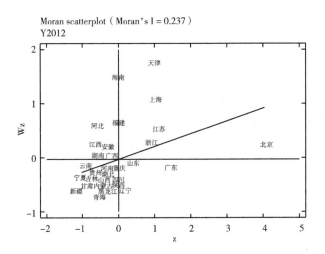

图 9 - 5　2012 年绿色金融发展指数局部 Moran's I 散点图

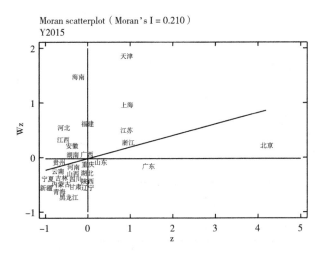

图 9 - 6　2015 年绿色金融发展指数局部 Moran's I 散点图

省区市分布在第一象限（H - H）、第二象限（L - L）和第三象限（L - H），说明省区市之间的绿色金融发展具有趋同性。2018 年大多数省区市均匀分布在 L - L、L - H 象限，更多区域出现了绿色金融发展低水平围绕高水平的现象，这归因于我国绿色金融发展探索过程中的示范

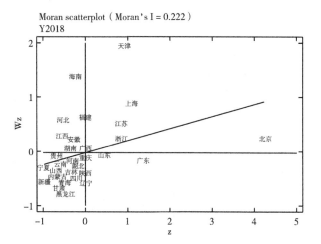

图 9 – 7　2018 年绿色金融发展指数局部 Moran's I 散点图

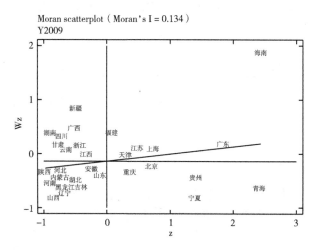

图 9 – 8　2009 年政府环境治理绩效局部 Moran's I 散点图

区效应。2009～2018 年分布在 H – H 象限均为东部地区，这反映了东部地区是高绿色金融发展水平聚集区，说明东部地区的省市绿色金融发展空间优势明显，且其本身绿色金融发展水平较高，周边省域绿色金融发展水平也高，出现高—高集聚的特征。

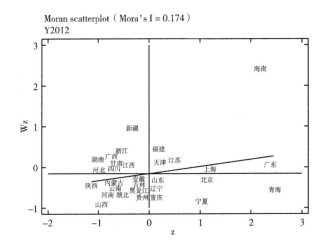

图 9 – 9　2012 年政府环境治理绩效局部 Moran's I 散点图

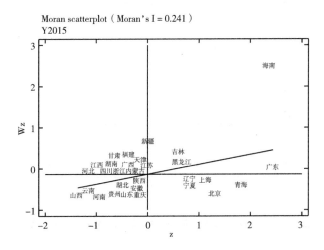

图 9 – 10　2015 年政府环境治理绩效局部 Moran's I 散点图

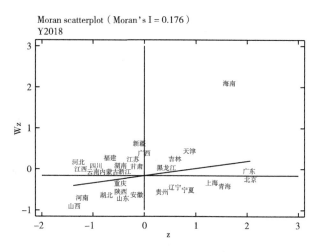

图 9 - 11　2018 年政府环境治理绩效局部 Moran's I 散点图

表 9 - 8　　　　绿色金融发展水平和政府环境治理绩效空间聚集表

年份		2009	2012	2015	2018
绿色金融发展水平	第一象限	北京、上海、天津、江苏、浙江、海南	北京、上海、天津、江苏、浙江、福建、海南	北京、上海、天津、江苏、浙江、福建	北京、上海、江苏、浙江
	第二象限	河北、江西、福建、安徽、湖南、广西	河北、江西、安徽	海南、河北、江西、安徽、湖南、广西	海南、河北、福建、江西、安徽、湖南、广西
	第三象限	河南、重庆、湖北、黑龙江、贵州、陕西、新疆、吉林、山西、甘肃、宁夏、四川、云南、内蒙古、辽宁、青海	河南、重庆、湖北、湖南、黑龙江、贵州、陕西、新疆、吉林、山西、甘肃、宁夏、四川、广西、云南、内蒙古、辽宁、青海	河南、重庆、湖北、黑龙江、贵州、陕西、新疆、吉林、山西、甘肃、宁夏、四川、云南、内蒙古、辽宁、青海	河南、重庆、湖北、黑龙江、天津、贵州、陕西、新疆、吉林、山西、甘肃、宁夏、四川、云南、内蒙古、辽宁、青海
	第四象限	山东、广东	山东、广东	山东、广东	山东、广东
环境治理绩效	第一象限	福建、江苏、上海、天津、广东、海南	福建、江苏、上海、天津、广东、海南	新疆、吉林、黑龙江、海南、广东	广西、吉林、天津、黑龙江、广东、海南

续表

年份		2009	2012	2015	2018
环境治理绩效	第二象限	新疆、湖南、广西、四川、甘肃、云南、浙江、江西	新疆、湖南、广西、四川、甘肃、浙江、江西	福建、甘肃、江西、湖南、广西、天津、河北、浙江、内蒙古、江苏	福建、河北、湖南、江西、新疆、江苏、甘肃、四川、云南、内蒙古
	第三象限	山东、河北、河南、湖北、黑龙江、陕西、安徽、吉林、山西、内蒙古、辽宁	河北、河南、湖北、黑龙江、贵州、陕西、安徽、吉林、山西、云南、内蒙古	山东、河南、重庆、湖北、贵州、陕西、安徽、山西、四川、云南	浙江、重庆、山西、河南、湖北、陕西、山东、安徽
	第四象限	重庆、北京、贵州、宁夏、青海	山东、辽宁、重庆、北京、宁夏、青海	上海、辽宁、北京、宁夏、青海	上海、辽宁、北京、宁夏、青海、贵州

从政府环境治理绩效的局部 Moran's I 散点图以及绿色金融发展水平和政府环境治理绩效空间聚集表中可以看出，政府环境治理绩效具有正向的空间相关性，但相关性整体较弱。2009 年处于 H-H 象限均为东部地区，到了 2018 年，处于 H-H 象限的出现了中部和西部地区，这反映随着时间的推移，中部、西部地区的政府环境治理绩效的空间优势开始显现，出现高—高集聚的特征，由此可以预测未来中部和西部地区也将会出现更多的高—高聚集区域。

9.3.2 变量选取与模型设定

（1）变量选取。

9.2 节检验了绿色金融对政府环境治理绩效的影响作用路径后，本节的核心目的是探究绿色金融对政府环境治理绩效的空间溢出效应，以绿色金融发展指数为解释变量，政府环境治理绩效为被解释变量，除此之外，将 9.2 节的中介变量和其他控制变量一并作为控制变量，一起纳入回归模型当中进行分析。各变量的具体选取标准详见 9.2 节。

被解释变量：政府环境治理绩效。采用第 5 章测算出的各省级地方政府环境治理绩效综合指数作为因变量。

解释变量：绿色金融发展指数。采用 9.1 节测算出的各地区绿色金融发展指数作为核心解释变量。

控制变量：经济发展水平（gdp）、技术创新水平（nti）、产业结构（ins）、外商直接投资（fdi）、人口密度（dp）、能源消费结构（ecs）。选取标准同 9.2 节。

（2）空间计量模型分析。

本部分将采用空间计量方法来分析绿色金融对政府环境治理绩效的影响，空间计量模型有多种类型，被广泛研究采用的模型主要有三种，分别为空间滞后模型、空间误差模型和空间杜宾模型。

空间滞后模型（SLM）也可以称为空间自回归模型（SAR），主要考察各变量在某一区域的空间溢出效应。模型假设某地区的被解释变量部分受到了相邻地区被解释变量的影响，其表达形式为：

$$y = \rho W y + \beta x + \varepsilon \qquad (9.16)$$

其中，y 是 $n \times 1$ 维被解释变量的向量，x 是 $n \times k$ 维解释变量的数据矩阵，$\beta(k \times 1)$ 为回归系数向量，ρ 为空间自相关系数；W 是一个 $n \times n$ 维空间权重矩阵，分别参与到被解释变量的空间自回归和随机误差项 ε 的空间自回归过程当中；Wy 表示空间滞后因变量，ε 是随机误差项。

空间误差模型（SEM）与空间滞后模型（SLM）的不同之处在于 SEM 主要考察误差扰动项内是否存在空间依存关系。模型假定某地区的被解释变量部分地受到相邻地区解释变量的误差的影响程度。其表达形式为：

$$y = \beta X + \varepsilon \qquad (9.17)$$

$$\varepsilon = \lambda W \varepsilon + \mu \qquad (9.18)$$

式（9.17）和式（9.18）中，y 是 $n \times 1$ 维被解释变量的向量，X 是 $n \times k$ 维解释变量的数据矩阵，β 表示待估回归参数，W 为一个 $n \times n$

维空间权重矩阵，λ表示空间误差自回归系数，其大小反映了相邻地区间的影响程度；ε为随机误差项。

如果空间误差模型（SEM）与空间滞后模型（SLM）都不适用，则考虑采用空间杜宾模型（SDM）来进行检验，SDM主要可以用来测度某一地区的被解释变量受到本地区解释变量以及相邻地区解释变量的影响程度。其表达形式为：

$$y = \rho Wy + \beta x + \theta WX + \varepsilon \tag{9.19}$$

其中，θ是待估参数，其他变量的含义与SLM和SEM中的一样。

将通过LM检验、LR检验、Wald检验和Hauseman检验来选择使用的空间计量模型，结果如表9-9所示。

表9-9　　　　　　　　　　相关检验结果

检验	统计量	P值
LMerr	257.091	0.000
LMlag	223.067	0.000
R - LMerr	36.728	0.000
R - LMlag	2.704	0.000
LR（SDM&SAR）	12.51	0.085
LR（SDM&SEM）	14.29	0.046
Wald（SAR）	82.26	0.000
Wald（SEM）	71.57	0.000
Hauseman	32.820	0.005

基于以上检验结果，选择最适合研究对象的计量模型——空间杜宾模型，空间效应为时间固定效应。建立如下空间杜宾模型（SDM）：

$$y_{it} = \rho \sum_{j=1}^{n} w_{ij} y_{jt} + \beta x_{it} + \theta \sum_{j=1}^{n} w_{ij} x_{jt} + \gamma k_{it} + \varphi \sum_{j=1}^{n} w_{ij} k_{jt} + \mu_i + \nu_t + \varepsilon_{it}$$

$$\tag{9.20}$$

其中，y_{it}表示t时期第i个地区被解释变量的观测值；x_{it}表示t时期第i个地区解释变量的观测值；k_{it}和k_{jt}分别代表t时期第i个地区和第j个地区控制变量的观测值；w_{ij}为前面所设置的空间邻接权重矩阵；ρ为被解释变量的空间自回归系数；β、θ、γ、φ 是待估参数；μ_i 是空间效应；ν_t 是时间效应；ε_{it} 是误差项。

9.3.3　空间杜宾模型结果与分析

利用 2009 ~ 2018 年我国 30 个省区市的面板数据，采用空间杜宾模型进行实证分析，考察空间视角下可能影响政府环境治理绩效的因素，实证结果如表 9 - 10 所示。

表 9 - 10　　　　　　　　空间杜宾模型检验结果

变量	系数	标准误	P 值
x	0.325 ***	0.091	0.000
nti	0.049	0.033	0.136
gdp	0.269 ***	0.078	0.001
fdi	0.098 ***	0.016	0.000
dp	− 0.071 *	0.042	0.092
ins	0.004	0.003	0.142
ecs	− 0.001	− 0.001	0.375
W * x	0.623 ***	0.201	0.002
W * nti	0.113 *	0.139	0.073
W * gdp	0.038	0.029	0.787
W * fdi	0.020	0.117	0.492
W * dp	− 0.082	0.007	0.486
W * ins	0.019 ***	0.63	0.008
W * ecs	− 0.001	0.003	0.583
rho	0.251 ***	0.077	0.001
sigma2_e	0.059 ***	0.005	0.000

注：*、*** 分别表示 10% 和 1% 的显著性水平。

表 9 - 10 中给出了空间杜宾模型在时间固定效应下的检验结果。由此估计结果可以看到，被解释变量的空间自相关系数 rho 值为正，且已经通过 1% 的显著性水平检验，证明了政府环境治理绩效在各地区之间

具有明显的空间溢出效应。由于各种自然和社会相关因素的影响，导致地区政府环境治理绩效与相邻地区政府环境治理绩效呈现正相关的关系。这表明对于环境污染的治理，需要实施区域联动的措施，不能只考虑自身利益从而出现顾此失彼的现象，导致环境治理成效功亏一篑。基于以上时间固定效应的空间杜宾模型估计结果，利用直接估计与间接估计进一步分析各变量的直接影响和空间溢出情况。

由表 9-11 中估计结果可以看出，绿色金融的直接效应估计值在 1% 的显著水平上显著，说明我国的绿色金融对政府环境治理绩效具有直接影响。在加入了空间权重矩阵之后，绿色金融的间接效应显著为正，这表明绿色金融对政府环境治理绩效具有显著的正向空间溢出效应，即地区自身绿色金融发展指数的提高会使相邻地区的政府环境治理绩效提高，这就是由空间溢出效应引起的。绿色金融的总效应估计值同样显著为正，可以看出绿色金融对政府环境治理绩效表现出极强的正相关性。

表 9-11　　　　　　　　　　空间杜宾模型的效应分解

变量	直接效应	间接效应	总效应
x	0.373 ***	0.890 ***	1.263 ***
	(0.968)	(0.260)	(0.311)
nti	0.058 *	0.163 **	0.221 ***
	(0.032)	(0.078)	(0.082)
gdp	0.272 ***	0.148	0.421 ***
	(0.074)	(0.159)	(0.159)
fdi	0.099 ***	0.057	0.157 ***
	(0.015)	(0.036)	(0.039)
dp	−0.079	−0.126	−0.205
	(0.045)	(0.154)	(0.183)
ins	0.003	0.022 **	0.025 **
	(0.003)	(0.010)	(0.012)
ecs	−0.002	−0.003	−0.005
	(0.002)	(0.004)	(0.006)

注：括号内为标准误差，＊、＊＊、＊＊＊分别表示 10%、5% 和 1% 的显著性水平。

从直接效应来看，技术创新水平、经济发展水平和外商直接投资通过了显著性检验，并且直接效应估计值均为正。这表明技术创新水平越高，越有利于政府环境治理绩效的提高；经济发展水平的提高会增加人们对生活环境质量的要求，有利于环境污染治理；在一定程度上地区外商投资的引入会使政府环境治理绩效提高。人口密度、产业结构和能源消费结构的估计值不显著，表明其不能直接地对政府环境治理绩效产生影响。

从间接效应来看，只有技术创新水平和产业结构显著。这表明地区自身技术创新水平提高会使相邻地区的政府环境治理绩效提高。产业结构的直接效应不显著，但间接效应显著，表明产业结构对政府环境治理绩效的影响存在较强的空间溢出效应。经济发展水平和外商直接投资的直接效应显著，但间接效应不显著，表明经济发展水平和外商直接投资对政府环境治理绩效的影响均表现为直接影响。能源结构、人口密度的间接效应估计值不显著，表明其不存在空间溢出效应。

从总体效应结果来看，技术创新水平、经济发展水平、外商直接投资和产业结构同政府环境治理绩效呈现显著的正相关关系，而人口密度和能源结构对政府环境治理绩效的影响不明显。

9.4　本章小结

本章首先构建绿色金融发展指标体系，利用熵值法确定指标权重，测算出绿色金融发展指数，并分析绿色金融发展水平的时空演变趋势。然后通过构建中介效应模型检验绿色金融，通过促进技术创新水平提升政府环境治理绩效的中介效应。在此基础上，建立空间计量模型，分析绿色金融与政府环境治理绩效的作用关系，并探究两者的空间溢出效应。并得出以下结论：

第一，我国绿色金融发展不协调，区域差异明显。2009～2018 年，我国 30 个省区市的绿色金融发展水平有一个很大的提升；从各个省区市来看，北京市的绿色金融发展水平稳居榜首，远远超过其他各省区市，并且绿色金融发展指数较高的省区市都集中在我国的东部地区，而西部地区各省区市绿色金融发展水平普遍较低。

第二，绿色金融能够通过促进技术创新水平间接影响政府环境治理绩效。在绿色金融对政府环境治理绩效的影响中存在技术创新的部分中介效应，绿色金融能够通过推动技术创新提升政府环境治理绩效，即绿色金融通过对清洁技术发展的风险分散和授信保障等作用推动技术创新，技术创新又促进政府环境治理绩效提升。

第三，我国绿色金融和政府环境治理绩效在整体上具有比较明显的空间正相关性。全局空间相关性检验结果表明，我国绿色金融发展水平整体上有明显的正空间相关性；局部空间相关性检验表明，相较于 2009 年，2018 年绿色金融发展的空间集聚性有所降低，省区市之间的绿色金融发展具有趋同性，2018 年大多数省区市均匀分布在 L – L、L – H 象限，更多区域出现了绿色金融发展低水平围绕高水平的现象。

第四，绿色金融发展不仅对自身省域的政府环境治理绩效具有显著的正向促进作用，也对周围省区市的政府环境治理绩效也起到促进作用。政府环境治理绩效本身具有正向的空间溢出效应，一个省域政府环境治理绩效的提高将带动周围省区市的政府环境治理绩效上升。

第10章 结论与建议

本章首先总结前面研究得出的主要结论，然后在此基础上提出提高中国省级地方政府环境治理绩效的政策建议。

10.1 研究结论

本书首先对环保支出和环境规制两个维度指标进行测度，其次对中国省级地方政府环境治理绩效进行统计测度分析，最后在拓展部分对环境污染的跨区域特征、政府环境治理绩效的门槛效应和影响因素进行分析，得出以下主要结论：

（1）通过在编制环保支出核算账户的基础上对我国环保支出进行测算，测算结果表明，2010~2019 年广东、江苏、山东等经济发展前沿省份和北京、上海、重庆中心城市经常性环保支出和资本性环保支出较高，湖北、湖南、安徽等中部省份其次，海南、陕西、新疆等经济落后的边缘省区较低，且大多数省区呈现逐渐递增的趋势。

（2）通过对环境规制强度和环境规制可持续性两个指标进行测算，结果表明，从横向对比的角度来看，我国各地区环境规制强度呈现出明显的地区差异性，具体表现为由东至西环境规制强度递减；从纵向对比的角度来看，我国大部分地区 2010~2019 年环境规制强度总体呈现逐年上升趋势，且绝大部分地区的环境规制强度在 2016 年出现了极大值点。另外，中国各地区的环境规制可持续性总体上呈现逐渐上升趋势，但是部分地区由于环境规制政策的废止和修改情况而在上升趋势中存在波动，而且不同地区的环境规制可持续性存在一定的差距。

（3）通过构建评价指标体系对中国省级地方政府环境治理绩效进行统计测度分析，结果表明，北京、上海等我国经济社会发展中心城市和广东、江苏、浙江等我国经济社会发展前沿省份政府环境治理绩效水平指数、进步指数、差距指数和综合指数等级均较好，河北、河南、湖北、吉林等我国中部和东北地区等省份政府环境治理绩效等级一般，内蒙古、广西、云南等政府环境治理绩效等级比较差，贵州、江西、新疆三个省区的政府环境治理绩效综合水平等级为非常差。

（4）通过分析环境污染的跨区域特征，结果表明，中国的全局和局部环境污染均存在显著的正相关性，呈现环境污染高的地区集聚在一起或环境污染低的地区集聚在一起的空间分布特征，环境规制可持续性和环保支出对环境污染具有显著的空间溢出效应，而环境规制强度对环境污染未产生显著的空间溢出效应。

（5）通过分析环保支出和环境规制对政府环境治理绩效的门槛效应，结果表明，环保支出和环境规制对政府环境治理绩效具有"交互式"的门槛效应，当以环保支出或环境规制作为门槛变量、另一个作为核心解释变量时，所有指标对于政府环境治理绩效均存在门槛效应，而且只有当其中一个指标的值达到某个水平时，其他指标对于环境治理绩效才会有显著的促进效应，或者促进效应显著提高。此外，在彼此作用的影响下，环境规制强度与经常性环保支出对政府环境治理绩效的促进效应存在着上限。

（6）通过分析环境分权、城镇化、政府环境补贴和公共参与四个因素对政府环境治理绩效的影响效应，结果表明，环境分权对政府环境治理绩效水平具有显著的促进作用，一方面通过优化产业结构提升政府环境治理绩效水平，另一方面通过抑制企业技术进步和环境执法力度降低政府环境治理绩效水平。户籍城镇化、产业城镇化和经济城镇化对政府环境治理绩效也均具有显著的促进作用，城镇化通过优化产业结构升级、技术进步和扩大城市绿化覆盖率提高政府环境治理绩效。政府环境补贴对环境治理绩效水平也具有显著的促进作用，政府环境补贴一方面通过抑制产业结构的升级降低环境治理绩效水平，另一方面通过促进企业的技术进步提升环境治理绩效水平。公共参与对政府环境治理绩效产生显著的促进作用，人大、政协提出环境保护议案、公众信访和网络电话投诉均有助于提高政府环境治理绩效，然而公共参与通过环境行政规制、环境法律规制和环境经济规制间接提高政府环境治理绩效的效应并不显著。

（7）通过分析绿色金融发展水平对环境治理绩效的影响效应，结果表明，我国绿色金融发展水平发展不协调，区域差异明显。绿色金融水平能够通过促进技术创新水平间接影响政府环境污染治理绩效，在绿色金融对政府环境污染治理绩效的影响中存在部分中介效应。我国绿色金融和政府环境治理绩效在整体上具有比较明显的空间正相关性，不仅对自身省域的环境治理绩效具有显著的正向促进作用，也对周围省份的政府环境治理绩效起到促进作用。

10.2　政策建议

基于上述主要研究结论，为进一步提高政府环境治理绩效水平，提出以下政策建议：

（1）完善环保财政收支体系。首先，合理增加政府环保支出，政府环境治理需要以充足的环保资金支出作为保障，将环保支出作为政府一般公共支出的重点，保证政府环保支出的增长幅度高于经济增长幅度。其次，增加政府环境资金获得渠道和提高环保资金使用效率，包括建立健全资源环境税收制度、污染物排放收费制度、环境资本市场管理制度和政府环保资金管理制度等。

（2）健全环境规制政策体系。首先，增加环境规制强度，政府应该尽快完善环境保护相关的法律规定，用最严格的制度和法律保护生态环境，进一步加快环境保护法律制度创新，加大环境监管执法力度，并将环境治理纳入地方政府的绩效考核机制，严格责任追究制度，依法追究环境有关主管部门和执法人员的环境污染责任。其次，增强环境规制的可持续性，地方政府出台的环境规制政策需要保证其可持续性，并且加强环境规制政策与其他政策的协调统一，确保环境规制政策长期有效。

（3）构建环境治理横向帮扶机制。中国各省级地方政府的环境治理绩效水平具有显著的空间差异，经济社会发展较为发达的东部沿海省份和中心城市政府环境治理绩效水平高于经济社会发展较为落后的中西部地区。因此，建立东部地区与中西部地区的对点帮扶机制，东部发达地区向其被帮扶的中西部地区提供环境治理政策制定、环境治理先进技术和环境治理监督等方面的帮扶措施，尤其是侧重对贵州、江西、新疆等评价等级较差省区的环境治理帮助，带动中西部地区政府环境治理绩效快速提高，缩小中国省区地方政府之间的环境治理绩效水平差异。

（4）加强环境跨区域协同治理。环境污染具有显著的空间相关性和空间溢出效应，因此中国各省级地方政府在环境治理时各地区不能"各扫门前雪"，更不能因一方利益而牺牲另一方利益。因此，各地区需要强化组织领导，构建一体化的环境领导协调机构，因地制宜，根据各地的经济条件、技术水平等因素合理制定协同政策，政策严格依法执行，需要各级政府协同联合，实现执法活动的依法进行。另外，优化跨区域生态环境协同治理的利益机制，建立生态环境横向补偿机制，不同区域在协同领导机构的支持下，共同设立跨区域生态保护基金，界定细化使用规则和补偿细则，使该基金多向经济实力弱的地区、环境承担责任大的地区倾斜。

（5）完善环境分权制度。环境分权有利于提高省级地方政府的环境治理绩效水平，因此中央政府应进一步加速推进环境管理体制改革，在中央和地方政府之间合理划分环境事务管理权限，既需要根据地方政府的实际情况合理放权，也需要垂直监督，即中央政府在实施环境分权以调动地方政府环境治理积极性的同时，还应该加大对地方政府使用环境事务管理权限的监督力度，着力引导环境分权通过促进产业升级和技术进步间接促进政府环境治理绩效水平提高。

（6）推进城镇化绿色发展。户籍城镇化、产业城镇化和经济城镇化引导人口、产业要素和经济资本趋于集聚，降低了环境污染物治理的难度，有利于提高政府环境治理绩效水平，而建设城镇化则导致环境污染物排放增加，拉低政府环境治理绩效水平。因此，地方政府应放宽城市户籍办理手续，畅通农村人口向城市转移通道，支持农村产业要素和经济资本向城市转移。另外，加大城市建设的管控力度，在保障改善民生需求进行的城市建设项目前提下抑制利益导向性的城市建设项目过快增长。

（7）呼吁公众参与环境治理。人大、政协提出环境保护议案、公众信访和网络电话投诉等公众参与方式均有助于提高政府环境治理绩效。因此，地方政府首先应加大环境保护宣传教育力度，通过数字媒体、环保宣传栏和环保宣传周等方式提高公众的环保意识并呼吁公众参与环境治理。其次，扩大环保信息公开的广度和深度，加强工业污染、水污染、大气污染等重点领域的信息公开，对所有建设项目进行环境影响评价并及时向公众公开评价信息，提高公众环境保护参与度，起到公众共同监督的效果。最后，加强公众环境信访和投诉平台建设，充分运用新媒体方式鼓励公众参与环境监督。

（8）积极推动绿色金融实现突破性发展。当前我国绿色金融发展不充分，要发挥其对环境污染治理效率的积极直接和间接作用，必须推动我国绿色金融实现突破性发展，首先需要健全和完善绿色金融发展体系。坚持普惠与绿色发展原则，促进绿色普惠金融发展；促进环保贷等绿色金融产品实现动态创新；完善环境信用评价体系，加强绿色金融风险评估与监督防范机制；健全绿色金融评价系统与数字统计系统，建立绿色金融动态跟踪发展机制，促进绿色金融实现全面可持续发展。其次，更好地发挥绿色金融的融资服务作用。提高绿色资金配置效率，提高污染治理资金使用效率，完善绿色资金配置与使用的指导和监督监控系统；加强绿色金融产品与服务创新，提供绿色资产债券化、绿色基金和绿色保险等多种融资产品，科学落实强制投保措施，加强绿色保险产品创新和研发，实现环保治污融资多元化；从企业实际需求出发合理安排绿色融资产品的价格和期限等，实现融资需求与供给的精准对接。

参 考 文 献

[1] 金荣学, 张迪. 我国省级政府环境治理支出效率研究 [J]. 经济管理, 2012, 34 (11): 152 - 159.

[2] 丁庆燊. 中国区域环境治理绩效的统计测度及空间特征 [D]. 东北财经大学, 2019.

[3] 黄寰, 杨苏一, 贾茹隐. 长江经济带综合环境治理绩效测度研究 [J]. 会计之友, 2019 (21): 64 - 68.

[4] 董战峰, 郝春旭, 刘倩倩, 严小东, 葛察忠. 基于熵权法的中国省级环境绩效指数研究 [J]. 环境污染与防治, 2016, 38 (08): 93 - 99.

[5] 汪升. 中国省际资源环境综合绩效测度 [J]. 科技和产业, 2013, 13 (05): 56 - 59.

[6] 卢小兰. 中国省级区域资源环境绩效实证分析 [J]. 江汉大学学报 (社会科学版), 2013, 30 (01): 38 - 44.

[7] 马刚, 赵蕊, 李妮妮. 煤炭企业环境治理绩效评价研究 [J]. 煤炭经济研究, 2019, 39 (07): 51 - 55.

[8] 孙艳丽. 石油企业环境绩效评估研究 [D]. 东北石油大学, 2014.

[9] 张敏. 企业环境绩效评估指标体系构建与应用研究 [D]. 安徽大学, 2013.

[10] 段君峰. 大沽河流域工业企业环境绩效评估 [D]. 河北工业

大学, 2006.

[11] Aghajani H, Nazoktabar H, Aliabadi A N. Environmental Performance Evaluation Based on Fuzzy Logic [J]. International Proceedings of Economics Development & Research, 2011: 432 - 436.

[12] Patrick Mande Buafiia. Efficiency of urban water supply in Sub - Saharan Africa: Do organization and regulation matter? [J]. Utilities Policy, 2015: 1 - 10.

[13] Daniel Tyteca. An activity analysis model of the environmental performance of firms—application to fossil - fuel - fired electric utilities [J]. Ecological Economics, 1996, 18 (2): 161 - 175.

[14] 梁静, 陈新国. 北京市大气环境质量的模糊综合评价 [J]. 数学的实践与认识, 2014, 44 (12): 151 - 156.

[15] 冯思静, 宋子岭, 王会敏. 资源型城市大气环境质量灰色聚类分析与评价 [J]. 地球与环境, 2015, 43 (03): 345 - 349.

[16] 刘艳菊, 李巍, 郝芳华. 规划环境影响评价中大气环境承载力分析研究 [J]. 安全与环境学报, 2009, 9 (03): 78 - 83.

[17] 宋宇. 中国区域大气环境承载力 DEA 评价 [J]. 河南农业大学学报, 2011, 45 (05): 600 - 604.

[18] 张静, 蒋洪强, 卢亚灵. 一种新的城市群大气环境承载力评价方法及应用 [J]. 中国环境监测, 2013, 29 (05): 26 - 31.

[19] 周云. 环境影响评价中大气环境承载力分析 [J]. 资源节约与环保, 2015 (02): 113.

[20] 马涛, 翁晨艳. 城市水环境治理绩效评估的实证研究 [J]. 生态经济, 2011 (06): 24 - 26, 34.

[21] 崔海龙. 济南地下水环境绩效评估研究 [D]. 山东大学, 2008.

[22] 丰景春, 杨卫兵, 张可. 基于可拓物元模型的农村水环境治理绩效评价 [J]. 社会科学家, 2015 (10): 86 - 90.

［23］杨尊伟．臣虎山水库环境绩效评估研究［D］．山东大学，2006.

［24］张泽玉．黄河济南段环境绩效评估研究［D］．山东大学，2006.

［25］Hermelin B.，The urbanization and suburbanization of the service Economy：Producer services and Specialization in Stockholm［J］．Human Geography，2007，（1）：59－74.

［26］Ken'ichi Matsumoto and Georgia Makridou and Michalis Doumpos. Evaluating environmental performance using data envelopment analysis：The case of European countries［J］．Journal of Cleaner Production，2020，272.

［27］王金凤，刘臣辉，任晓明．基于层次分析法的城市环境绩效评估研究［J］．环境科学与管理，2011，36（06）：171－173，179.

［28］彭靓宇，徐鹤．基于 PSR 模型的区域环境绩效评估研究——以天津市为例［J］．生态经济（学术版），2013（01）：358－362.

［29］佟林杰，孟卫东．基于 PSR－PCA 模型的京津冀区域大气环境治理绩效评价实证研究［J］．数学的实践与认识，2017，47（11）：16－25.

［30］吴蒙．我国区域大气环境治理绩效的空间网络结构特征［J］．环境经济研究，2019，4（03）：127－141.

［31］曹东，宋存义，曹颖，曹国志，李万新．国外开展环境绩效评估的情况及对我国的启示［J］．价值工程，2008（10）：7－12.

［32］郝春旭，翁俊豪，董战峰，葛察忠．基于主成分分析的中国省级环境绩效评估［J］．资源开发与市场，2016，32（01）：26－30.

［33］冯雨，郭炳南．基于主成分分析法的长江经济带环境绩效评估［J］．市场周刊，2019（01）：99－102.

［34］任航．企业环境绩效与财务绩效相关性研究［D］．黑龙江八一农垦大学，2015.

［35］汤红梅．国家级新区环境规划实施评估研究［D］．广州大学，2020.

［36］何涛．安徽省大气污染物总量减排绩效评估研究［D］．合肥工业大学，2018.

［37］余玉冰，朱靖．水环境治理绩效评价指标构建与应用研究——以成都市为例［J］．四川环境，2019，38（02）：90－100.

［38］盖美，连冬，田成诗，柯丽娜．辽宁省环境效率及其时空分异［J］．地理研究，2014，33（12）：2345－2357.

［39］Gustavo Ferro, Augusto C. Mercadier. Technical efficiency in Chile's water and sanitation providers［J］．Utilities Policy, 2016（1）：1－10.

［40］杨浩，张灵．基于数据包络（DEA）分析的京津冀地区环境绩效评估研究［J］．科技进步与对策，2018，35（14）：43－49.

［41］潘孝珍．中国地方政府环境保护支出的效率分析［J］．中国人口·资源与环境，2013，23（11）：61－65.

［42］何平林，刘建平，王晓霞．财政投资效率的数据包络分析：基于环境保护投资［J］．财政研究，2011（05）：30－34.

［43］杨青山，张郁，李雅军．基于 DEA 的东北地区城市群环境效率评价［J］．经济地理，2012，32（09）：51－55，60.

［44］黄国庆．地方政府财政环境保护效率研究［J］．广西民族大学学报（哲学社会科学版），2011，33（06）：161－164.

［45］卢子芳，邓文敏，朱卫未．江苏省生态环境治理绩效动态评价研究——基于 PCA－SBM 模型和 TFP 指数［J］．华东经济管理，2019，33（09）：32－38.

［46］张亚斌，马晨，金培振．我国环境治理投资绩效评价及其影响因素——基于面板数据的 SBM－TOBIT 两阶段模型［J］．经济管理，2014，36（04）：170－179.

［47］曹颖，曹国志．中国省级环境绩效评估指标体系的构建［J］．统计与决策，2012（22）：9－12.

［48］陈俊宏．辽宁省大气环境治理绩效评估研究［D］．大连理工大学，2019.

［49］Epstein M J, Wisner P S. Using a Balanced Scorecard to Implement Sustainability ［J］. Environmental Quality Management, 2001, 11 (11)：1 – 10.

［50］Gao Xizhen and He Xiao. Study on Environmental Performance Evaluation Model of Coal Mine Using Balanced Scorecard and Ubiquitous Computing ［J］. Journal of Physics：Conference Series, 2021, 1952 (3).

［51］李根，刘家国，李天琦. 考虑非期望产出的制造业能源生态效率地区差异研究——基于 SBM 和 Tobit 模型的两阶段分析 ［J］. 中国管理科学, 2019, 27 (11)：76 – 87.

［52］CHEN Yao, ZHANG Zhen, KANG Jian. Research on Synergistic Governance Mechanism of Environmental Problems by Cross – regional Governments——A Case Study of Haze Governance in Chengdu – Chongqing Region ［A］. General government expenditure by function. Accessed on May 28, 2014.

［53］卢洪友，杜亦譞，祁毓. 中国财政支出结构与消费型环境污染：理论模型与实证检验 ［J］. 中国人口·资源与环境, 2015, 25 (10)：61 – 70.

［54］Jebaraj, S. Iniyan. Renewable energy programmes in India ［J］. International Journal of Global Energy, 2016, 26 (4)：232 – 257.

［55］张鲁歌. 我国跨区域环境污染治理合作机制的困境及完善对策 ［J］. 西南法学, 2021, 2 (01)：77 – 89.

［56］彭宏艳. 各区域大气污染协同治理相关法律规范完善的路径分析 ［J］. 法制博览, 2021 (20)：143 – 144.

［57］段娟. 新时代中国推进跨区域大气污染协同治理的实践探索与展望 ［J］. 中国井冈山干部学院学报, 2020, 13 (06)：45 – 54.

［58］谢玉晶. 区域大气污染联动治理机制研究 ［D］. 上海大学, 2017.

［59］Lu, W. Z., He, H. D., Dong, L. Performance assessment of air quality monitoring networks using principal component analysis and cluster analysis [J]. Building and Environment, 2011, 46 (3): 577 – 583.

[60] Xue, J., Zhao, L., Fan, L., Qian, Y., 2015. An inter – provincial cooperative game model for air pollution control in China [J]. Journal of the Air & Waste Management Association, 65 (7): 818 – 827.

[61] 全永波. 海洋污染跨区域治理的逻辑基础与制度建构 [D]. 浙江大学, 2017.

[62] 孔凡宏, 朱伟平. 海洋塑料垃圾跨区域合作治理的困境与突破 [J]. 陕西行政学院学报, 2020, 34 (04): 88 – 92.

[63] 张丛林, 乔海娟. 如何推进长江上游经济带生态环境治理 [J]. 学习时报, 2021, (07).

[64] 赵凤仪, 熊明辉. 我国跨区域水污染治理的困境及应对策略 [J]. 南京社会科学, 2017 (05): 74 – 80.

[65] 林春, 孙英杰. 财政分权与中国环境治理绩效关系——基于省级面板数据的实证检验 [J]. 经济体制改革, 2019 (02): 150 – 155.

[66] 徐盈之, 范小敏, 童皓月. 环境分权影响了区域环境治理绩效吗? [J]. 中国地质大学学报 (社会科学版), 2021, 21 (03): 110 – 124.

[67] 杨钧. 城镇化对环境治理绩效的影响——省级面板数据的实证研究 [J]. 中国行政管理, 2016 (04): 103 – 109.

[68] 王杏芬, 郑佳. 宏微观视阈下政府环境补贴对环境绩效的影响 [J]. 华东经济管理, 2020, 34 (07): 18 – 27.

[69] 吕志科, 鲁珍. 公众参与对区域环境治理绩效影响机制的实证研究 [J]. 中国环境管理, 2021, 13 (03): 146 – 152.

[70] 傅为忠, 李怡玲. 区域技术创新能力对环境绩效影响的实证研究——基于 SEM – PLS 和 DEA 相结合 [J]. 工业技术经济, 2015, 34 (08): 81 – 90.

[71] 蔡璐. 基于超效率 SBM 的工业环境绩效测度及影响因素研究 [D]. 湖南大学, 2014.

[72] 国涓，刘丰，王维国. 中国区域环境绩效动态差异及影响因素——考虑可变规模报酬和技术异质性的研究 [J]. 资源科学，2013，35 (12)：2444 - 2456.

[73] 陈思颖. 环境信息披露、环境绩效和经济绩效的实证研究 [D]. 湖南大学，2014.

[74] 邱士雷，王子龙，刘帅，董会忠. 非期望产出约束下环境规制对环境绩效的异质性效应研究 [J]. 中国人口·资源与环境，2018，28 (12)：40 - 51.

[75] 杨文举. 中国省份工业的环境绩效影响因素——基于跨期 DEA - Tobit 模型的经验分析 [J]. 北京理工大学学报（社会科学版），2015，17 (02)：40 - 48.

[76] 傅晓艺. 中国省际资源环境绩效评估及影响因素研究 [D]. 厦门大学，2014.

[77] 颜文涛，萧敬豪. 城乡规划法规与环境绩效——环境绩效视角下城乡规划法规体系的若干思考 [J]. 城市规划，2015，39 (11)：39 - 47.

[78] 俞雅乖，张芳芳. 环境保护中政府规制对企业绩效的影响：基于波特假说的分析 [J]. 生态经济，2016，32 (01)：99 - 101，134.

[79] 叶大凤，冼诗尧. 农村环境治理中的公众参与激励机制优化路径探讨 [J]. 云南大学学报（社会科学版），2021，20 (04)：138 - 144.

[80] 杨志军，耿旭，王若雪. 环境治理政策的工具偏好与路径优化——基于 43 个政策文本的内容分析 [J]. 东北大学学报（社会科学版），2017，19 (03)：276 - 283.

[81] 刘振华. 我国环境问题社会治理的路径选择 [J]. 山东农业工程学院学报，2020，37 (01)：70 - 76.

[82] 范俊玉. 加强我国环境治理公众参与的必要性及路径选择 [J]. 安徽农业大学学报（社会科学版），2011，20 (05)：25 - 29.

[83] 屈小爽. 平衡论视角下我国环境治理的路径选择 [J]. 黄河

科技大学学报, 2017, 19 (01): 90 - 98.

　　[84] 林美萍. 善治视阈下我国环境治理的路径选择 [D]. 福建师范大学, 2009.

　　[85] 谭娟, 谷红, 谭琼. 大数据时代政府环境治理路径创新 [J]. 中国环境管理, 2018, 10 (01): 60 - 64.

　　[86] 孙晓伟. 论我国农村工业化过程中环境污染的成因及治理的路径选择 [J]. 农业现代化研究, 2012, 33 (02): 225 - 229.

　　[87] 王冬年, 文远怀. 我国环境治理的路径选择 [J]. 经济研究参考, 2014 (47): 83 - 84, 87.

　　[88] 师帅, 荆宇, 翟涛. 市场激励型环境规制对低碳农业发展的作用及实施路径研究 [J]. 行政论坛, 2021, 28 (01): 139 - 144.

　　[89] 穆艳杰, 李旭阁. 经济新常态背景下的生态文明建设路径探析 [J]. 吉林大学社会科学学报, 2016, 56 (05).

　　[90] 胡晓明. 生态文明建设视域下我国环境治理体系建设研究 [J]. 生态经济, 2017, 33 (02): 180 - 183.

　　[91] 庄加红. 生态文明视角下的城乡规划研究 [J]. 四川建材, 2018, 44 (10): 44, 46.

　　[92] 周省, 周钰杰. 生态文明建设发展与创新问题研究——以"生态宜居新商洛"为研究模型 [J]. 当代经济, 2014, (17).

　　[93] 杨晓庆. 环境规制对企业技术创新的影响研究 [D]. 西北大学, 2020.

　　[94] 生延超. 环境规制的制度创新: 自愿性环境协议 [J]. 华东经济管理, 2008 (10): 27 - 30.

　　[95] 侯楠. 浅析生态文明的背景、内涵及历史意义 [J]. 现代交际, 2015 (12): 4 - 5.

　　[96] 朱焕芝, 刘凤英. 生态文明建设——一个全新的发展理念 [J]. 现代经济信息, 2009, (23).

　　[97] 庞珺. 基于生态文明的干旱区湖泊湿地景观环境综合评价及

改善对策研究［D］. 山东农业大学.

［98］阎庆. 中国特色社会主义生态文明建设及其理论基础的探究［D］. 中国科学技术大学，2015.

［99］陈学明. 习近平生态文明思想对马克思主义基本理论的继承和发展［J］. 探索，2019（04）：2，32－41.

［100］孙树芳. 马克思主义国家观视阈下中国国家形象的塑造［J］. 长江论坛，2018（03）：19－24.

［101］闫丽晶，张丹. 浅谈如何贯彻落实生态文明建设［J］. 齐齐哈尔师范高等专科学校学报，2009，（03）.

［102］郇庆治. 生态文明及其建设理论的十大基础范畴［J］. 中国特色社会主义研究，2018（04）：2，16－26.

［103］张丽霞. 我国生态文明建设对策与措施探讨［J］. 林业经济，2010，（10）.

［104］何汇江. 生态环境保护的源头治理研究［J］. 黄河科技大学学报，2017，19（04）.

［105］景天魁. 源头治理——社会治理有效性的基础和前提［J］. 北京工业大学学报（社会科学版），2014，14（03）：1－6，20.

［106］雷明. 两山理论与绿色减贫［J］. 经济研究参考，2015，（64）.

［107］陈俊. 新时代中国生态文明建设的行动指南——深刻把握习近平生态文明思想的理论结构［J］. 环境与可持续发展，2019，44（06）：71－73.

［108］杨京. 省级地方政府环境治理绩效评价研究［D］. 江西财经大学，2021.

［109］李健. 浅谈城市污水处理的措施与途径［J］. 甘肃科技纵横，2011，40（01）.

［110］史英丽. 基于环境保护的城市污水处理［J］. 中国资源综合利用，2017，35（04）：28－29，37.

［111］孙雪丽，朱法华. 火电行业清洁生产与末端治理技术对二

氧化硫减排效果评估 [J]. 环境科学学报, 2016, 36 (11).

[112] 刘福兴, 王俊力, 付子轼. 不同规格生态沟渠对排水污染物处理能力的研究 [J]. 土壤学报, 2019, 56 (03).

[113] 曹晓亮, 马建茹. 城市空气污染治理困境及化解路径 [J]. 内蒙古科技与经济, 2021, (04).

[114] 蒋佳斌. 我国环保支出统计核算研究 [D]. 江西财经大学, 2021.

[115] 张可, 汪东芳, 周海燕. 地区间环保投入与污染排放的内生策略互动 [J]. 中国工业经济, 2016 (02): 68 - 82.

[116] 牛钰. 基于地区间环保投入与污染排放的内生策略 [J]. 资源节约与环保, 2018 (01): 62 - 63.

[117] 解美娟. 企业环保投入与绩效的关系研究 [D]. 西安建筑科技大学, 2019.

[118] 孙林霞, 陈雪梅. 西部地区环保产业发展的潜力——基于陕西省数据的实证分析 [J]. 经济研究导刊, 2010 (23): 40 - 41.

[119] Defeng Yang, Yue Lu, Wenting Zhu, Chenting Su. Going green: How different advertising appeals impact green consumption behavior [J]. Journal of Business Research, 2015, 68 (12): 2663 - 2675.

[120] 熊小明, 黄静, 林涛. 目标进展信息与未来自我联结对环保产品重复购买的影响 [J]. 管理评论, 2019, 31 (08): 146 - 156.

[121] Ying - Ching Lin, Chiu - chi Angela Chang. Double Standard: The Role of Environmental Consciousness in Green Product Usage [J]. Journal of Marketing, 2012, 76 (5): 125 - 134.

[122] 王娟茹, 张渝. 环境规制、绿色技术创新意愿与绿色技术创新行为 [J]. 科学学研究, 2018, 36 (02): 352 - 360.

[123] 张天悦. 环境规制的绿色创新激励研究 [D]. 中国社会科学院研究生院, 2014.

[124] 臧传琴, 刘岩, 王凌. 信息不对称条件下政府环境规制政

策设计——基于博弈论的视角 [J]．财经科学，2010（05）：63 – 69.

[125] 彭佳颖．市场激励型环境规制对企业竞争力的影响研究 [D]．湖南大学，2019.

[126] 王竹君．异质型环境规制对我国绿色经济效率的影响研究 [D]．西北大学，2019.

[127] 鹿文涛．我国环境规制工具的比较分析 [D]．东北财经大学，2015.

[128] 姚林如，杨海军，王笑．不同环境规制工具对企业绩效的影响分析 [J]．财经论丛，2017（12）：107 – 113.

[129] 潘翻番，徐建华，薛澜．自愿型环境规制：研究进展及未来展望 [J]．中国人口·资源与环境，2020，30（01）：74 – 82.

[130] 王涛，陈海汉．自愿协议下环境规制对制造业企业生态创新的交互动态影响 [J]．福州大学学报（哲学社会科学版），2020，34（06）：39 – 47.

[131] 毕云婷．政府质量、环境规制与企业绿色技术创新 [D]．河南大学，2019.

[132] 张燕宇，翟珺．企业自愿环境规制对我国企业发展的启示 [J]．企业研究，2012（02）：9 – 11.

[133] 薛伟．经济活动中环境费用的支出产出分析 [J]．数学的实践与认识，1996（04）：322 – 327.

[134] 高敏雪．环保投入产出表的编制与应用 [J]．统计研究，1997（04）：36 – 38.

[135] 高敏雪．环境保护活动宏观核算的基本框架 [J]．统计研究，2003（10）：26 – 30.

[136] 马千脉，曹克瑜，杨芮华．一种工业环保核算思路的探讨 [J]．统计研究，2004（01）：14 – 23.

[137] 徐渤海．中国环境经济核算体系（CSEEA）研究 [D]．中国社会科学院，2012.

[138] 李静萍. 环保支出账户：理论框架与试点研究 [J]. 统计研究, 2013, 30 (05): 17 – 24.

[139] 樊宇. 环保活动的投入产出表构建及经济环境效益分析 [D]. 哈尔滨工业大学, 2018.

[140] 联合国, 高敏雪. 综合环境经济核算（SEEA – 2003）. 北京：国家统计局内部资料, 2003: 239 – 250.

[141] 国家统计局. 环境保护活动分类 [EB/OL]. 2012. [2012 – 05 – 29]. http://www.stats.gov.cn/tjsj/tjbz/201205/t20120529_8671.html.

[142] 国家统计局. 战略性新兴产业分类（2018）[EB/OL]. 2018. [2018 – 11 – 26]. http://www.stats.gov.cn/tjgz/tzgb/201811/t20181126_1635848.html.

[143] 凌玲, 董战峰, 林绿, 潘勋章, 刘慧, 禹春霞. 绿色金融视角下中国金融与环保产业关联研究——基于多年投入产出表的分析 [J]. 生态经济, 2020, 36 (03): 51 – 58.

[144] 张丰德. MATLAB 数值分析（第二版）[M]. 北京：机械工业出版社, 2012.

[145] 施美程, 王勇. 环境规制差异、行业特征与就业动态 [J]. 南方经济, 2016 (07): 48 – 62.

[146] 闫文娟, 郭树龙. 中国环境规制如何影响了就业——基于中介效应模型的实证研究 [J]. 财经论丛, 2016 (10): 105 – 112.

[147] Yuqing Xing, Charles D. Kolstad. Do Lax Environmental Regulations Attract Foreign Investment? [J]. Environmental and Resource Economics, 2002, 21 (1).

[148] 孙慧波, 赵霞. 中国农村人居环境质量评价及差异化治理策略 [J]. 西安交通大学学报（社会科学版）, 2019, 39 (05): 105 – 113.

[149] 黄萃. 政策文献量化研究 [M]. 北京：科学出版社, 2016.

[150] 苏竣. 公共科技政策导论 [M]. 北京：科学出版社, 2014.

[151] 沈利. 我国省际环境规制对雾霾污染的影响研究 [D]. 江

西财经大学，2021.

[152] 彭纪生，仲为国，孙文祥. 政策测量、政策协同演变与经济绩效：基于创新政策的实证研究［J］. 管理世界，2008（09）：25－36.

[153] 赵玉民，朱方明，贺立龙. 环境规制的界定、分类与演进研究［J］. 中国人口·资源与环境，2009，19（06）：85－90.

[154] 张振华，张国兴，马亮，刘薇. 科技领域环境规制政策演进研究［J］. 科学学研究，2020，38（01）：45－53.

[155] 罗良清，平卫英. 统计学［M］. 北京：北京邮电大学出版社，2015.

[156] 李金昌，史龙梅，徐蔼婷. 高质量发展评价指标体系探讨［J］. 统计研究，2019，36（01）：4－14.

[157] 张婧，何彬，彭大敏，曾婷. 区域创新能力指数体系构建、监测与评价——基于四川省 21 个地区的研究与实践［J］. 软科学，2021，35（06）：44－51.

[158] 尚娱冰，康蓉. 通过综合指数法评价中国能源部门的气候变化适应能力［J］. 生态经济，2021，37（07）：190－195.

[159] 程晓娟，韩庆兰，全春光. 基于 PCA－DEA 组合模型的中国煤炭产业生态效率研究［J］. 资源科学，2013，35（06）：1292－1299.

[160] 包存宽，汪涛，王娟. 生态文明建设绩效评价方法的构建及应用——基于"水平、进步、差距"的视角［J］. 复旦学报（社会科学版），2017，59（06）：175－184.

[161] 龚本刚，张孝琪，郭丹丹. 制造业污染排放强度影响因素分解及减排策略——基于我国制造业行业数据的实证分析［J］. 华东经济管理，2016，30（11）：96－100.

[162] 陈强. 高级计量经济学及 Stata 应用（第二版）［M］. 北京：高等教育出版社，2014.

[163] Bruce E. Hansen. Threshold effects in non－dynamic panels：Estimation，testing，and inference［J］. Journal of Econometrics，1999，93（2）.

[164] 陈强. 高级计量经济学及 Stata 应用 第 2 版. 北京: 高等教育出版社, 2014.

[165] BARON R M, KENNY D A. The moderator – mediator variable distinction in social psychological research: conceptual, strategic, and statistical consideration [J]. Journal of Personality and Social Psychology, 1986, 51 (6): 1173 – 1182.

[166] 祁毓, 卢洪友, 徐彦坤. 中国环境分权体制改革研究: 制度变迁、数量测算与效应评估 [J]. 中国工业经济, 2014 (01): 31 – 43.

[167] 邓祥征, 刘纪远. 中国西部生态脆弱区产业结构调整的污染风险分析——以青海省为例 [J]. 中国人口·资源与环境, 2012, 22 (05): 55 – 62.

[168] 裴潇, 胡晓双. 城镇化、环境规制对产业结构升级影响的实证 [J]. 统计与决策, 2021, 37 (16): 102 – 105.

[169] 吴传清, 张诗凝. 城镇化、工业集聚与长江经济带创新能力 [J]. 河北经贸大学学报, 2021, 42 (05): 61 – 69.

[170] 严月卉, 宋良荣. 政府环境补贴对环境治理绩效的影响研究综述 [J]. 农场经济管理, 2020 (06): 44 – 48.

[171] Tone K. A slacks – based measure of super – efficiency in data envelopment analysis [J]. European Journa of Operational Research, 2002, 143 (1): 32 – 41.

[172] 温忠麟, 张雷, 侯杰泰, 刘红云. 中介效应检验程序及其应用 [J]. 心理学报, 2004 (05): 614 – 620.